天地一体化网络

从概念到应用的全景探索

张连连　方　彬　戴泽华◎著

汕頭大學出版社

图书在版编目（CIP）数据

天地一体化网络：从概念到应用的全景探索 / 张连连，方彬，戴泽华著. -- 汕头：汕头大学出版社，2025. 4. -- ISBN 978-7-5658-5554-2

Ⅰ．TN915

中国国家版本馆 CIP 数据核字第 20258QJ687 号

天地一体化网络：从概念到应用的全景探索
TIANDI YITIHUA WANGLUO：CONG GAINIAN DAO YINGYONG DE QUANJING TANSUO

著　　者：	张连连　方　彬　戴泽华
责任编辑：	胡开祥
责任技编：	黄东生
封面设计：	寒　露
出版发行：	汕头大学出版社
	广东省汕头市大学路 243 号汕头大学校园内　邮政编码：515063
电　　话：	0754-82904613
印　　刷：	定州启航印刷有限公司
开　　本：	710 mm×1000 mm　1/16
印　　张：	22
字　　数：	305 千字
版　　次：	2025 年 4 月第 1 版
印　　次：	2025 年 4 月第 1 次印刷
定　　价：	98.00 元

ISBN 978-7-5658-5554-2

版权所有，翻版必究

如发现印装质量问题，请与承印厂联系退换

前　言

天地一体化网络（integrated space-terrestrial network, ISTN）是当代通信技术发展的前沿领域，它整合了海洋、太空以及网络的新边疆，形成了一个覆盖范围广泛的全球通信网络。在这个网络中，高轨道的高通量卫星系统和低轨道的卫星互联网星座构成了通信的基础结构，这些技术的发展不仅是航天强国战略布局的重点，还是全球通信技术竞争的核心。

世界各国，特别是航天大国，都在制订相应的发展战略，并投入巨额资金来建设这些先进的卫星通信网络，这样的投资和开发活动旨在在新技术引入、新产业发展以及空间频率和轨道资源的利用上保持领先。此外，随着未来通信技术，尤其6G网络的演进，天地一体化网络的重要性越来越被国际社会所认同。这种网络的设计旨在通过天地一体化的技术方案和多维立体覆盖策略，提供全球范围内的泛在通信服务。在这一发展背景下，国际标准化组织如第三代合作伙伴计划（Third Generation Partnership Project, 3GPP）和国际电信联盟（International Telecommunication Union, ITU）等都在积极推动卫星和地面网络融合技术的研究、标准制订和实验验证。这些努力是为了确保天地一体化网络的技术标准与全球网络互操作性相匹配。同时，新一代的卫星互联网项目，如Starlink和OneWeb正在快速推进，展示了卫星互联网技术的巨大潜力和实际应用前景。在中国，5G、物联网、工业互联网及卫星互联网等通信网络基础设施已经被纳入国家新型基础建设的战略范畴。这标志着天地一体化网络不仅在技术上得到了发展，还在政策和经济支持上获得了显著增强。展望未来，天地一体化网络将作为一种基础设施，助力各行各业的数字化和智能化转型，推动全球社会经济的创新发展和转型，其影响力和推动作用将更加显著。

本书共10章，具体章节安排如下。第1章至第4章主要讲解了天地一体化网络的基本概念、国内外研究进展以及天基和地基网络系统的构建，涵盖了卫星轨道类型、卫星发射、地球站功能等内容。第5章至第6章重点分析了网络组网、通信传输及协议体系，包括拓扑结构、路由技术、接入与切换等关键技术。第7章介绍了网络的管理控制方法与协议，旨在实现管控中心的高效运作。第8章至第9章深入探讨了网络仿真设计与演示系统构建，通过仿真环境与3D建模等实际操作方法，为理论研究和工程实现提供了参考。第10章总结了天地一体化网络的应用领域与未来发展，展望了前沿技术对网络的影响。

本书特别强调了天基和地基网络的融合技术，详细介绍了如何设计和实施一个高效的天地一体化网络系统，包括卫星轨道的选择、发射与在轨操作的细节、网络链路的设计以及地面设施的配置。书中不仅提供了丰富的技术细节和理论基础，还结合了大量实际案例，使得读者能够清晰地理解和掌握天地一体化网络的构建与应用。

本书是通信、天地一体化网络技术领域人员的必备读物，既可供从事科研、设计、教学、生产和应用等领域人员使用，也可作为各类院校有关专业师生的参考书。本书观点客观、剖析全面、通俗易懂，既适合专业人士阅读，也适合对通信网络感兴趣的普通读者。总的来说，本书是一部兼具理论深度和实践价值的著作，对于从事通信、网络的相关人员来说具有很高的参考价值。

本书由张连连、方彬、戴泽华共同完成，共计30.5万字，其中张连连撰写10.3万字，方彬、戴泽华各撰写10.1万字。

  由于水平有限，书中难免存在不足之处，恳请广大读者批评指正，以便我们在未来的研究中不断完善和提高。相信本书将为您带来新的思考和启示，为您的事业和生活带来更多的帮助和指导。

著 者

2024年6月

目 录

第 1 章　天地一体化网络概述 ································001
1.1　天地一体化网络基本概念 ························001
1.2　天地一体化网络技术支撑 ························004
1.3　天地一体化网络系统体系架构 ················007

第 2 章　天地一体化网络研究进展 ····················009
2.1　国外天地一体化网络研究 ························009
2.2　国内天地一体化网络研究 ························013
2.3　天地一体化网络未来发展 ························015

第 3 章　天基网络系统架构 ·································018
3.1　天基网络中卫星轨道类型 ························018
3.2　卫星的发射与在轨操作 ····························024
3.3　卫星网络的链路设计 ································054

第 4 章　地基网络系统架构 ·································071
4.1　卫星地球站简述 ··071
4.2　地球站通用系统 ··076
4.3　卫星业务测控和数据接收系统 ················104
4.4　地球站入网测试与接续 ····························129

第 5 章　天地一体化网络系统组网 ································ 140
5.1　卫星通信网络的拓扑结构与特征 ····························· 140
5.2　卫星地面网络融合技术 ··· 147
5.3　天地一体化网络路由技术 ······································ 163
5.4　天地一体化网络切换 ·· 169

第 6 章　天地一体化网络通信传输 ································ 174
6.1　天地一体化网络传输技术 ······································ 174
6.2　天地一体化传输网络协议体系 ································ 191
6.3　卫星通信传输多址技术 ··· 203

第 7 章　天地一体化网络管理控制 ································ 215
7.1　天地一体化网络管控体系 ······································ 215
7.2　管理控制协议 ·· 222
7.3　天地一体的管控中心技术实现 ································ 228

第 8 章　天地一体化网络架构仿真设计 ························· 234
8.1　仿真软件介绍 ·· 234
8.2　天地一体化网络仿真环境 ······································ 237
8.3　卫星通信仿真平台示例 ··· 241

第 9 章　天地一体化网络演示系统设计 ························· 259
9.1　3D 建模 ·· 259
9.2　基于 STK 的网络通信演示系统设计 ······················· 297

第 10 章　天地一体化网络的应用领域与未来发展 ·········· 328
10.1　天地一体化网络的应用 ······································· 328
10.2　基于技术前沿的天地一体化网络发展 ··················· 334

参考文献 ··· 338

第 1 章　天地一体化网络概述

1.1　天地一体化网络基本概念

1.1.1　什么是天地一体化网络

天地一体化网络是一种综合了物理空间和虚拟空间的整合性网络，它强调物理空间和虚拟空间的融合。传统的网络往往局限于虚拟世界，而天地一体化网络将物理空间和虚拟空间有机结合，使得网络环境更贴近现实世界。通过各种传感器、无线通信技术以及互联网等技术手段，物理世界的数字化和虚拟世界的实体化得以实现，使得信息和数据能够更加贴近生活和生产实践。

天地一体化网络强调网络的普适性和全面性，它不仅是一种通信网络，还是一种涵盖了信息、能源、交通、环境等各个领域的综合性网络系统。在这样的网络环境下，各种设备、系统和资源都能够实现互联互通，能够为社会的各个方面提供更加智能化、便利化的服务和支持。另外，天地一体化网络强调网络的开放性和共享性，它不仅是由某个特定实体或组织所控制和管理的封闭系统，还是一个开放的平台，允许各种设备、系统和应用程序之间实现互操作和共享资源。开放的标准和接口，促进了各种创新应用的出现，推动了产业的融合和发展，为经济社会的进步提供了强大的动力和支撑。

综上所述，天地一体化网络是一种融合了物理空间和虚拟空间的具有普适性、全面性、开放性和共享性的综合性网络，它的出现和发展将深刻影响人类社会的发展和变革，推动信息社会向数字化、智能化和全球化方向不断前进。

1.1.2 天地一体化网络的分类

近年来，科技迅速发展，全球多个国家已建成天地一体的信息网络系统，包括同步轨道、中低天地一体化信息网络、低轨道的各类卫星通信网络以及平流层的无人机和热气球、地面的地面站和电信港等设施。

天地一体化网络系统可分为三种网络架构：天星地网、天基网络和天网地网，三者的对比情况如表 1-1 所示。

表 1-1 天星地网、天基网络、天网地网的对比

网络结构	天星地网结构	天基网络结构	天网地网结构
典型系统	民：INMARSAT、轨道通信系统、全球星系统； 军：wGS、MUOS	民：铱星系统； 军：AEHF	军：TSAT
地面网络	全球分布地面站网络	系统可不依赖地面网络独立运行	天地配合，地面网络不需要全球布站
星间组网	否	是	是
星上设备	简单	复杂	中等
系统可维护性	好	差	中

续 表

网络结构	天星地网结构	天基网络结构	天网地网结构
技术复杂性	低	高	中
建设成本	低	高	中

注：AEHF 为先进极高频；INMARSAT 为国际移动卫星组织；MUOS 为移动用户目标系统；TSAT 为转型卫星通信系统；WGS 为宽带全球卫星系统。

1.1.2.1 天星地网结构

天星地网结构是目前常用的一种天地一体化信息网络结构，在这种结构下，通信卫星主要担任透明转发和简单信息处理功能，而大部分信息处理由地面站完成。通过全球分布的地面站，整个系统的全球网络服务能够实现。这种网络结构的特点包括星上设备简单、技术复杂度低以及升级维护成本较低。

1.1.2.2 天基网络结构

天基网络结构是另一种天地一体化信息网络结构，其典型系统包括铱星系统、先进极高频（AEHF）等。在这种结构下，通信卫星能够独立构成网络，**不依赖**地面网络独立运行。信息处理主要由卫星完成，虽然提高了系统的鲁棒性，但也增加了星上设备的复杂度，使系统的建设和维护成本较高。

1.1.2.3 天网地网结构

天网地网是介于天星地网和天基网络之间的一种网络结构，典型系统为转型卫星通信系统（TSAT）。这种结构综合利用了天基和地基网络的优势，将大部分的网络管理和控制功能交给地基网络完成，简化了整个系统的技术复杂度。

1.2 天地一体化网络技术支撑

为建立天地一体化网络，必须深入研究一些关键技术。具体如下。

1.2.1 卫星通信技术

1.2.1.1 卫星链路设计

卫星通信技术是天地一体化网络的核心，通过地球同步轨道卫星（GEO）、中地球轨道卫星（MEO）和低地球轨道卫星（LEO）构成的卫星网络，实现全球范围内的通信覆盖。卫星链路设计需要考虑卫星与地面站之间、卫星与卫星之间的链路可靠性和带宽需求。

1.2.1.2 频谱管理

为了避免干扰，必须对卫星通信频谱进行合理的分配和管理。这包括对不同频段进行精确划分以及在不同卫星和地面站之间进行协调，以避免频谱资源的冲突和干扰。同时，必须采用先进的频谱管理技术，如动态频谱分配和频谱感知技术，确保通信的稳定性和高效性，从而提高整个天地一体化网络的性能和可靠性。

1.2.2 网络协议与架构

1.2.2.1 动态路由协议

由于卫星网络的拓扑结构动态变化，传统的静态路由协议无法适应不断变化的网络环境，因此需要设计和实现适用于天地一体化网络的动态路由协议。这些协议必须能够实时调整路由路径，适应卫星和移动节点的频繁变动，确保数据包在复杂和变化的环境中能够有效传输。动态路由协议还需考虑延迟、带宽、链路质量等多种因素，以优化网络性能，提升通信的可靠性和效率，满足多样化的应用需求。

1.2.2.2 分布式网络架构

为了提高网络的可靠性和容错性，天地一体化网络通常采用分布式架构，将网络功能分散在多个节点上。这种方法通过在不同位置部署多个节点，来分担网络负载和功能，避免因单点故障导致整个网络瘫痪。同时，分布式架构能够增强网络的弹性和灵活性，使其能够更好地应对复杂和多变的环境，提升整体性能和服务质量，从而满足用户对高可靠性和高可用性的需求。

1.2.3 移动节点技术

1.2.3.1 跨域切换技术

在天地一体化网络中，移动节点可能频繁地在不同的卫星覆盖范围之间切换，这种频繁切换会带来通信中断的风险。因此，需要开发高效的跨域切换技术，以确保移动节点在切换过程中能够保持通信的连续性和稳定性。具体而言，这些技术需要实现快速的连接重建和无缝切换，避免数据包丢失和延迟增大。此外，需要优化切换算法，确保在各种复杂环境下都能提供稳定可靠的通信服务，从而提升用户体验和网络性能。

1.2.3.2 移动性管理

针对移动节点的位置和状态变化，需要设计一个合适的移动性管理方案，以确保在高速移动环境下的稳定连接。具体来说，可以采用先进的切换机制和优化的切换算法，减少切换过程中断的时间；可以利用多路径传输技术，确保在主链路失效时，备用路径能够迅速接管，从而维持连接的稳定性；可以结合预测模型，提前感知移动节点的运动轨迹，并进行预先资源分配和优化。这些措施不仅能够提高通信的可靠性，还能显著提升用户体验,使得在高速移动环境下的连接更加稳定和高效。

1.2.4 网络安全技术

1.2.4.1 加密与认证

天地一体化网络需要应对来自空间和地面的多种安全威胁,因此必须采用先进的加密技术和严格的认证机制。使用高级加密算法,可以有效保护通信数据的机密性,防止未授权访问。同时,强大的认证机制确保只有经过验证的用户和设备才能访问网络,从而保障数据的完整性和安全性。这些措施共同作用,能够有效提升天地一体化网络的整体安全性,抵御各种潜在威胁。

1.2.4.2 抗干扰技术

卫星通信容易受到各种形式的干扰,因此必须采用先进的抗干扰技术,以确保在复杂电磁环境中的通信稳定性。这包括使用频率跳变、波束赋形和自适应调制等技术来有效抵御干扰信号,保持通信链路的畅通和稳定。这些措施可以显著提高卫星通信系统在恶劣环境下的可靠性和有效性,确保关键通信任务的顺利完成。

1.2.5 数据处理与管理

1.2.5.1 大数据分析

天地一体化网络会产生大量的数据,因此必须采用先进的大数据分析技术,对这些数据进行实时处理和分析。这不仅有助于快速提取有价值的信息,还能支持各种应用需求,如环境监测、灾害预警和资源管理等。通过实时数据处理和分析,系统的响应速度和决策能力能得到显著提高,从而更有效地利用数据资源,提升整体网络的功能和效率。

1.2.5.2 云计算技术

云计算技术可以对网络资源进行高效管理和灵活调度，从而显著提高资源利用率和服务响应速度。云计算的虚拟化和自动化管理功能，可以动态分配计算、存储和带宽资源，满足不同应用的需求。同时，云计算平台可以实现按需扩展，确保在高峰负载期间也能维持服务的稳定和高效。这样不仅提升了整体系统的性能，还优化了资源的分配和使用效率，可以提供更快速和可靠的服务响应。

1.3 天地一体化网络系统体系架构

天地一体化网络系统体系架构主要包括一体化网络互连环境和安全保密环境，这两个部分共同为一体化信息应用环境提供支持和保障，如图1-1所示。在一体化网络应用体系架构中，一体化网络环境是核心，确保网络的高效互连；安全保密环境是关键，保障数据的安全性和保密性；互操作环境是基础，支持不同系统和设备之间的无缝协作。这三个部分紧密结合，共同构成了完整的一体化网络应用体系架构，为上层的各种应用提供强有力的支撑和保障，确保其稳定、高效、安全地运行。

对于一级节点网络（或骨干网络），为了更好地与异构网络进行互联互通，其协议体系结构采用标准的分层体系；对于二级网络，其协议体系可以采用专用或通用的体系，如非结构化的网络体系，这主要是保证二级网络的高效性。

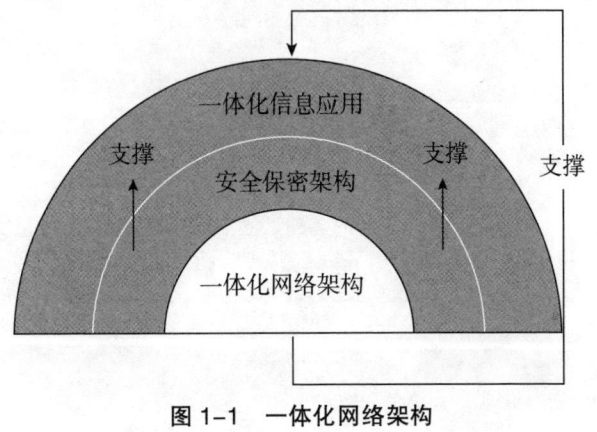

图1-1 一体化网络架构

天地一体化网络：
从概念到应用的全景探索

　　天地一体化网络是一个复杂的巨系统，包含多种网络类型。从组成上看，既有天基通信、侦察、导航、气象等卫星网络，也有深空节点，还包括空间中的飞机、飞艇、导弹等网络节点，以及地面的有线和无线网络。从建设角度来看，这样的系统既包含已经建成的部分，也涵盖即将建设的部分。不同系统之间的运行模式和协议体系存在显著差异，必须协调一致，以确保整体系统的高效和兼容性。本书基于实际建设需求，利用两级网络架构来对系统进行构建。其中，一级网络节点主要指承担骨干传输和信息获取的节点，包括骨干星座、中继卫星、深空节点和地面网络中的骨干路由器；二级网络节点则负责完成具体任务，如小卫星编队网络、专用星座和地面网络中的非骨干节点。这种组网模式的构建可以降低一体化网络路由的复杂度，提升信息传输效率。

第 2 章 天地一体化网络研究进展

2.1 国外天地一体化网络研究

天地一体化网络作为当前国际信息通信领域的重要研究方向，旨在实现空间网络和地面网络的无缝融合，为各种应用提供高效、稳定、可靠的通信服务。各地区通过不断创新和合作，推动了天地一体化网络的发展。

2.1.1 美国的天地一体化网络发展

美国在天地一体化网络方面的研究和发展为各种应用提供了高效、稳定、可靠的通信服务。美国国家航空航天局（NASA）和美国国防高级研究计划局（DARPA）是这一领域的主要推动者，推动了多项关键技术和项目的发展。

NASA 的"空间通信与导航"（SCaN）项目是美国天地一体化网络发展的核心之一。SCaN 项目致力开发先进的空间通信技术，以支持未来的深空探测任务。该项目的重要组成部分之一是 LunaNet，这是一个面向月球探测的网络架构，旨在提供高带宽、低延迟的通信服务。LunaNet

天地一体化网络：
从概念到应用的全景探索

不仅包括传统的地面通信网络，还集成了卫星和月球表面的通信节点，形成了一个覆盖广泛的网络体系。通过这种方式，NASA 能够确保在月球探测任务中实现数据的高效传输和可靠通信，支持科学实验和实时数据分析。

DARPA 在天地一体化网络的发展中也发挥了关键作用，通过"先进技术通信卫星"（ACTS）项目，DARPA 测试了多种新型通信技术，探索了卫星在高速数据传输中的潜力。ACTS 项目使用高频宽带卫星，证明了在复杂环境下保持高效通信的可能性。此外，DARPA 的"未来战术通信"（F6）计划探索了模块化卫星的概念，即多个小型卫星通过无线互联，组成一个灵活的网络系统，以应对复杂的战场通信需求。F6 计划展示了在战术环境中通过卫星实现灵活和高效通信的潜力，增强了美军在各种作战环境中的通信能力。

美国的商业航天公司也在天地一体化网络的发展中发挥了重要作用。太空探索技术公司（SpaceX）、亚马逊的"柯伊伯计划"（Project Kuiper）等纷纷致力构建大规模的卫星星座，以提供全球覆盖的互联网服务。SpaceX 的星链（Starlink）项目已经成功发射了数千颗卫星，旨在通过低轨道卫星网络提供高速、低延迟的互联网服务。这些商业项目不仅推动了卫星技术的发展，还为天地一体化网络的实际应用提供了重要的技术验证和市场推广。除了这些具体项目，美国还在天地一体化网络的标准化和政策制订方面取得了重要进展。美国联邦通信委员会（FCC）和其他相关机构积极参与全球卫星通信标准的制订，确保美国在天地一体化网络的发展中保持领先地位。此外，美国政府通过多项政策和法律，支持商业航天企业的发展，推动了天地一体化网络技术的快速应用和推广。

为了进一步增强天地一体化网络的能力，美国还在研究和开发新型的通信技术和系统。例如，激光通信技术作为一种高带宽、低延迟的通信方式，正逐渐被应用于卫星通信中。NASA 和商业公司正在积极开发激光通信卫星，通过光学通信链路实现更高速的数据传输。同时，美国还在探索量子通信技术，希望通过量子密钥分发和量子态传输，实现更高安全性的通信系统。

2.1.2　欧洲的天地一体化网络发展

欧洲天地一体化网络的发展是一个多方面、多层次的综合性过程，旨在通过整合地面和空间基础设施，提高通信、导航、观测和数据传输等方面的能力。

在政策支持和战略规划方面，欧盟（EU）和欧洲航天局（ESA）制订了多个战略计划，包括欧洲空间战略和地球观测计划等。这些政策和战略为欧洲空间技术的发展提供了明确的方向和目标。此外，欧盟通过"Horizon 2020"和"下一代欧盟"等项目，为空间技术和相关基础设施提供了充足的资金支持，可以确保各项计划的顺利实施。

技术发展是天地一体化网络的核心，欧洲在卫星制造和发射方面取得了显著进展，代表性系统如伽利略（Galileo）导航系统和哥白尼（Copernicus）地球观测系统。这些卫星系统不仅提供高精度的全球定位服务，还在环境监测和灾害预警等方面发挥重要作用。与此同时，欧洲通过建设先进的地面站和数据中心，增强了数据处理和传输的能力。通信技术的发展，特别是5G技术和未来的6G技术，为天地一体化网络提供了高带宽、低延迟的通信能力，进一步提升了网络的整体性能。

天地一体化网络在多个应用领域展现了其价值，在导航和定位方面，伽利略导航系统的高精度全球定位服务广泛应用于交通运输、物流、农业等领域。在环境监测和灾害预警方面，哥白尼地球观测系统提供的地球观测数据被用于环境监测、气候变化研究、自然灾害预警等。此外，天地一体化网络在科学研究和创新方面发挥重要作用，促进了气象学、海洋学、地质学等领域的研究和发展。

国际合作是欧洲天地一体化网络发展的重要组成部分，欧洲与其他国家和地区在空间技术和天地一体化网络方面开展了广泛的合作，如与美国、中国等国家的合作项目。这种跨国合作不仅促进了技术交流和共享，还推动了空间技术和天地一体化网络的标准化和互操作性，通过国际标准化组织（ISO）等国际组织的努力，实现了更高水平的协调与合作。

未来欧洲将在持续创新和新项目的推动下，继续发展天地一体化网络。在人工智能、大数据分析、量子通信等新兴技术领域的创新，将进一步提升天地一体化网络的性能和应用范围。

2.1.3 日本的天地一体化网络发展

日本的天地一体化网络发展是一个持续推进的过程，旨在通过整合地面和空间基础设施，增强通信、导航、观测和数据传输等方面的能力。这一发展不仅依赖于国家政策的支持和战略规划，还依赖于技术创新和国际合作的共同推动。

日本政府在空间政策方面的投入和战略规划为天地一体化网络的发展提供了坚实的基础，日本的"宇宙基本计划"明确了未来几十年内的发展目标和方向，强调了空间技术在国家安全、经济发展和科学研究中的重要性。政府通过日本宇宙航空研究开发机构（JAXA）等机构，进一步推动了空间技术的研究和应用。

技术发展是日本天地一体化网络的核心，日本在卫星技术方面取得了显著成就，发射了多颗高性能的通信卫星、导航卫星和地球观测卫星。例如，"光通信卫星"（ETS-IX）和"引导导航卫星"（QZSS）系统等项目，不仅提升了日本在全球导航和通信领域的自主能力，还增强了对自然灾害的监测和预警能力。日本还通过建设先进的地面站和数据处理中心，确保数据的高效处理和传输。在应用领域，日本的天地一体化网络发挥了重要作用，通过卫星导航系统，提供高精度的定位服务，广泛应用于交通、物流、农业等领域，提升了效率和安全性。地球观测卫星的数据被用于环境监测、灾害预警、资源管理等方面，帮助应对气候变化和自然灾害，保护生态环境。

国际合作是日本天地一体化网络发展的重要组成部分，日本与美国、欧洲等国家或地区在空间技术方面开展了广泛的合作，参与了多项国际空间项目，如国际空间站（International Space Station, ISS）计划。此外，日本还通过与发展中国家的合作，推动了全球范围内空间技术的应用和发展。

2.2 国内天地一体化网络研究

经过航天科技工作者的艰苦努力和顽强拼搏，中国航天事业不断发展壮大，逐步由航天大国迈向航天强国。当前，我国在轨运行的航天器形成了气象卫星系列、资源卫星系列、海洋卫星系列、高分卫星系列、导航卫星星座、通信卫星系列，基本构成了我国重要的空间信息基础设施。商业航天迅速发展，与国家公益类卫星共同构成应用卫星体系，为我国卫星应用的发展奠定了坚实基础。卫星应用已广泛渗入人类生产和生活的各个领域，展现出传统方式难以实现的作用，彻底改变了人们的思维、生产和生活方式，促进了生产力的发展，深刻影响了社会和人类的面貌。卫星应用能力已成为现代化国家治理体系、生态环境保护、防灾减灾能力提升、普惠信息服务提供及新兴产业培育中不可或缺的手段。

我国天基应用服务的发展历程可以大致分为四个主要阶段，每个阶段都标志着技术和应用的显著进步，为整体系统的完善和成熟打下了坚实的基础。

第一个阶段是探索和起步阶段。这个阶段始于20世纪70年代，当时我国开始尝试将卫星技术应用于实际的生产和生活中。1970年，我国

天地一体化网络：
从概念到应用的全景探索

成功发射了第一颗人造地球卫星"东方红一号"，标志着我国正式迈入了空间时代。在随后的几年中，虽然技术和应用仍处于初级阶段，但通过不断的试验和探索，我国逐渐掌握了基本的卫星制造和发射技术，并开始尝试将这些技术应用于气象、资源探测等领域。例如，1975年发射的"风云一号"气象卫星，为我国提供了重要的气象数据，开启了卫星应用服务的先河。

第二个阶段是发展和应用阶段。这一阶段从20世纪80年代开始，随着卫星技术的不断进步，我国逐步开始将卫星应用于更多的领域，并取得了一系列重要成果。1988年，我国成功发射了第一颗资源卫星"资源一号"，实现了对地表资源的有效监测。同一时期，通信卫星也开始广泛应用于广播电视和通信服务中，极大地提升了我国的信息传输能力。特别是"东方红"系列通信卫星的成功发射和运行，为我国的通信和广播电视事业提供了坚实的技术保障。与此同时，我国发射了海洋观测卫星和科学试验卫星，进一步拓展了卫星应用的范围和深度。

第三个阶段是深化和扩展阶段。从21世纪初开始，随着全球卫星应用的迅速发展和技术的不断革新，我国天基应用服务进入了快速发展和全面推广的阶段。在这一阶段，我国不仅加快了各类应用卫星的研制和发射，还在卫星导航和高分辨率遥感等新兴领域取得了重要突破。2003年，我国成功发射了"北斗"导航试验卫星，开启了自主卫星导航系统的建设。随后，"北斗"卫星导航系统逐步完善，并于2012年正式提供区域服务，成为全球卫星导航系统的重要组成部分。此外，"高分"系列遥感卫星的发射和运行，使我国在高分辨率对地观测领域达到了国际先进水平，为国土资源管理、环境监测、防灾减灾等提供了强有力的技术支持。

第四个阶段是创新和引领阶段。这一阶段始于近几年，标志着我国天基应用服务在技术和应用上进入了一个新的高度。在这一阶段，我国不仅在传统的卫星应用领域继续取得突破，还积极探索新技术和新模式，以满足不断变化的社会需求。例如，随着"北斗"全球导航系统的建成和运行，我国在卫星导航服务上实现了从区域到全球的跨越，进一步提升了国际竞争力。同时，商业航天的迅速崛起，为卫星应用服务注入了新的活力。大量商业卫星的成功发射和运营，推动了卫星互联网、物联网等新兴产业的发展，极大地拓展了天基应用服务的广度和深度。同时，我国在卫星组网、卫星激光通信等前沿技术上取得了重要进展，进一步巩固了在全球卫星应用领域的领先地位。

我国天基应用服务的发展历程是一个不断探索、不断突破、不断创新的过程。从最初的探索起步，到如今的创新引领，每一个阶段都见证了技术的进步和应用的扩展。未来，随着科技的不断进步和应用需求的不断提升，我国天基应用服务将继续迎来新的发展机遇，为国家经济社会发展提供更为坚实的保障。

2.3 天地一体化网络未来发展

天地一体化网络的发展核心在于通过整合地面和空间基础设施，实现通信、导航、观测和数据传输等各方面能力的显著提升。未来的天地一体化网络将不仅依赖各国政府的政策支持和战略规划，还将依靠技术创新、跨领域合作和国际协同努力。

政策支持和战略规划将继续为天地一体化网络的发展提供坚实的基础。各国政府将制订更为详尽和长远的空间发展计划，明确未来几十年内的具体目标和方向，这些计划将强调空间技术在国家安全、经济发展和科学研究中的重要性，确保各国在全球航天领域保持竞争力。例如，欧盟的地球观测计划和伽利略计划、美国的阿尔忒弥斯计划、中国的北斗卫星导航系统等都显示了各国在推进天地一体化网络方面的决心和具体措施。

天地一体化网络：
从概念到应用的全景探索

在技术创新方面，天地一体化网络将继续依赖卫星技术的进步，未来将有更多高性能的通信卫星、导航卫星和地球观测卫星被发射和运营。这些卫星将具备更高的精度、更强的功能和更长的寿命。例如，下一代导航卫星系统将提供更加精确的全球定位服务，能够满足自动驾驶、智能交通、精准农业等新兴领域的需求。地球观测卫星将配备更先进的传感器，能够实时监测地球环境的变化，为气候变化研究、自然灾害预警和环境保护提供更可靠的数据支持。在地面基础设施建设方面，各国将继续投资建设和升级地面站和数据处理中心，确保卫星数据的高效处理和传输。地面站将遍布全球，未来不仅可以覆盖各国本土，还将在其他国家和地区设立，形成一个全球范围内的地面数据接收网络。这将确保卫星数据能够被迅速接收、处理和分发，满足各类应用的需求。数据处理中心将利用大数据、人工智能和云计算等先进技术，对卫星数据进行深入分析和处理，提供高质量的分析结果和预测模型。在应用领域，未来的天地一体化网络将带来更加广泛和深入的影响，导航和定位服务将进一步提升，广泛应用于交通、物流、农业、工程建设等领域。智能交通系统将利用高精度的卫星定位数据，优化交通流量管理，提高运输效率和安全性。精准农业将依赖卫星数据进行农田管理、病虫害监测和产量预测，提升农业生产的效率和可持续性。在工程建设领域，卫星定位技术将被用于地基测量和建筑施工，确保工程的高精度和高质量。

地球观测卫星的数据将在环境监测、灾害预警、资源管理等方面发挥更加重要的作用。未来的环境监测系统将能够实时追踪气候变化、污染源和生态系统的变化，为环保政策制订和实施提供可靠的数据支持。自然灾害预警系统将基于卫星数据，对地震、洪水、台风等灾害进行实时监测和预警，提升灾害应对和救援的效率。资源管理系统将利用卫星数据进行矿产资源勘探、农业资源评估和城市规划，推动资源的高效利用和可持续发展。同时，国际合作将在天地一体化网络的发展中扮演关键角色。各国将通过国际空间站、全球导航卫星系统、国际空间科学研究等平台，开展广泛的合作。例如，中俄两国计划共同建设国际月球科研站，开展月球探测和研究工作。

未来，人工智能、大数据分析和量子通信等新兴技术将进一步推动天地一体化网络的发展。人工智能将用于卫星数据的自动化分析和处理，提升数据处理的效率和准确性。大数据分析将帮助识别和预测地球环境的变化趋势，为科学研究和政策制订提供支持。量子通信技术将提升天地一体化网络的安全性和可靠性，确保数据传输的机密性和完整性。

第 3 章　天基网络系统架构

3.1　天基网络中卫星轨道类型

天基网络中的卫星轨道类型多种多样，每种轨道类型都有其独特的特点和适用场景。根据卫星的任务和需求，不同类型的轨道提供不同的覆盖范围和性能。下面详细阐述主要的卫星轨道类型。

3.1.1　低地球轨道

低地球轨道（low earth orbit, LEO）是指高度为 160～2 000 km 的轨道。由于靠近地球表面，这类轨道的卫星具有较短的运行周期，一般为 90～120 min。低地球轨道的主要优势之一是其较低的信号延迟，使得通信更加迅速和高效。同时，由于距离地球较近，LEO 卫星可以提供高分辨率的地球观测数据，能够清晰捕捉地球表面的细节。这使得低地球轨道非常适合用于多种任务，包括通信、遥感和科学实验等。

在通信方面，低地球轨道卫星可以实现高速数据传输，满足现代宽带网络的需求。这种轨道类型对于提供全球互联网覆盖尤其重要，SpaceX 的 Starlink 项目就是一个典型例子，该项目通过部署数千颗 LEO

卫星，提供全球高速互联网服务。在遥感方面，LEO 卫星可以进行高频次的地球观测，收集环境变化、灾害监测和资源管理等方面的数据。例如，NASA 的 Landsat 卫星系列和欧盟的哨兵系列卫星都运行在低地球轨道上，提供了丰富的地球观测数据。

低地球轨道也常用于科学实验和技术验证任务。ISS 就是运行在低地球轨道上的一个重要平台，为宇航员提供了进行长期科学研究和技术实验的环境。ISS 上进行的实验涵盖了物理、化学、生物、材料科学等多个领域，对科学研究和技术进步具有重要推动作用。

然而，低地球轨道也有其局限性。由于单颗 LEO 卫星的覆盖范围有限，要实现全球持续覆盖，通常需要多个卫星组成星座。例如，铱星和全球星等通信星座通过大量卫星的协同工作，实现了全球范围的无缝通信服务。这些星座的部署和维护成本较高，但其提供的低延迟和高效通信服务，使其在现代通信网络中占据了重要位置。通过利用低地球轨道的这些优势和克服其局限性，卫星网络能够提供更加全面和高效的服务，满足各类应用需求。

3.1.2 中地球轨道

中地球轨道（medium earth orbit, MEO）的高度为 2 000～35 786 km，介于低地球轨道和地球同步轨道之间。中地球轨道卫星的轨道周期较长，一般为 2～12 h，这使得它们能够覆盖更大的地理区域。与低地球轨道相比，MEO 卫星能够提供更广泛的覆盖范围，同时仍保持较低的信号延迟。

中地球轨道的一个典型应用是全球导航卫星系统（GNSS），这些系统通过多个中地球轨道卫星的协同工作，实现全球范围的精确定位服务。美国的全球定位系统（GPS）是较著名的导航卫星系统之一，GPS 卫星位于约 20 200 km 的高度，形成 24 颗卫星的星座，为全球用户提供精确的定位、导航和授时服务。欧洲的伽利略系统是另一个重要的导航系统，旨在提供更高精度的定位服务，并增强欧洲的自主导航能力。俄罗斯的格洛纳斯系统和中国的北斗系统也是全球导航系统的主要组成部分，格洛纳斯卫星轨道高度约为 19 100 km，北斗系统则包括中地球轨道和地球同步轨道的组合，提供全球覆盖的导航服务。

这些导航卫星系统通过分布在中地球轨道的多个卫星，共同构建了一个庞大的网络，确保在地球表面的任何地点都能接收到至少 4 颗卫星的信号，从而实现精确的三维定位。这些系统不仅用于民用导航，还在航空、航海、地理测绘、应急救援等领域发挥着至关重要的作用。中地球轨道的卫星由于其轨道高度适中，不仅能提供较好的覆盖范围，还能维持较高的信号强度和稳定性，这使得它们在全球导航和定位系统中占据了不可替代的地位。

中地球轨道卫星还被用于其他一些任务，如通信和科学研究。例如，一些中地球轨道卫星用于数据中继和科学探测，提供跨越地球较大区域的数据传输服务。这种轨道类型的多功能性和广泛覆盖能力，使得中地球轨道在现代卫星网络中扮演着重要角色。通过利用中地球轨道的这些优势，卫星系统能够提供更加精确和可靠的服务，满足各类全球应用的需求。

3.1.3 地球同步轨道

地球同步轨道（geostationary orbit, GEO）是指高度约为 35 786 km 的轨道，其最显著的特点是卫星的轨道周期与地球的自转周期完全相同，即约 24 h。因此，位于地球同步轨道的卫星相对于地球表面保持静止状态。这意味着这些卫星始终位于地球的同一位置上空，能够持续覆盖同一地理区域。这一特性使得地球同步轨道成为通信、气象监测和广播等应用的理想选择。

对于通信卫星而言，地球同步轨道的静止特性尤为重要。这些卫星可以提供持续的信号覆盖，避免了频繁的信号中断或切换。例如，通信卫星广泛应用于卫星电话、电视广播和数据传输等领域。它们通过在地球同步轨道上保持固定位置，确保信号的稳定性和可靠性，从而为全球用户提供高质量的通信服务。在气象监测方面，地球同步轨道卫星如美国的地球同步环境卫星（GOES）和欧洲的气象卫星（Meteosat）能够连续观测地球的同一部分。这种持续的观测能力使得气象卫星能够实时监测大气状况，提供准确的天气预报和灾害预警。例如，气象卫星可以监测台风、飓风和其他极端天气现象，帮助气象部门及时发布预警信息，减轻自然灾害带来的损失。地球同步轨道也被广泛应用于电视广播领域，如电视广播卫星，通过在地球同步轨道上固定位置，向地面接收站发送稳定的电视信号，确保用户能够接收到高质量的电视节目。这些卫星能够覆盖广泛的区域，使得电视广播信号可以传输到偏远和难以接入的地区。

地球同步轨道的高度和轨道周期的特点使得它在通信、气象监测和电视广播等领域具有不可替代的重要地位。这些卫星通过在固定位置提供持续和稳定的服务，为全球范围内的用户带来了便利和保障。

3.1.4 极地轨道

极地轨道（polar orbit, PO）是一种特殊的低地球轨道，极地轨道卫星在轨道上经过地球的南北极。极地轨道的主要优势在于其卓越的全球覆盖能力。由于地球的自转，极地轨道卫星能够逐步飞越地球的每一个区域，从而实现对整个地球表面的全面观测。这种全球覆盖的特性使得极地轨道在地球观测和环境监测领域中得到了广泛应用。

在地球观测方面，极地轨道卫星可以提供高频次和高分辨率的数据，适用于环境变化监测、自然资源管理和灾害应急响应等任务。例如，气象卫星通过极地轨道不断收集全球气象数据，帮助气象学家分析和预测天气变化；遥感卫星利用极地轨道的优势，进行详细的地表监测，提供关于土地利用、森林覆盖和水资源等方面的重要信息。

极地轨道还被广泛用于侦察和军事监视。侦察卫星通过极地轨道，可以定期拍摄全球范围内的高分辨率图像，提供精确的情报支持。这对于国家安全和军事战略部署具有重要意义。极地轨道的全球覆盖能力使得它在科学研究和技术试验中也具有重要应用。例如，科学家利用极地轨道卫星监测全球气候变化、冰盖消融和大气成分变化，为应对全球环境问题提供数据支持。

3.1.5　高椭圆轨道

高椭圆轨道（highly elliptical orbit, HEO）是一种具有显著高度变化的轨道类型，其近地点（即离地球最近的点）通常较低，而远地点（即离地球最远的点）则非常高。这种轨道设计使得卫星在远地点时的运行速度显著减慢，从而可以在特定区域（通常是高纬度地区）提供较长时间的覆盖。这种特性使得高椭圆轨道在通信、早期预警和科学探测等应用中具有独特优势。

高椭圆轨道的一个显著优势是其能够在高纬度地区提供长时间的信号覆盖。由于卫星在远地点的运行速度较慢，这使得其可以在远地点附近停留较长时间，从而为特定区域提供持续的覆盖和服务。例如，俄罗斯的莫尔尼亚轨道卫星系统就是利用高椭圆轨道的这一特性，专门为覆盖高纬度地区而设计的。莫尔尼亚轨道卫星的轨道高度在近地点约为500 km，而远地点则为40 000 km左右，这使得其在高纬度地区（如俄罗斯北部）可以提供长时间的通信和监视服务。在通信应用中，高椭圆轨道可以有效补充地球同步轨道（GEO）卫星的不足。特别是在高纬度地区，GEO卫星的信号覆盖和质量可能会有所下降，部署高椭圆轨道卫星，可以确保这些区域的通信服务稳定可靠，满足军事和民用通信需求。

高椭圆轨道在早期预警系统中的应用也非常重要。高椭圆轨道卫星能够长时间监视高纬度地区，它们可以提供持续的雷达监测和预警服务，帮助国家防范潜在的空中和海上威胁，这对于国家安全和防御策略的制订具有重要意义。此外，高椭圆轨道可广泛用于科学探测任务，由于其特殊的轨道形状，这些卫星能够观测和测量地球的磁场、粒子环境和空间天气情况。例如，一些科学卫星通过高椭圆轨道运行，进行详细的地球磁场和大气层研究，提供宝贵的数据支持科学研究。高椭圆轨道以其独特的高度变化和长时间覆盖能力，在通信、早期预警和科学探测等领域发挥着重要作用。通过利用高椭圆轨道的这些优势，卫星系统能够提供更加全面和高效的服务，满足各类高纬度地区的应用需求，从而推动相关技术和科学研究的发展。这种轨道类型在现代卫星应用中占据了重要地位，特别是在解决特定区域覆盖和长时间监测方面，展示出其不可替代的价值。

3.1.6 太阳同步轨道

太阳同步轨道（sun-synchronous orbit, SSO）是一种特殊的极地轨道，卫星在轨道上运行时，每次经过同一纬度区域的时间都固定在同一太阳时间。这意味着卫星在相同的光照条件下进行观测，有助于长时间的环境监测和变化分析。通过保持一致的照明条件，太阳同步轨道卫星能够生成一致的影像数据，方便科学家进行长期的环境监测、气候变化研究和资源管理。太阳同步轨道广泛应用于气象卫星和地球观测卫星，例如，欧盟的哨兵系列卫星利用太阳同步轨道进行高精度的地球观测，提供关于土地利用、森林覆盖、冰川动态等方面的重要数据。这些卫星的数据对于环境保护、灾害应急响应和资源管理至关重要。此外，美国国家海洋和大气管理局（NOAA）的气象卫星也利用太阳同步轨道获取全球气象数据，帮助气象学家进行天气预报和气候研究。

每种轨道类型都有其独特的设计和应用场景，选择适当的轨道类型对于实现卫星的特定任务目标至关重要。在天基网络的构建中，根据不同的需求，通常会综合使用多种轨道类型，以提供全面、高效的服务。例如，低地球轨道卫星可以提供高分辨率的地球观测和低延迟的通信服务，中地球轨道卫星适用于全球导航和中等覆盖范围的通信，地球同步轨道卫星擅长提供覆盖广和稳定的通信、气象监测和广播服务。

通过综合利用不同轨道类型的优势，天基网络能够实现最佳的覆盖和性能，满足各类应用需求。这种多轨道类型的结合，不仅提高了卫星系统的灵活性和可靠性，还确保了在不同应用场景中的最佳表现，从而推动了现代卫星技术的不断发展和进步。

3.2 卫星的发射与在轨操作

3.2.1 获得期望的轨道

为了确保卫星进入预期的轨道，并具有所需的轨道参数如轨道平面、远地点和近地点距离，在卫星入轨点建立正确条件是至关重要的。例如，为了保证卫星轨道在一个给定的平面内，卫星必须在特定的时间点入轨。根据入轨点的经度，卫星在该点的交点线与春分点的方向夹角必须满足特定角度。简单来说，对于一个给定的轨道平面，交点线与春分点的夹角需要满足特定的角度要求。为了获得这个角度，卫星必须在根据入轨点经度确定的精确时刻被送入轨道。

3.2.1.1 确定卫星轨道参数

卫星轨道完全由下列参数定义或指定：①右旋升交点赤经；②倾斜角；③轨道长轴的位置；④椭圆轨道形状；⑤卫星在轨道上的位置。下面进行具体分析。

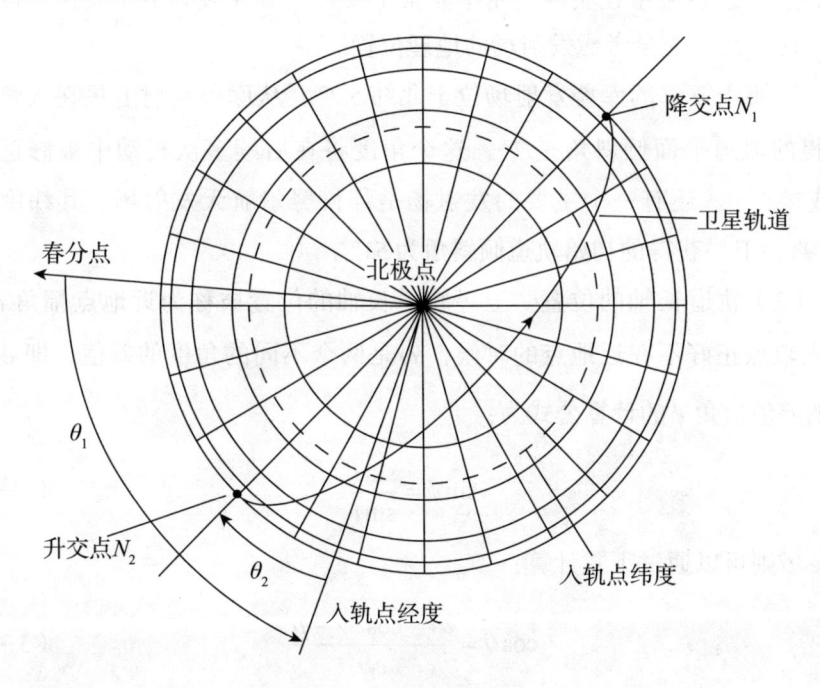

（1）右旋升交点赤经。右旋升交点赤经是轨道力学中的一个关键参数，表示轨道平面与赤道平面的交点（升交点）在赤道平面上的位置。具体来说，升交点赤经是从春分点到卫星轨道的升交点之间的角距离，以赤道平面为参考，按逆时针方向测量。它定义了轨道平面的方位角，确定了卫星轨道在地球赤道平面上的投影位置，是轨道六个基本要素之一。

右旋升交点赤经的角 Ω 基本上是两个角度 θ_1 和 θ_2 之间的差值，其中 θ_1 是在发射时入轨点的经度与春分点方向的夹角，θ_2 是在发射时入轨点的经度与交点线的夹角，如图 3-1 所示。角 θ_2 的计算公式为：

$$\sin\theta_2 = \frac{\cos i \sin L}{\cos L \sin i} \tag{3-1}$$

式中：i 为倾斜角；L 为入轨点的经度。因此，对于一个已知的倾斜角，可以这样选择发射时间以及入轨点的经度，以获得所需的角度。

图 3-1 右旋升交点赤经

（2）倾斜角。根据方位角 A_z 值和入轨点纬度 l 的已知值能够确定轨道平面的倾斜角（i），可以用以下表达式进行表示：

$$\cos i = \sin A_z \cos l \qquad (3-2)$$

本书把一个给定的点在卫星轨道的方位角定义为由卫星速度矢量在该点本地水平面的投影与正北方向的夹角。从上面的表达式可以看出，要想使倾斜角为 0，表达式等号的右侧必须等于 1，只有当 $A_z = 90°$ 和 $l = 0°$ 时才有这种可能。因此，可以从上述表达式中得出其他推论：①当 $A_z = 90°$ 时，$i = l$；②当 $A_z < 90°$ 时，由于 $\sin A_z < 1$，所以 $i > l$。

因此，可以得出结论，卫星将趋向于在一个轨道平面与赤道平面夹角等于或大于入轨点纬度的平面内运行。通过观察一些主要的卫星发射场及其对应的纬度，这些结论的正确性得到了证明。这意味着，发射场的地理纬度直接影响卫星轨道的倾角，决定了卫星轨道相对于赤道的倾斜程度。这些关系在实际应用中非常重要，尤其在规划卫星发射和设计轨道时，需要充分考虑发射场的地理位置。

法属圭亚那的库鲁发射场位于北纬 5.2°，从库鲁发射卫星在入轨后获得的轨道平面倾斜角是 7°，这个角度将在后续多次机动中被修正为 0 或接近 0。还有一个主要的发射场是拜科努尔航天发射场，其纬度是 45.9°，卫星获得的初始轨道倾斜角为 51°。

（3）轨道长轴的位置。卫星轨道长轴的位置被称为近地点幅角 ω，当入轨点正好不在近地点的时候，ω 是两个不同的角度的差值，即 ϕ 和 θ 的差值。角 ϕ 的计算公式为：

$$\sin \phi = \frac{\sin l}{\sin i} \qquad (3-3)$$

θ 则可以通过下式计算：

$$\cos \theta = \frac{dV^2 \cos^2 \gamma - \mu}{e\mu} \qquad (3-4)$$

上面两公式中各物理量的含义如图 3-2 所示。

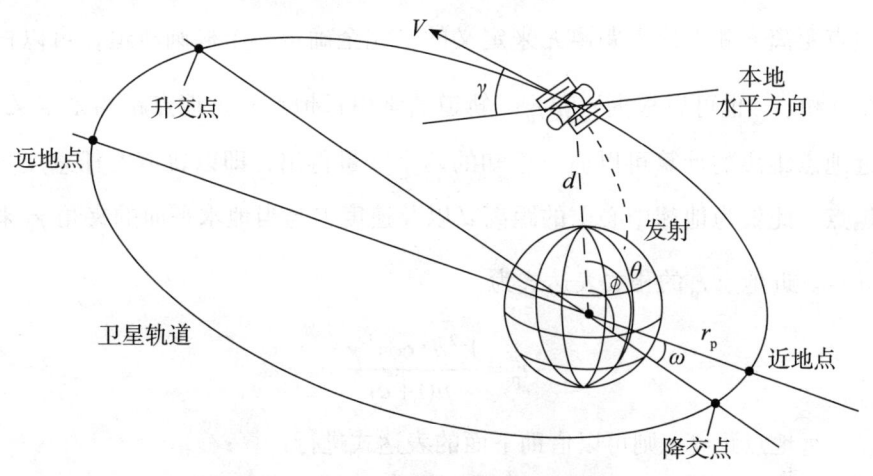

图 3-2 近地点的幅角

当入轨点与近地点相同时（图 3-3），$\gamma = 0°$ 且 $\theta = 0°$。这将导出：

$$\sin\omega = \sin\phi = \frac{\sin l}{\sin i} \quad (3-5)$$

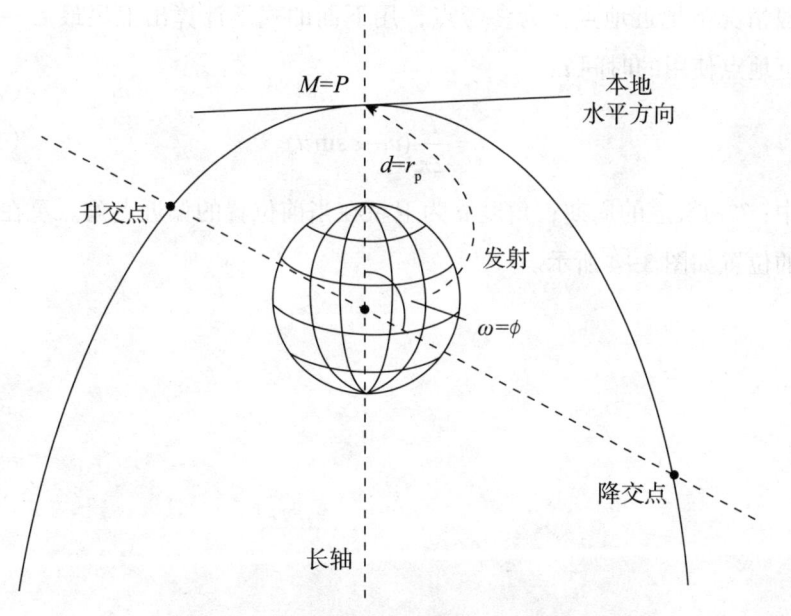

图 3-3 入轨点与近地点相同时的近地点幅角

（4）椭圆轨道形状。轨道的形状是由轨道偏心率 e、长半轴 a、远地点距离 r_a 和近地点距离 r_p 来定义的。完全确定一个椭圆轨道，可以根据 a 和 e，也可以根据 r_a 和 r_p。轨道通常由远地点和近地点距离来定义。近地点距离的计算可以通过已知的两个变量得出，即以轨道上任意点与焦点（此处为地球中心）的距离 d 以及速度 V 与当地水平面的夹角 γ_0 来计算。近地点 r_p 的相关表达式为：

$$r_p = \frac{V^2 d^2 \cos^2 \gamma}{\mu(1+e)} \quad (3-6)$$

远地点距离 r_a 则可以借助下面的表达式进行计算：

$$r_a = \frac{V^2 d^2 \cos^2 \gamma}{\mu(1-e)} \quad (3-7)$$

（5）卫星在轨道上的位置。用时间参数 t 来表示卫星在轨道上的位置，它是卫星最后通过参考点之后所经过的相对于一个时刻 t_0 的时间。一般情况下把近地点作为参考点，用下面的式子计算出卫星最后一次通过近地点使用的时间 t：

$$t = \frac{T}{2\pi}(u - e\sin u) \quad (3-8)$$

式中：T 为轨道的周期；角度 u 为卫星在当前位置的偏近点角。星在轨道上的位置如图 3-4 所示。

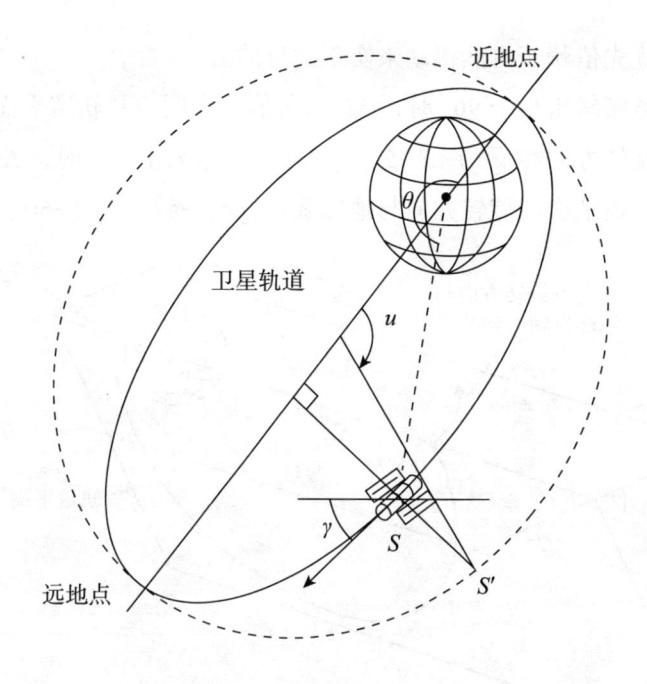

图 3-4 星在轨道上的位置

3.2.1.2 修改轨道参数

（1）右旋升交点赤经。这个参数定义了卫星轨道平面的方位，地球的赤道隆起，存在交点进动，因此地球绕太阳旋转时，轨道平面的方位随时间变化。可以看出，对卫星轨道平面的这种摄动取决于轨道倾斜角 i 以及远地点距离和近地点距离。在一个轨道周期内，卫星轨道平面所经历的旋转摄动（度）为：

$$\Delta\Omega = -0.58\left(\frac{D}{r_a + r_p}\right)^2 \left(\frac{1}{1-e^2}\right)^2 \cos i \quad (3-9)$$

式中：D 为地球直径。

很明显，从上面的表达式可得出，只有倾斜角为 90° 的情况下，摄动为零。此外，当倾斜角偏离 90° 越多，且远地点和近地点距离越短时，则摄动越大。任何改变方位的试验性的机动尝试都需要付出代价，因此一般总是优先依赖于自然摄动来实现此目的。

当轨道倾斜角小于 90° 时，$\Delta\Omega$ 为负值，表明卫星轨道平面的旋转方向与地球旋转方向相反（图 3-5）。当轨道倾角大于 90° 时，$\Delta\Omega$ 为正值，表明卫星轨道平面的旋转方向与地球旋转方向一致（图 3-6）。

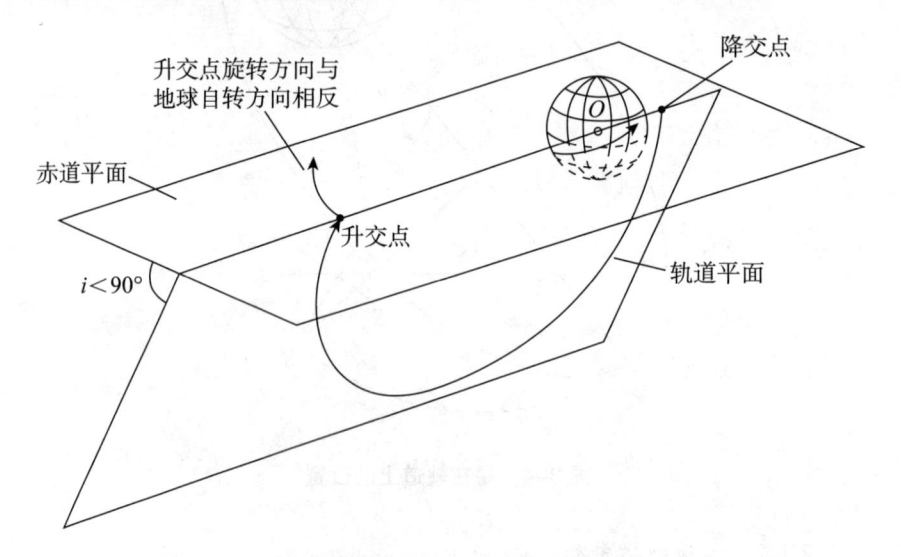

图 3-5 当倾斜角小于 90° 时轨道平面的旋转情况

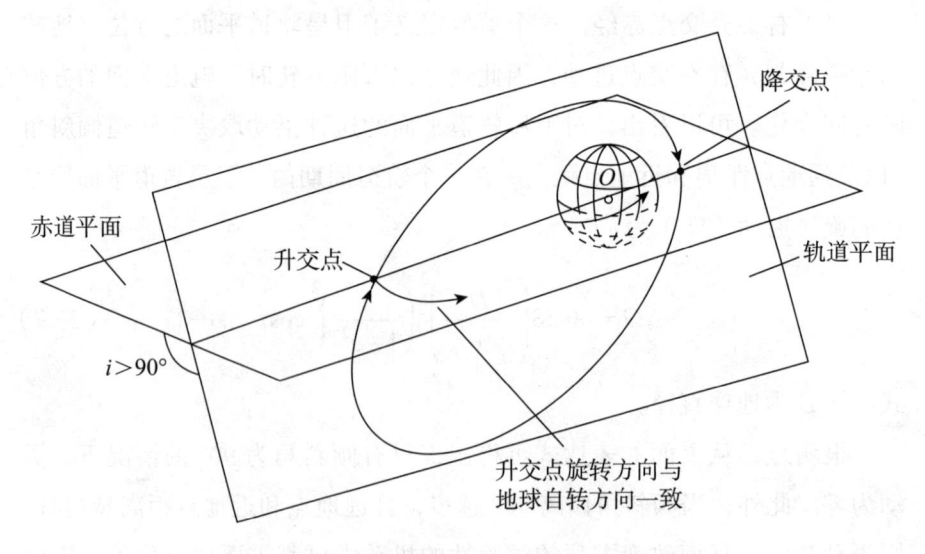

图 3-6 当倾斜角大于 90° 时轨道平面的旋转情况

（2）倾斜角。尽管太阳和月亮的引力会导致卫星轨道平面相对于地球赤道平面的倾斜角发生天然摄动，但这种变化很小，可以忽略不计。对速度矢量沿卫星的方向以 $90°+\Delta i/2$ 的角度施加一个推力，来实现外部对倾角 i 的改变，如图 3-7 所示，推力 Δv 由下式给定：

$$\Delta v = 2V \sin\left(\frac{\Delta i}{2}\right) \quad (3-10)$$

式中：V 为速度矢量；Δv 为施加的推力；Δi 为倾斜角 i 的改变。

推力可以施加在任意一个交点上。

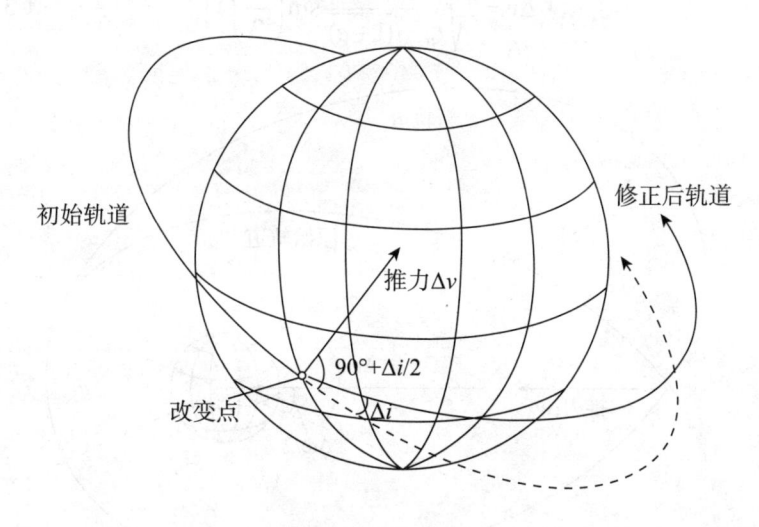

图 3-7 改变倾斜角

（3）轨道长轴的位置。轨道长轴的位置定义的参数称为近地点幅角 ω。这个参数类似于右升交点赤经，由于地球赤道隆起，也存在称为拱点进动的天然摄动现象。倾角偏离 63°26′ 越多，近地点旋转的角度越大。同样地，假如卫星离地球中心越近，近地点旋转角度也越大；如果倾斜角大于 63°26′，近地点旋转的方向与卫星运动的方向是相反的；如果倾斜角小于 63°26′，近地点旋转的方向与卫星运动的方向是相同的。

在一个轨道中天然摄动产生的 ω 旋转的度数由下式给定：

$$\Delta\omega = 0.29 \times \frac{4-5\sin^2 i}{(1-e^2)^2}\left(\frac{D}{r_a+r_p}\right)^2 \quad (3-11)$$

对于圆形轨道，当 $r_a = r_p$ 且 $e = 0$ 时，为了获得期望的变化（$\Delta\omega$），需要在轨道中的一个点施加一个推力，本书把这个推力用 Δv 来表示，在这个点上连接这个点与地心的连线与长轴形成一个夹角，夹角为 $\Delta\omega/2$。推力施加的方向是向着地心的，如图 3-8 所示。推力 Δv 可从下式计算：

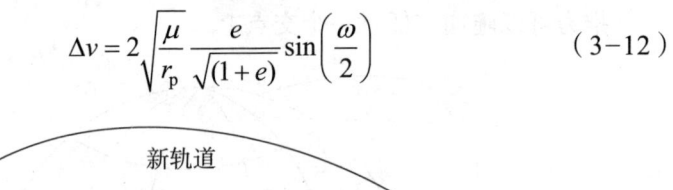

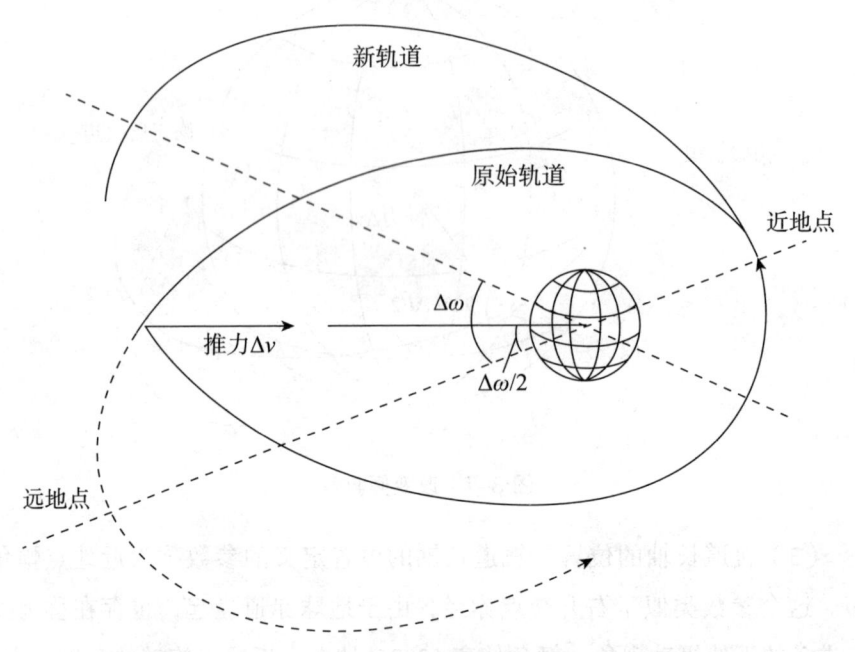

$$\Delta v = 2\sqrt{\frac{\mu}{r_p}}\frac{e}{\sqrt{(1+e)}}\sin\left(\frac{\omega}{2}\right) \quad (3-12)$$

图 3-8 改变近地点幅角

（4）椭圆轨道形状。轨道形状可通过远地点和近地点距离确定，因为偏心率 e 和长半轴 a 等参数可从这两个距离计算出来。远地点距离是会改变的，这意味着由于大气阻力和相对较小的太阳辐射压力，远地点的距离会逐渐变小。实际上，每个椭圆轨道随着时间的推移都会趋向于变成圆形轨道,其圆形轨道的半径等于近地点距离。一个有趣的现象是,高度为几百千米的圆形轨道卫星,其寿命可能只有几天,而高度为几千千米的卫星,其寿命大约为100年。地球同步卫星的寿命可能会超过100万年。

下面再看一下修改远地点距离这个问题,分别在卫星运动方向相同或者相反方向在近地点施加一个推力,用 Δv 表示,有意增大或者减小远地点距离(图3-9)。因此,Δr_a 可通过下式计算:

$$\Delta v = \Delta r_a \frac{\mu}{V_p \left(r_a + r_p\right)^2} \qquad (3-13)$$

式中:V_p 为近地点的速度。也可以在卫星的运动方向或者相反方向在远地点施加推力 Δv,从而增大或者减小近地点距离(图3-10)。

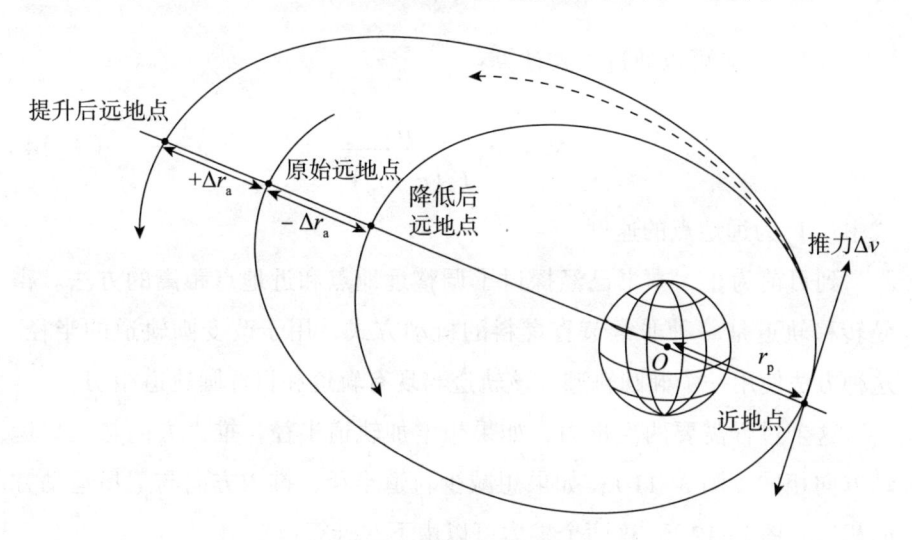

图3-9 改变远地点距离

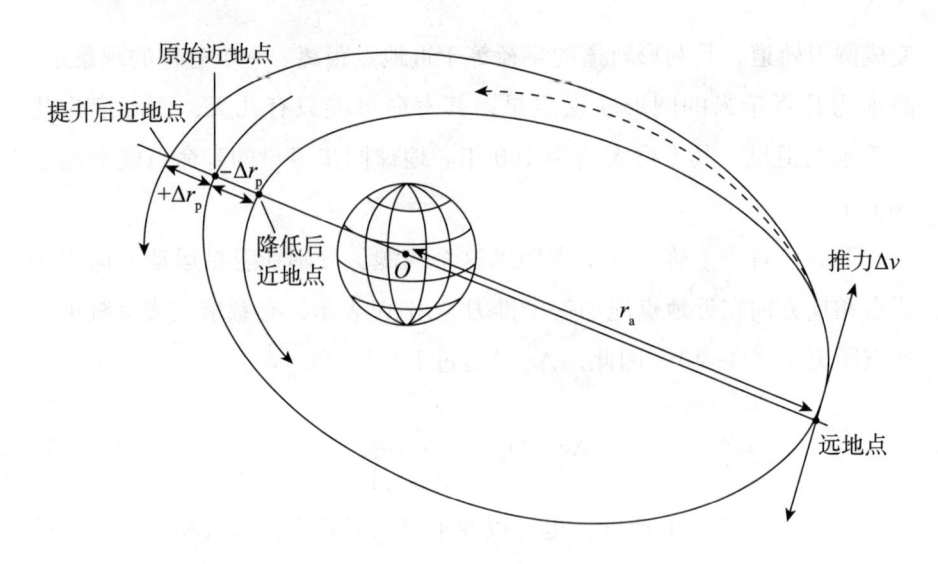

图 3-10 改变近地点距离

因此，Δr_p 可以通过下式计算：

$$\Delta v = \Delta r_p \frac{\mu}{V_a (r_a + r_p)^2} \quad (3-14)$$

式中：V_a 为远地点的速度。

到目前为止，本书已经探讨了调整远地点和近地点距离的方法。霍曼转移轨道是一种非常节省燃料的机动方式，用于改变圆轨道的半径。这种方法使用一个椭圆轨迹，该轨迹与现有轨道和目标圆轨道相切。

这个过程需要两次推力，如果想增加轨道半径，推力方向与卫星运动方向相同（图 3-11）；如果想减少轨道半径，推力方向与卫星运动方向相反（图 3-12）。这两个推力可以由下式计算：

$$\Delta v = \sqrt{\frac{2\mu R'}{R(R+R')}} - \sqrt{\frac{\mu}{R}} \quad (3-15)$$

$$\Delta v' = \sqrt{\frac{\mu}{R'}} - \sqrt{\frac{2\mu R}{R'(R+R')}} \quad (3-16)$$

式中：R 为初始轨道的半径；R' 为最终轨道的半径。

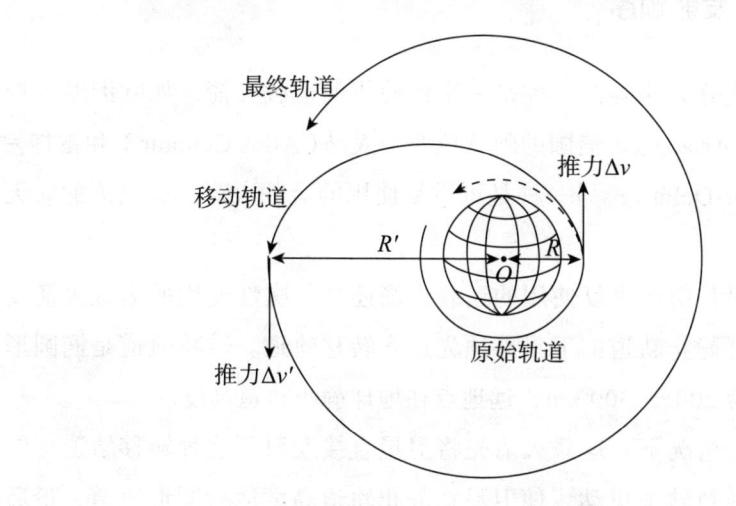

图 3-11 增加圆形轨道的半径

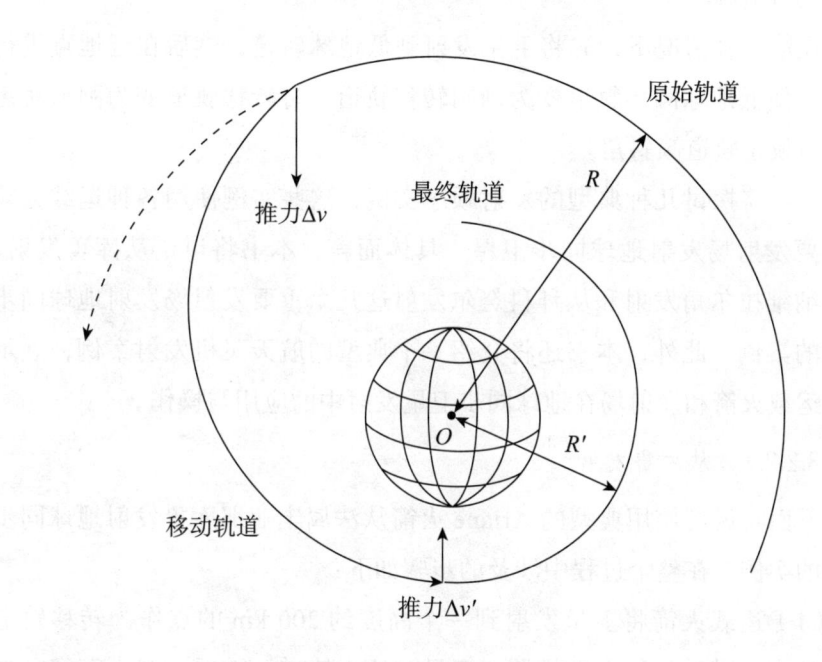

图 3-12 减小圆形轨道的半径

3.2.2 发射顺序

发射方式分为两类：一种是一次性使用的运载火箭，如欧洲航天局的阿丽亚娜（Ariane）、美国的阿特拉斯半人马（Atlas Centaur）和雷神-德尔塔（Thor-Delta）；另一种是可重复使用的运载火箭，如美国的航天飞机。

无论卫星是由可重复使用的运载火箭还是一次性使用的运载火箭发射，发往地球静止轨道的卫星必须先进入转移轨道。转移轨道是椭圆形的，近地点为 200～300 km，远地点在地球静止轨道高度。

在第一种情况下，运载火箭先将卫星直接发射到这种转移轨道，然后在远地点执行轨道机动，使卫星在静止轨道高度运行圆形轨道，最后纠正其轨道倾斜角。

在第二种情况下，先将卫星发射到低地球轨道，然后在近地点进行机动，使低地球圆形轨道变为椭圆转移轨道。将转移轨道变为圆形轨道后，再校正轨道倾斜角。

下面将探讨几种典型的发射顺序实例，这些实例使用各种运载火箭从主要发射场发射地球同步卫星。具体而言，本书将讨论从库鲁发射、从卡纳维拉尔角发射和从拜科努尔发射这几个重要发射场发射地球同步卫星的案例。此外，本书还将介绍一个典型的航天飞机发射案例，展示不同运载火箭和发射场在地球同步卫星发射中的应用与操作。

3.2.2.1 从库鲁发射

下面将说明使用典型的 Ariane 火箭从法属圭亚那库鲁发射地球同步卫星的实例。在整个过程中涉及的步骤如下：

（1）运载火箭将卫星发射到一个高度约 200 km 的点作为转移轨道的近地点。借助远地点助推器，卫星被注入轨道，随后运载火箭穿越赤道平面。为了使卫星进入一个偏心的椭圆轨道，入轨速度需要精确计算，使远地点高度达到约 36 000 km；因为发射场的纬度为 5.2°，所以预期轨道的倾斜角是 7°。

（2）当卫星在转移轨道完成几次旋转后，在卫星通过远地点时通过远地点助推器点火。由此产生的推力逐渐使得卫星进入圆形轨道。现在的轨道是一个圆形轨道，高度为 36 000 km。

（3）进一步将推力作用在远地点，使倾斜角变成 0°，从而使轨道变成真正的圆形和赤道轨道。

（4）最后一步是获得正确的经度和姿态。其实现方法也是通过对轨道施加推力，无论是从切向方向还是法线方向。

3.2.2.2 从卡纳维拉尔角发射

从卡纳维拉尔角发射地球同步卫星的过程涉及的步骤如下：

（1）运载火箭将卫星发射到一个点，期望成为转移轨道的近地点，高度在地球表面上空约 300 km，并将卫星首次注入一个圆形的轨道，称为停留轨道，轨道以 28.5° 的角度与赤道平面倾斜。这个倾斜角度的产生原因前面已有解释，此处不再赘述。

（2）近地点助推器点火后，圆形停留轨道转换成了偏心椭圆转移轨道。这个转移轨道的近地点高度为 300 km，而远地点高度达到了 36 000 km。通过这种方式，轨道的形状发生了显著变化，实现了从圆形轨道向椭圆轨道的过渡，使卫星能够在不同高度上运行，从而满足任务需求。

（3）远地点机动类似于库鲁发射的情况，将转移轨道变为圆形轨道。到这一步轨道倾斜角为 28.5°，接下来通过另一次远地点机动，将轨道倾斜角调整至 0°。这个机动所需的推力明显大于在库鲁发射时进行倾斜角校正所需的推力。

（4）最后，通过几个小机动将卫星推入所需的经向位置。

3.2.2.3 从拜科努尔发射

从拜科努尔发射地球同步卫星的过程与从卡纳维拉尔角的发射类似。

具体步骤如下：

（1）运载火箭将卫星注入圆形轨道，高度在200 km，倾斜角为51°。

（2）当第一次卫星通过期望的近地点时，施加的机动把卫星送入转移轨道，其远地点高度约36 000 km。现在轨道倾斜角为47°。

（3）将转移轨道变成圆形轨道，其倾斜角在降交点进行修正。

（4）最后，卫星漂移到其最终的经向位置。

3.2.2.4 航天飞机发射

航天飞机的发射过程与从卡纳维拉尔角和拜科努尔的发射顺序类似。首先，航天飞机将卫星和其近地点助推器送入高度为100 km的圆形停留轨道。经过几次轨道旋转后，近地点助推器接收到星载计时装置的信号点火，推力将卫星送入远地点在静止轨道高度的转移轨道。然后，抛弃近地点助推器，通过远地点机动将轨道变为圆形轨道。通过这种方式，卫星最终达到所需的静止轨道高度和位置。

3.2.3 运载火箭

3.2.3.1 运载火箭简介

运载火箭是一种具有强大推力的火箭，用于将有效载荷从地球表面送入外层空间，可以是地球轨道或外太空的其他目的地。有效载荷可以是无人航天器、空间探测器或人造卫星。整个发射系统包括运载火箭、发射台和其他基础设施。自20世纪50年代早期以来，运载火箭一直在使用，并经过不断演变和改进。许多著名的运载火箭系列已经在过去几十年得到广泛应用，包括欧洲的阿丽亚娜系列，美国的航天飞机、阿特拉斯、德尔塔和泰坦系列，中国的长征系列，以及印度的极地卫星运载火箭（PSLV）和地球同步卫星运载火箭（GSLV）。这些运载火箭系列在各自的航天任务中发挥了重要作用，成功地将各种有效载荷送入预定轨道或深空目的地。

3.2.3.2 运载火箭的分类

运载火箭主要分为一次性使用运载火箭的和可重复使用的运载火箭，具体还可以根据其发射能力进行划分，通常由负责发射的国家或航天局以及制造火箭的公司或财团来确定。

一次性使用运载火箭（expendable launch vehicle, ELV）设计为仅使用一次，发射后其组成部分不可恢复。ELV通常由多级火箭组成，每一级火箭的任务是提供所需的轨道机动。当某一级完成其任务后，该级火箭会被抛弃，这个过程持续进行，直到卫星被放置到预定轨道。运载火箭的级数可以多达5个。然而，一些用于将卫星送入低地球轨道的运载火箭可以是单级火箭。除了火箭本身，运载火箭还包括助推器，助推器在主轨道机动时提供额外的推力，或者进行微小的轨道修正。这些助推器可以在发射初期提供额外的推力，帮助火箭克服重力，并达到所需的速度和高度，从而确保有效载荷能够准确进入预定的轨道。国际上常用来发射卫星的一次性使用运载火箭包括欧洲的阿丽亚娜（Ariane）、美国的阿特拉斯（Atlas）和德尔塔（Delta）、印度的静止轨道卫星运载火箭（GSLV）和极地卫星运载火箭（PSLV）、中国的长征以及俄罗斯的质子（Proton）。

可重复使用运载火箭设计为可以完全回收并再次用于后续发射。美国的航天飞机就是一个例子，通常用于载人航天任务。

根据发射能力（这是最常见的分类方法），运载火箭可分为重型运载火箭（heavy lift launch vehicle, HLLV）、大型运载火箭（large launch vehicle, LLV）、中型运载火箭（medium launch vehicle, MLV）和小型运载火箭（small launch vehicle, SLV）。

重型运载火箭能够将超过10 000 kg的有效载荷发射到低地球轨道，并能将超过5 000 kg的有效载荷发射到地球静止转移轨道。著名的重型运载火箭包括航天飞机、Titan-Ⅲ和Titan-Ⅴ、Proton-D1以及Ariane-5。例如，Ariane-5系列中的Ariane-5 ECA可以将12 000 kg的有效载荷发射到地球同步转移轨道。另一个例子是 Titan-Ⅳ 火箭，其发射能力可以将 21 680 kg 的有效载荷送入低地球轨道，将 17 600 kg 的载荷送入极地低地球轨道，将 5 760 kg 的载荷送入地球静止轨道，并能将 5 660 kg 的载荷送入日心轨道。重型运载火箭的强大运载能力使其适用于发射大型卫星、空间站组件以及其他需要高轨道或深空探测的任务，这些火箭在航天发射任务中起到了关键作用，确保了各种复杂和重型有效载荷的成功部署。[1]

大型运载火箭是指能够将重型有效载荷（通常超过 20 t）送入低地球轨道或更远轨道的火箭系统。这类火箭在航天领域具有举足轻重的地位，广泛用于发射空间站模块、重型卫星、深空探测器以及载人航天任务。其强大的运力和复杂的设计使其成为国家航天技术和工业实力的重要象征。

典型的大型运载火箭包括中国的长征五号系列、美国的"猎鹰重型"、俄罗斯的"安加拉-A5"等。历史上，美国的土星五号以其 140 t 的低地球轨道运力成为目前最强大的火箭，成功执行了多次阿波罗登月任务。

新一代火箭如航天发射系统（SLS）和星舰，聚焦于深空探索，为未来的载人火星任务奠定了基础。大型运载火箭不仅推动了人类对宇宙的探索，还为商业航天、科学研究和国家安全提供了强有力的支持。

中型运载火箭能够将 2 000～5 000 kg 的有效载荷发射到低地球轨道，并将 1 000～2 000 kg 的有效载荷发射到地球静止转移轨道。常见的中型运载火箭包括 PSLV、长征 LM-3、闪电和 Delta-Ⅱ-6925/7925。例如，长征 LM-3 具备将重达 5 000 kg 的有效载荷送入低地球轨道，以及将 1 340 kg 的载荷送入地球静止转移轨道的能力。另一个例子是 Delta-Ⅱ 火箭，它能够将高达 5 000 kg 的有效载荷送入低地球轨道，并将

---

[1] 迈尼，阿格拉沃尔. 卫星技术：原理篇[M]. 刘家康，译. 北京：北京理工大学出版社，2019：72.

高达 1 800 kg 的有效载荷送入地球静止转移轨道。这些中型运载火箭在卫星发射任务中起到了重要作用，适用于中等规模的有效载荷发射需求。

小型运载火箭能够将不到 2 000 kg 的有效载荷送入低地球轨道，并将小于 1 000 kg 的载荷送入地球静止转移轨道。常见的小型运载火箭包括增强卫星运载火箭（ASLV）、金牛座运载火箭（Taurus）、雅典娜-1运载火箭（Athena-1）、雅典娜-2 运载火箭（Athena-2）、宇宙运载火箭（Cosmos）和飞马座 XL 运载火箭（Pegasus-XL）。例如，Taurus 火箭具备将重达 1 320 kg 的有效载荷送入低地球轨道的能力。另一个例子是 Athena-1，它可以发射 794～1 896 kg 的有效载荷进入低地球轨道。这些小型运载火箭在轻型卫星和小型有效载荷的发射任务中发挥了重要作用。

运载火箭也常常根据制造它们的公司或财团，以及负责发射的国家或航天局来分类。例如，Ariane 系列运载火箭与欧洲航天局（ESA）有关，而联合发射联盟（ULA）负责制造和发射 Delta-Ⅳ和 Atlas-Ⅴ系列运载火箭。

3.2.3.3 运载火箭的构造

运载火箭的构造复杂而精密，涉及多个关键组成部分，每个部分都有特定的功能和任务。运载火箭的第一级火箭是其核心部分，承担着提供初始推力的任务。第一级火箭通常配备最大的火箭发动机和燃料舱，包括燃料和氧化剂。燃料和氧化剂占据了第一级火箭的大部分重量，其主要任务是克服地球的重力，将火箭及其有效载荷从地面托起。为了实现这一目标，第一级需要强大的推力，因此它配备了最大的发动机。常见的推进剂组合包括液氧和液氢、精炼煤油（RP-1）和液氧等。燃料的消耗是渐进的，在达到预定高度和速度后，第一级火箭燃料耗尽，火箭与其分离，减少了需要提升的总重量。在第一级燃料耗尽并分离后，第二级火箭点火，继续将有效载荷推向更高的轨道。由于第一级的分离，第二级火箭的推力需求相对较低，且质量较轻。第二级通常也拥有自己的发动机和燃料舱，但其尺寸和推力较第一级小。第二级的任务是提供必要的速度和高度，以接近或达到预定轨道。在任务完成后，第二级火箭也会被抛弃。某些任务需要三级或更多级火箭。每一级火箭的设计目标都是为了在前一级完成任务后，继续提升有效载荷的高度和速度。每增加一级，火箭的结构和设计就更加复杂，但这样可以实现更高效的能量利用。例如，印度空间研究组织（ISRO）的ASLV运载火箭就是一个五级火箭，每一级都有特定的任务和燃料配置。

助推器是附加在第一级火箭上的额外推进装置，提供额外的推力以帮助火箭克服初始重力。助推器通常在燃料耗尽后分离，与第一级火箭类似，助推器也可以是固体或液体燃料推进。运载火箭的最顶部是有效载荷和整流罩。有效载荷可以是卫星、探测器或其他科学仪器。整流罩是一个保护罩，包裹着有效载荷，保护其在发射过程中免受空气动力加热和其他环境因素的影响。当火箭达到稀薄大气层时，整流罩会分离，暴露出有效载荷。

运载火箭还配备了复杂的导航和控制系统，以确保精确的轨道插入。这些系统包括惯性测量单元（IMU）、全球定位系统（GPS）接收器和计算机控制系统。导航和控制系统在飞行过程中不断调整火箭的姿态和轨迹，确保其按照预定路径飞行。这些系统在发射前经过严格测试和校准，以确保其可靠性和准确性。火箭的外壳通常由轻质但坚固的材料制成，如铝合金或复合材料，以减轻重量并增加强度。外壳不仅要承受发射时的巨大压力和振动，还要保护内部的燃料和设备免受外部环境的影响。每个级的火箭外壳在燃料耗尽后会分离并返回地球，有些会在大气层中烧毁，而另一些可能会坠入海洋。

3.2.3.4 运载火箭的主要参数

运载火箭的主要参数包括推力、比冲、有效载荷能力、燃料类型、结构质量和发射窗口等。这些参数直接影响火箭的性能和任务适应性，推力是火箭发动机产生的向上推力，通常以牛顿或磅力为单位，推力决定了火箭能够克服地球重力并加速的能力，初始推力必须足够大才能将火箭及其有效载荷从地面升空。比冲是衡量火箭发动机效率的重要指标，表示发动机每单位燃料产生的推力，通常以秒为单位。高比冲意味着燃料利用效率更高，使火箭能够在消耗相同燃料量的情况下产生更大的推力或更长的燃烧时间。有效载荷能力是指火箭能够将多重的载荷送入预定轨道或深空目的地的能力。这一参数通常以千克或吨为单位，是火箭设计和任务规划的关键因素。不同类型的火箭有不同的有效载荷能力，从小型卫星到大型空间站组件，各种任务都有特定的需求。燃料类型对火箭性能有重大影响。常见的燃料类型包括液体燃料（如液氧和液氢）、固体燃料（如复合推进剂）和混合燃料。液体燃料通常提供更高的比冲和更好的推力调节能力，但需要复杂的储存和输送系统。固体燃料结构简单且可靠性高，但推力不可调。混合燃料结合了两者的优点，尽管使用较少，但在某些特定任务中有其独特的优势。结构质量是火箭本身的质量，不包括燃料和有效载荷。减轻结构质量是火箭设计的关键目标，因为较轻的火箭能够携带更多的燃料或有效载荷。现代火箭常使用轻质材料如铝合金、碳纤维复合材料等，以实现质量和强度的最佳平衡。发射窗口是指火箭发射的最佳时间段，取决于目标轨道、地球和目标天体的位置、气象条件等因素。发射窗口的选择直接影响任务的成功率，尤其在行星际任务中，发射窗口通常只有几天或几小时，错过后可能需要等待数月甚至数年才能再度发射。

  运载火箭的主要参数相互关联，共同决定了火箭的性能和任务适应性。推力和比冲影响火箭的加速能力和燃料效率，有效载荷能力决定了火箭能够执行的任务种类和规模，燃料类型和结构质量直接影响火箭的设计和制造，发射窗口的选择则是任务规划中不可忽视的重要环节。通过优化这些参数，火箭工程师能够设计出满足各种复杂航天任务需求的高效运载火箭。

3.2.3.5 主要运载火箭

（1）Ariane 系列。Ariane 系列运载火箭是由欧洲航天局（ESA）和阿丽亚娜航天公司（Arianespace）共同开发和运营的一系列高性能火箭，自 1970 年以来，该系列火箭已经成为全球商业卫星发射市场的重要支柱。Ariane 系列的名字源于希腊神话中的阿里阿德涅（Ariadne），象征着欧洲在航天领域的探索和突破。Ariane 系列的首款火箭是 Ariane 1，于 1979 年 12 月 24 日首次成功发射。这款火箭设计用于将小型有效载荷送入地球静止轨道，并为后续型号奠定了技术基础。Ariane 1 的成功标志着欧洲进入了商业卫星发射市场的新时代。

随后，Ariane 2 和 Ariane 3 在 20 世纪 80 年代初期相继推出。这些型号在 Ariane 1 的基础上进行了改进，增加了推力和有效载荷能力，能够发射更重的通信卫星和科学探测器。Ariane 3 的最大改进在于增加了助推器，显著提升了其运载能力。进入 20 世纪 90 年代，Ariane 4 成为 Ariane 系列中的明星产品。Ariane 4 具备多种配置，可以根据任务需求增加不同数量和类型的助推器，这使得它具备了极高的灵活性和可靠性。在其服役期间，Ariane 4 成功执行了超过 100 次发射任务，赢得了国际航天界的广泛认可和信任。

2002 年，Ariane 5 正式投入使用，这是 Ariane 系列中最强大的火箭，设计用于将重型有效载荷送入地球同步轨道和其他高能轨道。Ariane 5 采用了全新的设计，包括更大的燃料舱、更强大的发动机以及先进的导航和控制系统。其双发射能力使得它可以在一次任务中发射两颗大型卫星，极大地提高了发射效率和经济性。Ariane 5 的高可靠性和强大运载能力使其成为国际商业发射市场的首选，尤其在发射通信卫星和科学探测任务方面表现出色。

未来，Ariane 6 将接替 Ariane 5，继续欧洲在商业发射市场的领先地位。Ariane 6 旨在降低发射成本，提高发射频率，并提供更大的灵活性以适应不断变化的市场需求。该火箭分为两种主要配置：Ariane 62 和

Ariane 64，分别配备 2 个和 4 个固体助推器，以适应不同的任务要求。Ariane 系列运载火箭通过不断的技术改进和创新，奠定了其在全球商业卫星发射市场中的重要地位。其成功不仅展示了欧洲在航天技术领域的卓越成就，还推动了全球卫星通信和科学探索的发展。Ariane 系列火箭的持续进步和演化，体现了国际合作和技术创新的巨大潜力，为未来的航天探索铺平了道路。

（2）Proton 系列。Proton 是俄罗斯赫鲁尼切夫太空中心制造的运载火箭系列，广泛应用于政府和商业发射任务。Proton 火箭已成功将卫星送入低地球轨道和地球静止轨道，发射飞船前往火星和金星，并参与了礼炮号（Salyut）空间站、和平号（Mir）空间站和国际空间站（ISS）组成单元的发射任务。

Proton 火箭具有两级、三级和四级不同版本，前三级火箭使用偏二甲肼（UDMH）和氧化亚氮作为燃料。早期版本的第四级火箭采用液氧（LOX）和液氢（LH）组合，但后来的版本改用四氧化二氮和偏二甲肼 UDMH 的组合，以提高性能和可靠性。Proton 火箭所有的发射任务均在拜科努尔航天发射场进行，这一发射场在苏联时期和现今俄罗斯航天历史中都具有重要地位。Proton 火箭的运载能力令人瞩目，能够将重达 22 t 的有效载荷送入低地球轨道，将 6.7 t 的有效载荷送入地球静止转移轨道，并将 3.5 t 的有效载荷送入地球静止轨道。其强大的运载能力和多功能性使得 Proton 火箭成为苏联和俄罗斯在航天领域的重要工具，不仅在政府任务中发挥关键作用，还在国际商业发射市场中占有一席之地。Proton 火箭的成功展示了苏联及俄罗斯在火箭设计和制造方面的卓越能力，为全球航天事业的发展做出了重要贡献。随着技术的不断进步，Proton 系列火箭在未来仍将继续在航天发射任务中发挥重要作用，支持各类复杂和高要求的航天任务。

（3）Soyuz（联盟号）系列。Soyuz（联盟号）系列运载火箭是从 1957 年 8 月首次成功测试的 R-7 洲际弹道导弹（ICBM）派生而来的。

天地一体化网络：
从概念到应用的全景探索

R-7是世界上第一种能够携带更大更重核弹头的ICBM，这一设计在其航天运载火箭中使用时，为苏联提供了显著的有效载荷能力优势。1957年10月4日，R-7 ICBM被用于发射世界上第一颗人造卫星Sputnik-1，标志着人类进入了航天时代。

联盟号火箭在其基础上进行了多次改进，成了可靠且多用途的运载工具。它们不仅用于发射人造卫星，还成了载人航天飞行的主力火箭。联盟号系列火箭分为多个型号，如Soyuz-U、Soyuz-FG和Soyuz-2，适用于不同类型的发射任务，包括低地球轨道、地球静止轨道以及其他深空探测任务。

联盟号火箭的一大特点是其分级设计，通常采用三级结构。第一级和第二级使用液氧和煤油作为推进剂，第三级则有不同的配置以适应具体的任务需求。火箭的整流罩设计也经过优化，以保护有效载荷在发射过程中免受空气动力加热和其他环境影响。在载人航天方面，联盟号火箭自20世纪60年代以来一直是苏联和俄罗斯载人航天计划的核心。它负责将宇航员送往近地轨道、空间站（如国际空间站ISS）以及进行其他载人航天任务。联盟号火箭的高成功率和可靠性使其在国际航天界享有盛誉，并成了许多国际合作项目的首选运载工具。

（4）Energia系列。Energia系列运载火箭是由苏联开发的一种重型运载火箭系统，旨在执行高负荷的航天任务。该系列火箭由苏联能源火箭航天公司（NPO Energia）设计和制造，其设计目的是提供强大的运载能力，以支持苏联的空间站建设、深空探测以及军事用途。

Energia火箭的开发始于20世纪70年代末期，其设计目的是解决运载重型有效载荷的需求。Energia系列的第一个也是较著名的型号是Energia-Buran。这个型号的火箭采用了模块化设计，能够根据任务需求进行配置。它的核心结构可以携带不同类型的有效载荷，包括大型卫星、模块化空间站部件以及暴风雪（Buran）号航天飞机。Energia火箭系统具有两个主要特点，其强大的推力系统是其中一个。Energia的第一和第二级都以液氧和液氢作为燃料，提供了高效且强大的推力。第一阶段包括4个强大的助推器，每个助推器都配备了RD-170发动机，这些发动机是当时最强大的液体燃料火箭发动机之一。第二阶段配备了RD-0120发动机，同样使用液氧和液氢作为推进剂。另一个特点是其模块化设计。Energia火箭的设计允许它携带不同类型的有效载荷。例如，1987年5月15日，Energia火箭进行了首次试飞，成功将"Polyus"实验性军事卫星送入轨道。1988年11月15日，Energia火箭成功发射了Buran号航天飞机，虽然这次飞行是无人驾驶，但它展示了Energia系统的强大能力和灵活性。

尽管Energia系列火箭技术上非常成功，但苏联解体后的经济困境和预算限制使得该系列火箭未能广泛应用。Energia火箭的复杂性和高成本也使其难以在国际商业发射市场中找到立足点。尽管如此，Energia系列运载火箭在航天技术发展史上具有重要地位，展示了苏联在重型火箭技术领域的卓越能力。

（5）Delta系列。Delta系列的一次性使用运载火箭起源于20世纪50年代的雷神（Thor）中程弹道导弹（IRBM）以及Atlas和Titan洲际弹道导弹（ICBM）。自那时以来，Delta运载火箭经历了多个阶段的演化和技术改进。早期的不同型号采用字母命名，包括Delta-A、Delta-B、Delta-C、Delta-D、Delta-E、Delta-F、Delta-G、Delta-J、Delta-K、Delta-L、Delta-M和Delta-N。每个字母型号代表了一个特定阶段的技术进步和性能改进。

为了更好地代表不同的技术进步和改进，Delta运载火箭引入了一个新的以数字命名的系统。这个系统由四位数字组成，分别指定第一级/助推器（数字1）、助推器数量（数字2）、第二级（数字3）和第三级（数字4）。此外，后缀字母用于标识重型配置。基于这一系统，Delta系列包括不同的型号，如Delta-0100、Delta-1000、Delta-2000、Delta-3000、Delta-4000、Delta-5000、Delta-6000、Delta-7000、

Delta-8000 和 Delta-9000。

Delta-6000、Delta-7000系列以及 Delta-7000系列的两个变体（称为"轻型"和"重型"）统称为 Delta-Ⅱ系列。Delta-Ⅱ系列是 Delta 运载火箭家族中非常重要的成员，广泛用于发射各种类型的卫星和探测器，具备高可靠性和多任务适应性。Delta-8000 和 Delta-9000 系列及其"重型"变体则统称为 Delta-Ⅳ系列。Delta-Ⅳ系列是最新的 Delta 运载火箭，采用了先进的技术和设计，旨在提供更高的运载能力和更灵活的发射选项。

Delta-Ⅱ系列火箭在20世纪90年代和21世纪初期发挥了重要作用，成功执行了多次关键任务，包括 NASA 的探测器发射任务和通信卫星的部署。其高成功率和可靠性能使其成为商业发射市场的主力火箭之一。Delta-Ⅳ系列火箭则是为了满足更大有效载荷需求而设计的。

Delta-Ⅳ系列包括不同的配置，如 Delta-Ⅳ Medium 和 Delta-Ⅳ Heavy，以适应不同的任务需求。Delta-IV Heavy 是目前世界上较强大的运载火箭之一，能够将重型卫星和深空探测器送入地球静止轨道和更远的深空轨道。

目前，Delta-Ⅱ和 Delta-Ⅳ系列运载火箭仍在使用，继续执行各种复杂的航天发射任务。Delta 系列火箭的不断演化和改进体现了美国在航天技术领域的持续创新和发展。通过不断提升运载能力、可靠性和适应性，Delta 系列火箭在国际航天发射市场中保持了重要地位，为全球卫星通信、科学探测和其他空间任务提供了强有力的支持。

（6）Atlas 系列。Atlas 系列运载火箭的历史可以追溯到20世纪50年代。最初，Atlas 火箭是作为洲际弹道导弹开发的，其设计在当时具有革命性，采用了"气球"结构，使用不锈钢薄壳作为主要结构材料，并依靠内部压力来保持其刚性。该设计大大减轻了火箭的重量，提高了其有效载荷能力。

随着航天技术的发展，Atlas 火箭从军事用途逐渐转向民用和科学用途。Atlas 火箭在 1962 年发射了约翰·格伦（John Glenn）乘坐的"友谊 7 号"，这是美国首次载人地球轨道飞行，标志着 Atlas 火箭在载人航天领域的重要地位。进入冷战后期和现代，Atlas 火箭经过多次改进和升级，演变出多个型号，如 Atlas Ⅱ、Atlas Ⅲ 和当前的 Atlas Ⅴ。Atlas Ⅴ 是由联合发射联盟（ULA）运营的最新型号，采用模块化设计，能够根据任务需求配置不同数量的固体助推器，以提高运载能力。Atlas Ⅴ 使用了先进的 RD-180 液体燃料发动机，这种发动机由俄罗斯开发，以液氧和煤油作为推进剂，提供了高效的推力和性能。

Atlas Ⅴ 火箭广泛用于发射政府和商业卫星、科学探测器以及军事用途。它的可靠性和灵活性使其成为许多关键任务的首选。例如，Atlas Ⅴ 发射了 NASA 的"好奇号"火星探测器、洛克希德·马丁公司（Lockheed Martin）研制了"先进极高频"（AEHF）军用通信卫星。

Atlas Ⅴ 还计划支持未来的载人航天任务，特别是波音公司的 CST-100 Starliner 载人航天器，这将进一步巩固其在美国和国际航天任务中的重要地位。Atlas 系列火箭的成功不仅展示了美国在航天领域的技术实力和创新能力，还为全球的科学探索和卫星通信提供了坚实的运载平台。通过不断的技术改进和创新，Atlas 系列火箭将继续在未来的航天发射任务中发挥重要作用。

（7）Titan 系列。Titan 系列运载火箭是美国从洲际弹道导弹（ICBM）开发计划中衍生出来的一个重要火箭系列。最初的 Titan 火箭是 Titan Ⅰ，于 1959 年首次发射，其成功奠定了 Titan 系列火箭在美国航天史上的重要地位。

随着航天任务的多样化和复杂化，Titan 系列火箭不断演化，推出了多个改进型号，包括 Titan Ⅱ、Titan Ⅲ 和 Titan Ⅳ。这些火箭不仅用于军事任务，还广泛应用于科学和商业发射任务。Titan Ⅱ 火箭是 Titan Ⅰ 的升级版，采用了更为可靠的液体燃料和固体燃料组合，显著提高了推力和运载能力。Titan Ⅱ 不仅继续执行 ICBM 任务，还被改装用于发射载人航天器，如 NASA 的"双子座计划"，这是美国第二个载人航天计划。Titan Ⅲ 火箭是 Titan 系列的重要进化，设计用于发射更重的卫星和深空探测器。该型号包括多个变种，如 Titan Ⅲ A、Ⅲ B 和 Ⅲ C，每个变种都有不同的配置和运载能力。Titan Ⅲ 火箭成功发射了多颗情报收集卫星，执行了一些关键的星际探测任务，包括发射前往火星、木星、土星、天王星和海王星的探测器。Titan Ⅳ 是 Titan 系列中最强大的型号，专为发射重型有效载荷而设计。Titan Ⅳ 火箭能够将极重的卫星送入地球静止轨道或更远的深空轨道，支持军事、通信和科学任务。该火箭采用了先进的推进技术，以液氢和液氧作为推进剂，提供了更高的推力和效率。

尽管 Titan 系列火箭在技术上取得了巨大成功，但其使用的偏二甲肼和四氧化二氮作为燃料和氧化剂存在高成本和有毒性的问题。与液氢和液氧的推进组合相比，这些化学物质不仅昂贵，还对环境和操作人员具有潜在危害。这些问题促使 NASA 和美国空军逐渐将资源转向其他更安全、更经济的运载火箭。Titan 系列火箭在 2005 年逐步退役，取而代之的是更为现代化的 Atlas 系列和 Delta Ⅳ 系列运载火箭。Atlas 和 Delta Ⅳ 火箭采用了更为先进和环保的推进技术，能够更有效地完成各种复杂的发射任务。尽管 Titan 系列火箭已经退役，但其在航天史上的贡献不可忽视，为现代运载火箭的发展奠定了重要基础。

（8）长征系列。长征系列运载火箭由中国运载火箭技术研究院设计，是中国主要的一次性使用运载火箭。长征系列经过多次设计和开发，从长征一号开始，推出了包括长征二号、长征三号、长征四号、长征五号、长征六号、长征七号、长征九号和长征十一号在内的一系列不同型号。长征一号源自中国的两级中程弹道导弹东风二号（DF-2），而长征二号、长征三号和长征四号则源自两级洲际弹道导弹东风五号（DF-5）。长征五号系列运载火箭采用了不同的设计，被视为长征系列的新一代运载火箭，长征六号和长征七号是长征五号的变体。长征九号计划设计成为一个有效载荷能力高达 100 t 的超级重型运载火箭（HLLV），而长征十一号则是一种固体燃料火箭发动机驱动的运载火箭，能够在紧急或灾害情况下快速发射卫星。

长征系列运载火箭使用不同类型的推进剂。长征一号在前两级使用硝酸和偏二甲肼，上面级使用固体燃料火箭发动机。长征二号、长征三号和长征四号在主要级和助推器中使用偏二甲肼作为燃料，采用四氧化二氮作为氧化剂。长征二号是两级火箭，而长征三号和长征四号是三级火箭。长征三号的上面级使用液氢和液氧作为推进剂。长征四号最初被设计为长征三号的备用选项，用于发射通信卫星，但在长征三号成功发射后，长征四号被用于发射太阳同步卫星。长征五号及其衍生的长征六号和长征七号在核心级和助推器中使用液氧/煤油组合，上面级使用液氧/液氢组合。

目前，长征二号、长征三号和长征四号的一个或多个变体仍在使用中。长征五号是下一代重型运载火箭，能够将重达 25 t 的有效载荷发射到低地球轨道，并能将重达 14 t 的有效载荷发射到地球静止转移轨道。该火箭系列包括多个不同变体，如 CZ-5-200、CZ-5-320、CZ-5-504、CZ-5-522 和 CZ-5-540，这些变体旨在满足各种任务需求，目前正在开发中。长征五号的能力与美国的 Delta-Ⅳ 和 Atlas-Ⅴ 运载火箭相当，这些新型火箭的引入，有助于中国航天提升其在卫星发射、深空探测等方面的能力，从而增强在国际航天领域的竞争力和技术实力。长征五号系列的开发和应用标志着中国在重型运载火箭技术方面的重大进步，将为未来的空间任务提供强有力的支持。

（9）极地卫星运载火箭。极地卫星运载火箭（PSLV）是印度空间研究组织（ISRO）开发的一种中型运载火箭，专门用于将卫星送入极地轨道和太阳同步轨道。自 1993 年首次发射以来，PSLV 已经成为 ISRO 的主力运载火箭，以其高可靠性和多任务适应性著称。

PSLV 的设计目的是满足印度日益增长的卫星发射需求，特别是将地球观测卫星送入极地轨道。这种轨道允许卫星覆盖地球的每一个部分，适合进行气象监测、资源勘测和环境监测等任务。PSLV不仅能够发射极地卫星，还具备将卫星送入地球静止转移轨道（GTO）、低地球轨道（LEO）和其他轨道的能力。PSLV采用四级结构，包括两个固体燃料级和两个液体燃料级。第一级和第三级使用固体推进剂，提供强大的初始推力。第二级和第四级使用液体推进剂，允许更精确的轨道插入。PSLV的多级设计使其具备高度的灵活性和适应性，能够根据不同任务需求进行配置。

在过去的几十年里，PSLV已经完成了多次重要任务。1997年，PSLV成功发射了印度的第一颗专用遥感卫星IRS-1D。此后，PSLV还承担了多项国际商业发射任务，为各国和商业客户发射了多颗卫星。2017年，PSLV创造了同时发射104颗卫星的世界纪录，展示了其卓越的多任务能力。PSLV的成功不仅体现在其高可靠性和多任务适应性上，还在于其经济高效的设计。相比其他中型运载火箭，PSLV的发射成本较低，使其在国际商业发射市场中具有竞争力。ISRO通过PSLV项目，展示了印度在航天技术领域的自主研发能力和创新精神。

（10）地球同步卫星运载火箭。地球同步卫星运载火箭（GSLV）也是由ISRO开发的一种重型运载火箭，专门设计用于将卫星送入地球静止转移轨道（GTO）。GSLV的开发和成功发射，标志着印度在重型火箭技术领域取得了重大进步，增强了其在国际航天领域的地位。

GSLV的设计目标是满足印度对高性能运载火箭的需求，特别是支持地球静止卫星的发射任务。这些卫星主要用于通信、气象观测和科学研究等领域。地球静止卫星轨道允许卫星在地球赤道上空保持固定位置，从而提供连续的覆盖和稳定的服务，这是通信和气象卫星的理想轨道。

GSLV采用三级结构，包括两个固体燃料级和一个液体燃料级。第一级使用固体推进剂，提供强大的初始推力。第二级和第三级使用液体推进剂，允许更精确的轨道插入。特别是第三级，GSLV使用了印度自主研发的低温发动机，采用液氢和液氧作为推进剂，这项技术是印度在火箭发动机领域的一大突破。GSLV 的首次发射于 2001 年进行，尽管早期的几次发射并不完全成功，但通过不断的改进和技术完善，GSLV 逐渐提高了其可靠性和成功率。2014 年，GSLV 成功发射了 GSAT-14 通信卫星，标志着其技术的成熟。此后，GSLV 多次成功发射了各种重要的通信和气象卫星，展示了其强大的运载能力和可靠性能。GSLV 的成功不仅在于其技术突破，还在于其对印度航天自给自足的贡献。由于能够自主研发和生产 GSLV 火箭，印度不再依赖其他国家的发射服务，能够更灵活和自主地进行各种卫星发射任务。

（11）航天飞机。航天飞机是由美国国家航空航天局开发的一种革命性的太空运载工具，它的设计目标是实现可重复使用，以降低太空发射成本并提高任务灵活性。航天飞机由三大主要部分组成：轨道器（orbiter）、外部燃料箱（external tank，ET）和固体火箭助推器（solid rocket boosters，SRBs）。轨道器是航天飞机的核心部分，包含了驾驶舱、货舱、主发动机和热防护系统。它设计成类似飞机的形状，具有机翼和控制尾翼，能够在任务结束后像飞机一样滑翔着陆。驾驶舱容纳了宇航员和控制设备，而货舱则用于携带和部署卫星、科学仪器或空间站模块。外部燃料箱是航天飞机最大的单一组件，位于轨道器的下方。它储存了航天飞机主发动机所需的液氢燃料和液氧氧化剂。在发射过程中，外部燃料箱为轨道器的三台主发动机提供燃料和氧化剂。燃料耗尽后，外部燃料箱会与轨道器分离并最终在大气层中烧毁。固体火箭助推器是两枚位于外部燃料箱两侧的强大推进装置，为航天飞机提供了初始的推力，使其能够克服地球引力升空。固体火箭助推器在燃料耗尽后会与外部燃料箱分离，并降落到海洋中，通过回收和再利用来降低成本。

航天飞机具有多种性能，是一种灵活且功能强大的太空运载工具。其最显著的特点是重复使用性，这显著降低了每次发射的成本。轨道器在任务结束后可以滑翔着陆，进行维修和维护后再次发射。此外，航天飞机能够执行多种任务，包括卫星发射和维修、空间站建设和补给、科学实验和天文观测等。其大型货舱可以携带各种类型和尺寸的有效载荷。航天飞机可以将重达 27 500 kg 的有效载荷送入低地球轨道（LEO），具有较高的运载能力，能够将大型卫星、空间站模块和科学实验设备送入轨道。轨道器具有很高的机动性，能够在轨道上进行复杂的操作，如对接、维修和部署卫星，这使得航天飞机能够执行复杂的空间任务，并与国际空间站进行对接。

3.3 卫星网络的链路设计

3.3.1 卫星通信链路概念

在卫星通信系统中，信息传输从发送端地球站出发，经过多个环节最终到达接收端地球站。这个过程包括 3 个主要的链路：上行链路，从地球站发送到卫星；星间链路，从一颗卫星传输到另一颗卫星；下行链路，从卫星传回地球站。每一颗卫星都装备有转发器，负责接收和转发信号。整个无线电链路的设计和操作必须确保信息传递的质量和效率，以满足通信需求。

在卫星通信系统的下行链路中，信号先由星上发射系统中的调制器调制到副载波和主载波上。经过上变频器的处理，信号被转移到发射频段，并通过功率放大器增强信号强度，然后通过天线系统发送出去。在通过空间信道传输过程中，信号会遭受自由空间传输损耗、大气损耗以及各种噪声干扰，如太阳噪声、宇宙噪声、地球噪声和人为噪声等。当信号到达地面时，地面接收机先通过接收天线捕获信号，并通过低噪声放大器强化被各种噪声淹没的微弱信号，然后进行下变频、解调和解码，最后恢复出原始信号。上行链路的通信过程基本上是这一过程的逆向，不在此详述。在卫星通信系统中，上变频器和下变频器中存在多种内部噪声，包括热噪声、散弹噪声、闪变噪声和交调噪声等。此外，馈线在传输信号时会引起一定的损耗和噪声，而天线虽然能提供增益，但其性能同样会受到噪声的影响。这些因素对信号的传输质量具有直接影响，因此在进行信道计算时必须将这些因素纳入考量，并为系统设计预留足够的余量，以确保通信系统能在不同条件下稳定可靠地工作。这种综合的考虑和预备措施是保证系统性能和有效性的关键。

3.3.2 接收功率通量密度与星地传输方程

在卫星通信中，发送地球站的射频功率、接收地球站接收到的射频功率以及传输频率和从发射机到接收机的距离之间的关系，均需要通过传输方程来精确描述。这个方程能够解释信号在传输过程中的衰减和变化情况。

3.3.2.1 接收功率通量密度

（1）全向天线下的接收功率通量密度。电磁波从点源全向天线发出后在自由空间中传播，能量将扩散到一个球面上。下面先分析一个各向同性的辐射天线，这个点源发射的功率均匀向四周传送，最终形成一个球面。如果这个球的半径是 d，则接收功率的通量密度为：

$$P_{\text{fd}} = \frac{P_{\text{T}}}{4\pi d^2} \tag{3-17}$$

式中：P_{T} 为各向同性点源的发射功率，单位为 W。

（2）方向性天线下的接收功率通量密度。卫星通信中大多使用方向性天线，方向性天线在不同照射方向上的天线增益不同。定义 $P_{\text{T}}G_{\text{T}}$ 为发射机的等效全向辐射功率（equivalent isotropically radiated power, EIRP），一般 EIRP 用对数来表示：

$$\text{EIPR} = P_{\text{T}} + G_{\text{T}} \tag{3-18}$$

卫星通信中使用的卫星天线和地球站天线都是高增益天线，这意味着它们不是各向同性的，其在不同方向上的辐射功率是不一样的。为了确保接收点的接收电平保持一致，可以使用各向同性天线的等效功率来替代原有天线的作用。EIPR 用来表示发射功率与天线增益结合后的总体效果，将 EIPR 作为系统参数分析卫星通信系统具有实际的便利性，尤其在估算接收站对特定载波的接收功率时很重要。EIPR 作为一个关键技术指标，用于表征地球站或转发器的发射能力，其数值越大，表明地球站或转发器的发射能力越强，越能更有效地进行信号传输。这一指标对于设计和评估通信系统的性能至关重要。如果用一副增益为 G_T 的天线替换各向同性天线，则在此天线的视轴方向，接收功率通量密度将增大 G_T 倍，即：

$$P_{fd} = \frac{P_T G_T}{4\pi d^2} \tag{3-19}$$

或表示为：

$$P_{fd} = \text{EIPR} - 10\lg(4\pi d^2) \tag{3-20}$$

3.3.2.2 星地传输方程

（1）无附加损耗的传输方程。当接收功率通量密度为 P_{fd}、接收天线口径面积和效率分别为 A_R 和 η 时，地球站收到的载波功率为：

$$P_R = \eta P_{fd} A_R \tag{3-21}$$

式中：ηA_R 为接收天线的有效接收面积。

一般情况下，用天线接收增益 G_R 来表示面积，即 $A_R = G_R \lambda^2 / 4\pi\eta$，则传输方程可以写为：

$$P_R = P_T G_T G_R / \left(\frac{4\pi d}{\lambda}\right)^2 \tag{3-22}$$

或用分贝形式表示为：

$$P_R = \text{EIPR} + G_R - 20\lg\left(\frac{4\pi d}{\lambda}\right) \tag{3-23}$$

在传输方程中，定义自由空间传输损耗为：

$$L_1 = 20\lg\left(\frac{4\pi d}{\lambda}\right) = 32.45 + 20\lg f + 20\lg d \qquad (3\text{-}24)$$

自由空间被视为理想的传输介质，因为它不吸收电磁能量。自由空间传输损耗是指在天线发射电磁波的过程中，随着波的传播距离增加，能量由于自然扩散而发生损耗，这种损耗反映了电磁波作为球面波传播时的扩散损耗。

假设地球站与固定卫星之间的距离为 37 000 km，工作频率为 20 GHz，根据公式（3-24）计算得出的自由空间传输损耗为 209.8 dB。这个值非常高，说明在固定卫星通信系统中，自由空间传输损耗占据了主要的传输损耗部分。这表明控制和管理此损耗对于优化系统性能至关重要。

综上所述，通过星地传输方程，可以得到地球站的接收功率为：

$$P_R = \frac{\text{EIRP} \times G_R}{L_i} \qquad (3\text{-}25)$$

或写作分贝形式：

$$P_R = \text{EIRP} + G_R - L_f \qquad (3\text{-}26)$$

（2）有附加损耗的传输方程。链路附加损耗主要由馈线损耗、天线对准不精确的损耗、大气层与离子层的损耗、法拉第旋转的损耗以及链路雨衰等因素构成。这些损耗是通信链路中必须考虑和优化的关键部分，以确保信号传输的有效性。

①接收天线与接收机之间的损耗发生在连接波导、滤波器和耦合器等部件中，这种损耗通常用接收机馈线损耗来表示。这表示在信号从天线传输至接收机的过程中，由这些组件引起的损耗是不可忽视的。

②在理想情况下，地球站天线和卫星天线应该是精确对准的，这样可以实现最大增益；但在实际情况中，天线轴向可能会偏离卫星，因此会产生偏轴损耗。偏轴损耗分为两类：一种是卫星天线的偏轴损耗，卫星天线的偏轴损耗可以通过卫星天线的增益剖面图来描述；另一种是地

球站天线的偏轴损耗，地球站天线如果轴向偏离，会导致增益下降，这种情况被称为指向损耗或跟踪损耗，特别是在没有跟踪装置的大型天线中，指向损耗可能较大。此外，极化方向若未与天线馈源对准，也会造成损耗，虽然这种损失相对较小，通常通过统计数据进行估计。

综上所述，在实际系统中存在着各种各样的附加损耗，记总损耗为 L，则接收端载波功率可写为：

$$P_R = \text{EIPR} + G_R - L_f - L \tag{3-27}$$

3.3.3 卫星通信系统中的传播效应

信号在从地球站传输到卫星的路径上，必须通过地球的大气层，包括自由空间、电离层和对流层。在信号穿越大气层期间，会受到多种传播效应的影响，导致传输损耗。这些效应包括降雨衰减（通常称为雨衰）、由雨和冰晶引起的去极化、大气吸收、云层衰减、对流层闪烁、法拉第旋转以及电离层闪烁等，这些因素都需要在卫星通信系统的设计和评估中被考虑。需要特别指出的是，前两种传播效应，即降雨衰减和由雨和冰晶引起的去极化，主要与水汽凝结有关。而其他类型的信号损失，如大气吸收、云层衰减、对流层闪烁、法拉第旋转和电离层闪烁等，并不由水汽凝结引起。这些大气层中的传播效应对信号的质量产生了显著的影响，因此在设计和维护卫星通信系统时，必须充分考虑这些因素，以确保通信系统的效能和稳定性。

表 3-1 总结了上述传播效应产生的原因及主要影响对象。

表 3-1 上述传播效应产生的原因及主要影响对象

传播效应	物理原因	主要影响对象
衰减和太空噪声的增加	大气层中的大气、云、雨	10 GHz 以上频率
信号去极化	降雨，冰晶	C 和 Ku 频段的双极化系统（与系统的配置有关）
折射、大气层多径	大气层中的大气	低仰角时的通信与跟踪
信号闪烁	对流层和电离层的折射率起伏	对流层：10 GH 以上的频率和低仰角； 电离层：10 GHz 以下频率
反射多径、阻挡	地表及其上的物体	卫星移动业务
传播时延变化	对流层、电离层	精确定时和定位系统，时分复用多址系统
系统间干扰	风管、散射、衍射	目前主要是 C 频段，降雨散射可能影响更高频段

3.3.3.1 与水汽凝结有关的传播效应

（1）降雨衰减。

①雨衰产生的机理。当电磁波穿越下雨区域时，雨滴通过吸收和散射作用导致电磁波的信号强度衰减。雨衰的程度与雨滴的半径和电磁波波长的比例密切相关。特别是当电磁波的波长与雨滴尺寸相近时，会引发雨滴共振，这时候雨衰达到最大。这种现象对于理解和预测信号在雨中的传播损失具有重要意义。例如，在 C 频段，下行频率为 4 GHz，相应波长大约为 75 mm，此时波长是雨滴直径的 50 倍左右，导致通过雨区时的信号衰减较小，通常小于 2 dB。而在 Ku 频段，下行频率为 12 GHz，波长缩短至 25 mm，虽然比 C 频段小，但仍然远大于雨滴直径。进入 Ka

频段，下行频率提升至 20 GHz，波长减至约 15 mm；到了 V 频段，频率增至 40 GHz，波长进一步减小至 7.5 mm，这两个频段的波长与雨滴直径更为接近，因此在 Ka 和 V 频段中，衰减显著增加。此外，雨衰的程度受到降雨强度、电磁波的极化方向、工作波长、仰角、雨区路径长度、接收地点的地理位置及海拔等多种因素的影响，使得雨衰值的估算变得非常复杂。

②雨衰估计。雨衰的程度依赖于降雨量以及电磁波在雨区内的有效传播距离或路径长度，这个有效路径长度受到多个因素的影响，包括降雨云层的厚度、降雨区的范围以及地球站天线的仰角等，这些因素共同决定了电磁波通过雨区时的总体衰减。由于降雨密度在实际路径中分布不均匀，使用有效路径来估计雨衰比使用实际长度更为准确。计算雨衰是一个复杂的过程，在 Ka 频段中存在多种估算模型。下面以国际电信联盟的 ITU-R 模型为例，详细介绍雨衰的计算方法。

首先，需要获得降雨率 $R_{0.01}$ 的值并计算雨衰率 $\gamma_{0.01}$。雨点尺寸分布可写为：

$$N(D) = N_0 e^{-D/D_m} \qquad (3-28)$$

式中：D_m 为雨点直径的中值。降雨率 R 与 $N(D)$、雨点下落速度 $V(D)$ 和雨点直径 D 的关系为：

$$R = 0.6 \times 10^{-3} \pi \int D^3 V(D) N(D) \mathrm{d}D \qquad (3-29)$$

进而降雨率可写为：

$$\gamma_{0.01} = k\left(R_{0.01}\right)^{\alpha} \qquad (3-30)$$

式中：$R_{0.01}$ 为一般年份 0.01% 的时间里测得的降雨率大于等于的值，0.01% 为大多数模型的一个典型输入时间百分比，但上式适用于降雨率的所有值；参数 k 和 α 随频率而定，不同降雨率的时间百分比如图 3-13 所示。

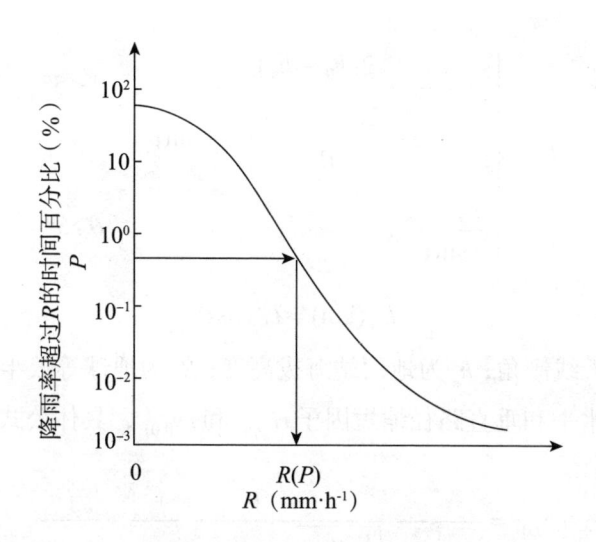

图 3-13 降雨率的时间百分比

其次，需要计算有效路径长度。有效路径长度由如下几步进行计算。

a. 计算雨顶的高度 h_R，具体公式为：

$$h_R = \begin{cases} 5 - 0.075(\phi - 23°), & \phi > 23° \\ 5, & -21° \leqslant \phi \leqslant 23° \\ 5 + 0.1(\phi + 21°), & -71° \leqslant \phi < -21° \\ 0, & \phi < -71° \end{cases} \quad (3-31)$$

在式（3-31）中，当接收地面站的纬度为正值时，表示位于北半球，反之则表示位于南半球。此公式经验证适用于纬度范围为 $-89.6° \sim 89.6°$ 的情况，确保了其计算结果的准确性。

b. 计算地空链路倾斜路径长度 L_S 和水平投影 L_G，具体公式为：

$$L_S = \begin{cases} \dfrac{2(h_R - h_S)}{\left[\sin^2\theta + \dfrac{2(h_R - h_S)}{R_e}\right]^{1/2} + \sin\theta}, & \theta < 5° \\ \dfrac{h_R - h_S}{\sin\theta}, & \theta \geq 5° \end{cases} \quad (3-32)$$

$$L_G(\text{km}) = L_S \cos\theta \quad (3-33)$$

式中：θ 为天线倾角；h_s 为地面站海拔高度；R_e 为地球等效半径。

c. 计算水平和垂直路径缩短因子 $rh_{0.01}$ 和 $rv_{0.01}$，具体公式为：

$$rh_{0.01} = \frac{1}{1 + 0.78\sqrt{\dfrac{L_G \gamma_{0.01}}{f}} - 0.38[1 - \exp(-2L_G)]} \quad (3-34)$$

$$rv_{0.01} = \frac{1}{1 + \sqrt{\sin\theta}\left\{31\left[1 - e^{-\frac{\theta}{1+\chi}}\right]\dfrac{\sqrt{L_R \gamma_{0.01}}}{f^2} - 0.45\right\}} \quad (3-35)$$

式中：

$$L_R = \begin{cases} \dfrac{L_G rh_{0.01}}{\cos\theta}, & \zeta > \theta \\ \dfrac{h_R - h_S}{\sin\theta}, & \zeta \leq \theta \end{cases}, \quad \zeta = \tan^{-1}\left(\dfrac{h_R - h_S}{L_G rh_{0.01}}\right) \quad (3-36)$$

d. 计算有效路径长度 L_e，具体公式为：

$$L_e = L_R rv_{0.01} \quad (3-37)$$

最后，计算雨衰 A_p。雨衰的计算过程由以下两步组成。

年平均 0.01% 的时间超过的雨衰估计值为：

$$A_{0.01} = \gamma_{0.011} L_e \quad (3-38)$$

由时间概率是 0.01% 的雨衰值 $A_{0.01}$ 外推出时间概率为 $p\%(0.001 \leq p \leq 10)$ 的雨衰估计值：

$$A_\mathrm{p} = A_{0.01}\left(\frac{p}{0.01}\right)^{-[0.655+0.033\ln p - 0.045\ln A_{0.01} - \beta(1-p)\sin\theta]} \quad (3\text{-}39)$$

式中：

$$\beta = \begin{cases} 0, & p \geq 1\% \\ 0, & |\phi| \geq 36°, p < 1\% \\ -0.005(|\phi|-36°), & \theta \geq 25° \text{ 且 } |\phi| < 36°, p < 1\% \\ -0.005(|\phi|-36°)+1.8-4.25\sin\theta, & \theta < 25° \text{ 且 } |\phi| < 36°, p < 1\% \end{cases}$$

$$(3\text{-}40)$$

（2）雨衰的预测。在拥有某地区长期的雨衰数据的基础上，将这些测量结果按比例转换到另一个频率或仰角通常会比直接从降雨率数据预测该频率或仰角的路径衰减更为精确，这种换算可以通过以下 3 个经验法则来实施计算。

①余割法则（仰角小于 10° 时不成立）。假设降雨率保持不变，并且假设地球表面为平坦，那么路径衰减 A 与仰角之间存在一种比例关系。这意味着从同一地点发出的信号，在相同的频率下，不同仰角和方向上的衰减可以通过一个近似关系来估算。

$$\frac{A(E_1)}{A(E_2)} = \frac{\csc(E_1)}{\csc(E_2)} \quad (3\text{-}41)$$

②平方变化率法则。在 10～50 GHz 的频率内，雨衰与频率的平方呈比例关系。如果在同一路径上，分别在 f_1 和 f_2 频率测得的雨衰值为 $A(f_1)$ 和 $A(f_2)$，那么这两个值之间存在一个近似的比例关系。

$$\frac{A(f_1)}{A(f_2)} = \frac{f_1^2}{f_2^2} \quad (3\text{-}42)$$

式（3-42）可用于描述长期统计数据之间的关系，但它不适用于处理链路上的短期频率变化或接近任何共振吸收线的频率。

③ITU-R 雨衰长期频率变化。若 A_1 和 A_2 分别为 f_1 和 f_2 频率上的等概率雨衰值（单位为 dB），则两者有如下关系：

$$A_2 = A_1 \left[\frac{\phi(f_2)}{\phi(f_1)} \right]^{1-H(f_1,f_2,A_1)} \quad (3-43)$$

式中：

$$\phi(f) = \frac{f^2}{1 + 10^{-4} f^2} \quad (3-44)$$

$$H(f_1, f_2, A_1) = 1.12 \times 10^{-3} \times \left[\frac{\phi(f_2)}{\phi(f_1)} \right]^{0.3} \cdot \left[\phi(f_1) A_1 \right]^{0.55} \quad (3-45)$$

不同仰角时雨衰的频率特性如图 3-14 所示，曲线的 99.5% 有效性表明，超过图中曲线表示的雨衰值的概率为 0.5%。

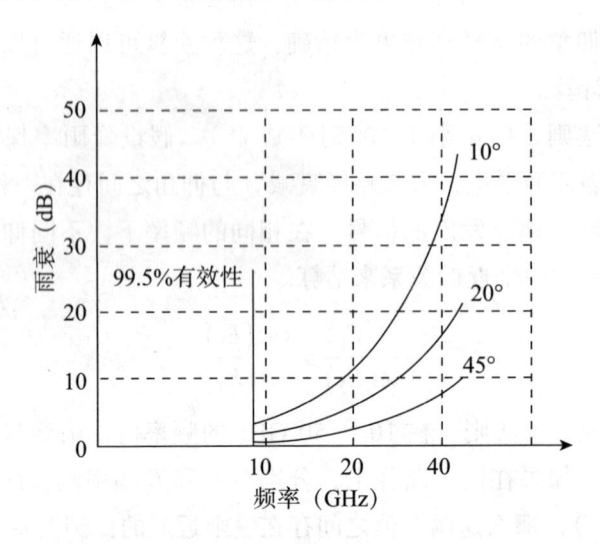

图 3-14 不同仰角时雨衰的频率特性

（3）去极化效应。

①交叉极化鉴别度简介。在卫星通信中，为了提升系统的容量，通常采用正交极化技术。然而，这种技术的性能受限于传播路径上的去极化效应。在无线电波传播过程中，由于大气层的各向异性特性，一种极化的信号能量可能会耦合到另一种正交极化分量上，导致两种极化分量

之间发生干扰,这种现象被称为交叉极化干扰。当两个原本相互正交的极化分量在传播过程中遭受这种干扰时,它们之间的正交性将被破坏,这种由于极化状态改变引起的现象称为去极化效应。这对卫星通信系统的性能构成了挑战,需要通过各种技术手段来减少其影响。无论是圆极化还是线性极化,通常采用交叉极化鉴别度(XPD)来度量其极化纯度,定义为:

$$XPD = 10\lg\frac{同极化分量的功率}{交叉极化分量的功率} \qquad (3-46)$$

在对流层中,雨和雪是导致信号去极化的主要因素,特别是在 Ka 频段,去极化效应主要由雨水、冰晶以及多径效应引起。为了预测交叉极化衰减(XPD)的统计分布,常采用同极化衰减(co-polarization attenuation, CPA)的统计数据。这种方法侧重于分析和预测在复杂的气象条件下信号极化状态的变化,从而帮助人们理解和应对信号传输中的极化失真问题。雨的去极化效应主要由雨滴的非球形对称性引起,随着雨滴直径的增大,其形状变成底部扁平的椭球形,其短轴近似成为对称轴,并与垂直方向形成一个倾斜角。雨滴的散射场包括两个特征极化波,其极化方向分别平行和垂直于对称轴。这两个正交极化波的衰减和相位差分别称为差分衰减和差分相移,这些特性最终导致电磁波传播中极化状态的变化。去极化效应的程度依赖于入射极化与雨滴对称轴的相对方向。雨滴的倾斜角受风向影响,通常较小,导致垂直极化和水平极化的去极化效应较轻微,而 45°线极化和圆极化的去极化效应较为严重。雨中交叉极化衰减(XPD)的统计特性由同极化衰减(CPA)和雨滴倾斜角的统计分布决定,这些特性还与路径倾角和极化倾角有关。

冰晶在大气融解层上方,受到静电(如雷电)的影响,可以沿着特定方向排列。这样,这部分介质变成了各向异性的介质,并可能导致地面到空中电路的去极化。

②交叉极化鉴别度预测。不超过 $p\%$ 时间的降雨 XPD 可以表示为

$$\mathrm{XPD}_{\mathrm{rain}} = C_f - C_A + C_\tau + C_\theta + C_\theta \quad (3-47)$$

式中各参数如下。

a. 频率相关项为：

$$C_f = \begin{cases} 60\lg f - 28.3, & 6\ \mathrm{GHz} \leqslant f < 9\ \mathrm{GHz} \\ 26\lg f + 4.1, & 9\ \mathrm{GHz} \leqslant f < 36\ \mathrm{GHz} \\ 35.9\lg f - 11.3, & 36\ \mathrm{GHz} \leqslant f \leqslant 55\ \mathrm{GHz} \end{cases} \quad (3-48)$$

b. 降雨衰减相关项为：

$$C_A = V(f)\lg(A_p) \quad (3-49)$$

式中：A_p 为降雨衰减。而

$$V(f) = \begin{cases} 10.8 f^{-0.21}, & 6\mathrm{GHz} \leqslant f < 15\mathrm{GHz} \\ 12.8 f^{0.19}, & 9\mathrm{GHz} \leqslant f \leqslant 20\mathrm{GHz} \\ 22.6, & 20\mathrm{GHz} < f < 40\mathrm{GHz} \\ 13 f^{0.15}, & 40\mathrm{GHz} \leqslant f \leqslant 55\mathrm{GHz} \end{cases} \quad (3-50)$$

c. 极化改善因子为：

$$C_\tau = -10\lg[1 - 0.484 \times (1 + \cos 4\tau)] \quad (3-51)$$

式中：τ 为电场矢量线极化相对于水平面的倾斜角（对于圆极化 $\tau = 45°$；如果 $\tau = 0°$ 或 $90°$，C_τ 达到最大值为 15 dB）。

d. 仰角相关项为：

$$C_\theta = -40\lg(\cos\theta), \quad \theta \leqslant 60° \quad (3-52)$$

式中：θ 为路径仰角。

e. 雨滴仰角相关项为：

$$C_\sigma = 0.005\,3\sigma^2 \quad (3-53)$$

式中：σ 为雨滴假仰角分布的有效标准偏差，以度为单位表示。

不超过 $p\%$ 时间的降雨与冰晶总 XPD 可以表示为：

$$\mathrm{XPD}_p = \mathrm{XPD}_{\mathrm{rain}} - C_{\mathrm{ice}} \quad (3-54)$$

式中：$C_{ice} = \text{XPD}_{rain} \times (0.3 + 0.1\lg p)/2$，单位为 dB。

此外，可利用某一个频率和极化角上的 XPD 值求得其他频率和极化角的 XPD 值，具体公式可以表示为：

$$\text{XPD}_2 = \text{XPD}_1 - 20\lg\left[\frac{f_2\sqrt{1-0.484(1+\cos 4\tau_2)}}{f_1\sqrt{1-0.484(1+\cos 4\tau_1)}}\right], \quad 4\text{ GHz} \leqslant f_1, f_2 \leqslant 30\text{ GHz}$$

（3-55）

（4）降雨噪声。雨滴作为微波频率的吸收体，在下落过程中穿过天线波束时，其各向同性辐射的部分热能将被接收机所捕捉。因此，降雨不仅导致信号的衰减和去极化现象，还会引起天空温度的提升。这种温度的增加进一步导致系统的总噪声温度上升。这个过程说明降雨对通信系统性能有多方面的影响，包括信号质量的下降和噪声水平的提升，都是由雨滴对微波的吸收和热能辐射引起的。

由降雨引起的天线噪声温度升高 T_b 可由下式估算：

$$T_b = 280(1 - e^{-A/4.34})$$

（3-56）

式中：A 为降雨衰减；280 为降雨媒质的一个有效温度（273～290 K 的值都可用，取决于当地处于寒带气候还是热带气候）。

另一种方法是将雨视为一种传输系数小于 1 的无源衰减器。如果发生完全衰减，传输系数为 0；如果没有衰减，传输系数为 1。

3.3.3.2 与水汽凝结无关的传播效应

（1）大气吸收。电磁波在地球附近的空间传播时，并不是在完全自由的空间中进行。在电离层，电磁波会受到自由电子和离子的影响而产生吸收；在对流层，氧分子和水蒸气分子也会对电磁波产生吸收作用，这些因素共同造成了电磁波传播时的大气吸收损耗。这种损耗的程度还受到电磁波频率的影响，以及传播波束的仰角和当前天气状况的影响。因此，电磁波在地球大气中的传播损耗是一个复杂的现象，涉及多种环境因素的综合作用。

在大气中，水蒸气和氧气的存在会对电磁波传输造成损耗，尤其当频率超过 20 GHz 时，这种损耗变得尤为显著。具体来说，水蒸气由于其固定的电偶极子特性，以及氧分子的固定磁偶极子特性，都会在电磁波频率与它们的固有谐振频率相匹配时产生强烈吸收。氧分子的主要吸收峰出现在 60 GHz 和 118 GHz，而水蒸气的吸收峰则位于 22 GHz 和 183 GHz。在电磁波通过大气层时，存在几个吸收较少的频率区段，这些区段被称为大气传播的"窗口"。在 100 GHz 以下，这样的"窗口"有 3 个，分别位于 19 GHz、35 GHz 和 90 GHz 处。这些频段为电磁波提供了较低损耗的传播路径。

计算大气吸收损耗时需要考虑多个因素，包括电磁波的频率、水蒸气的浓度以及天线的仰角。具体计算过程中，必须确定的数值是干燥空气和水蒸气的衰减系数。这些衰减系数不仅与水蒸气的密度有关，还受到气压、温度以及电磁波的传播频率的影响。因此，大气吸收损耗与电磁波的信号频率紧密相关，是计算中的一个关键变量。图 3-15 为大气吸收损耗与电磁波信号频率和波束仰角间的关系。

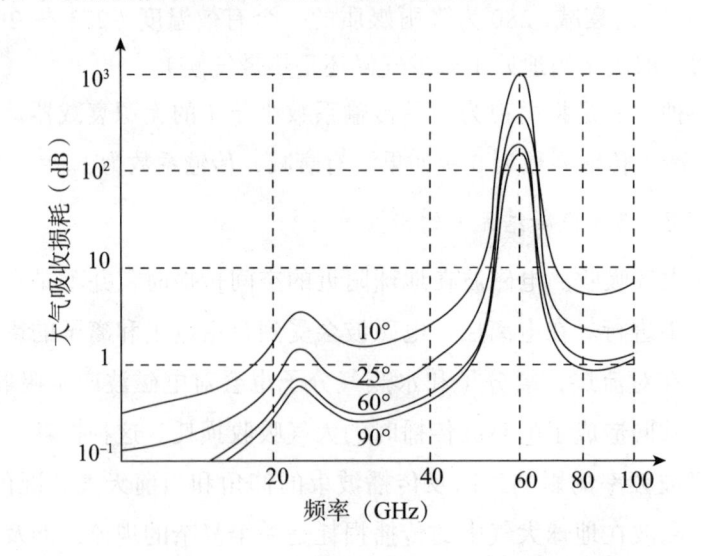

图 3-15 大气吸收损耗与电磁波信号频率和波束仰角间的关系

（2）云层衰减。云层衰减是指电磁波在穿过对流层中的云雾时遭受的能量吸收或散射所引起的能量损失。这种损失的程度依赖几个因素，包括电磁波的工作频率、穿越的路径长度及云雾的密度。根据观察，在能见度为 30 m 的雾中，电磁波的损耗在大雨和中雨引起的损耗之间；在能见度大约为 120 m 的雾中，电磁波的损耗与小雨引起的损耗相似。

（3）对流层闪烁。地面附近的大气因太阳能量的影响而发生搅动和紊流混合，导致折射率发生小尺度的变化。这种折射率的不规则变动引起电磁波强度的波动，这种现象被称为大气闪烁，其衰落周期通常为数十秒。对流层闪烁并不会导致信号去极化。随着频率的增加、路径仰角的减小以及空气变得更温和与湿润，闪烁现象会加剧。在仰角低于 10°的路径上，对流层闪烁成为性能的限制因素；而在仰角低于 5°的路径上，对流层闪烁则成为可用性的限制因素。

当仰角低于 10°时，低角度的衰落显著增加，这种低角度衰落类似于多径衰落，其中信号通过不同的路径和相移到达地面的接收天线。这种衰落可解释为大气多径现象，或是由于大气折射率的不规则变化导致电磁波聚焦和散焦。接收到的信号幅度的闪烁实际上涵盖两种效应：一是波本身幅度的波动；二是由波前不相干性引起的天线增益减少。

（4）法拉第旋转。当线极化波穿过电离层时，其极化面会发生旋转，且旋转角度与频率的平方成反比。这种角度的旋转还与电离层的离子密度相关，因此与时间、季节及太阳活动状况密切相关。地球站的上行和下行链路的极化旋转平面方向相同，如果使用同一天线进行收发，通过旋转天线的馈源系统来抵消法拉第旋转是不可行的。

交叉极化分量的表现是降低 XPD，XPD 与极化旋转适配角 θ 的关系可以写为：

$$\mathrm{XPD} = -20\lg(\tan\theta_\mathrm{p}) \tag{3-57}$$

另外，也可以使用经验公式得出某频率电磁波通过电离层的最大极

化旋转适配角 θ_{pmax}，即极化旋转适配角不超过

$$\theta_{pmax} = 5 \times \left(\frac{200}{f}\right)^2 \times 360° \quad (3-58)$$

当 GEO 卫星到中纬度地区，载波频率为 1 GHz、4 GHz、6 GHz、12 GHz 时，法拉第旋转角度相应地为 108°、9°、4°、1°。当使用移动电话时，天线的方向是变化的，导致极化面也随之变化。当使用圆极化波时，无论天线的方向如何变动，信号电平都可以保持恒定。因此，运行在 L 频段和 C 频段的卫星个人通信网络通常使用圆极化天线；而 K 频段和 Ka 频段的系统，用于固定和便携终端，通常使用线极化天线。

（5）电离层闪烁。当电磁波穿过电离层时，会因电离层结构的不均匀性和随机时变性受到散射，导致电磁能量在时空中重新分布。这种散射会引起电磁波信号的幅度、相位、到达角和极化状态等短期不规则变化，造成所谓的电离层闪烁现象。观测数据显示，电离层闪烁效应受多个因素影响，包括工作频段、地理位置、地磁活动以及当地的季节和时间。其中，电离层闪烁效应与地磁纬度和当地时间的关系最为密切。

移动卫星通信系统的工作频率通常较低，因此必须考虑电离层闪烁效应。当频率高于 1 GHz 时，电离层闪烁的影响会大大减轻。但即便是在 C 频段，地磁低纬度地区仍然会受到电离层闪烁的影响。赤道地区或低纬度地区包括地磁赤道及其南北 20° 范围内的区域；中纬度地区是地磁纬度为 20°～50° 的区域；高纬度地区是地磁纬度为 50° 以上的区域。在地磁赤道附近和高纬度地区，电离层闪烁现象更加严重和频繁。

第4章 地基网络系统架构

4.1 卫星地球站简述

4.1.1 卫星地球站的分类

4.1.1.1 按安装情况分类

(1) 固定地球站。这类地球站安装在一个确定的位置，不可移动。它们通常用于提供稳定的通信服务，如卫星电视广播或固定网络通信。固定地球站具有较大的天线和设施，能够提供持续且可靠的服务。

(2) 可转移地球站。这类地球站设计有限的移动能力，通常可以从一个地点移到另一个地点，但并非实时移动。它们适合在特定区域内根据需要重新部署，如灾难响应或临时活动。

(3) 移动地球站。这类地球站设计用于安装在移动平台上，如车辆、船舶或飞机。这使它们可以在移动中维持通信连接，适合需要在移动中继续进行通信的应用，如新闻报道车辆、海上通信系统或空中通信平台。

(4) 便携式地球站。这类地球站设计非常轻便，可以手提或背负，通常用于紧急通信、军事行动或科研野外工作。同时，这类地球站可以迅速部署和拆卸，非常适合临时任务或在偏远地区的应用。

4.1.1.2 按照传输信号形式分类

（1）单向传输地球站（单向链路）。这类地球站仅能进行信号的发送或接收，但不同时进行发送和接收。常见的形式包括只发送（uplink-only）或只接收（downlink-only）的站点。例如，一些广播站只负责向卫星发送信号，而用户端的接收盘只负责接收信号。

（2）双向传输地球站（双向链路）。双向传输地球站能够同时发送和接收信号。这类地球站用于互动通信，如电话服务、互联网接入和企业数据交换。双向地球站可以持续进行数据交换，是多种商业和个人通信服务的基础。

（3）广播型地球站。广播型地球站主要用于向广泛区域内的多个接收点发送信号，通常用于电视和广播服务。这类地球站主要进行单向发送，如向卫星传输信号，卫星再将信号广播到大片区域。

（4）再传输型地球站（转发站）。再传输地球站接收来自一个卫星的信号，然后重新调制并向另一个卫星或方向发送这些信号。这种类型的站点常用于信号的中继和增强，特别是在跨大陆或跨洋通信中。

4.1.1.3 按用途分类

（1）卫星广播业务站。这种设施主要用于广播语音和电视信号，提供广泛的媒体传输服务。通过高效的发送和接收系统，它能够向大众传递新闻、娱乐和教育内容，确保信息的快速、准确传播。

（2）通信站。通信站广泛应用于电话通信、电报传输、数据交换以及军事通信等多个领域。它们通过高效的通信技术确保信息的快速和安全传递，支持全球范围内的即时联系和数据共享。

（3）监控站。监控站专门用于卫星发射、成功入轨后的轨道参数监控以及后续的轨道修正和管理工作。通过高精度的追踪和控制系统，它们确保卫星能在预定轨道上稳定运行，进行有效的任务执行。

4.1.2 卫星地球站功能组成

4.1.2.1 地球站的作用

地球站具备与一个或多个人造或自然空间物体进行通信的能力，能够直接与空间站交流或通过空间中的卫星或其他反射体与远程地面站建立联系。在卫星通信系统中，大部分地球站都设有能同时发送和接收信息的功能。然而，在一些特定的应用场景中，有的地球站可能仅限于发送或接收功能。例如，专用于接收广播卫星信息的地球站主要承担接收任务，而专用于数据采集系统的地球站则主要负责发送数据。这些设施在卫星通信领域中发挥着关键的作用。

4.1.2.2 地球站的功能组成

图 4-1 是地球站设备的一般组成。它由带跟踪系统的天线分系统、发射分系统和接收分系统组成，同时包括与地面网络连接的用户接口分系统、各种监控分系统、环境控制分系统（加热和通风）以及电源分系统。

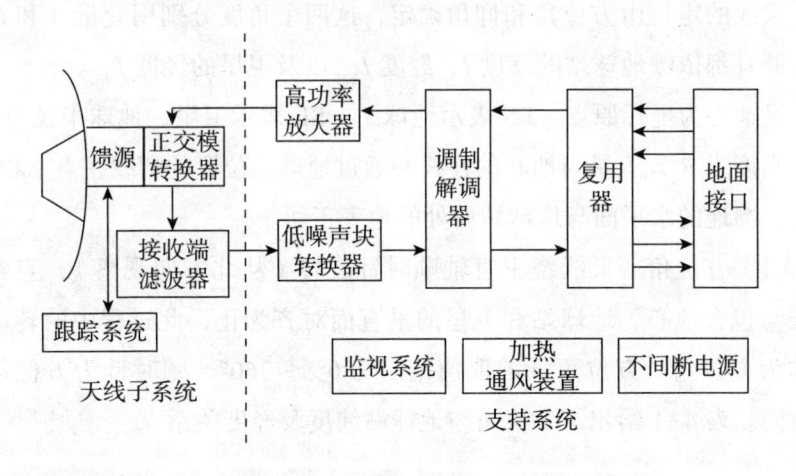

图 4-1 地球站设备的一般组成

（1）接收系统。接收系统类似于发送系统，其复杂度主要由载波数量以及同时与地球站通信的卫星数量决定。

（2）天线系统。天线系统通常采用一副天线进行发送和接收信号，而且通过复用技术允许地球站同时连接到多个发送和接收链路中。

（3）跟踪系统。跟踪系统主要用于保证天线时刻对准卫星。

（4）地面接口系统。地面接口系统指地球站和地面网络之间的数据接口。

（5）供电系统。供电系统提供维持地球站运行需要的电力。

4.1.3 卫星地球站对星指向角

为了实现良好的通信性能，地球站的天线需要通过调整特定的角度来精确对准卫星，这些调整角度包括方位角、仰角和极化角。地面站天线对卫星的定向是通过仰角和方位角来决定的，而为了实现良好的接收效果，射频天线的极化角则是关键。

4.1.3.1 方位角和仰角

天线的定位由方位角和仰角确定，这两个角度分别用变量 A 和 E 表示，并且都依赖地球站的纬度 l、经度 L_{ES} 以及卫星的经度 L_{SL}。

设地心为坐标原点，ES 表示地球站，SL 表示卫星，地球半径为 R_E，卫星高度为 R_0，卫星与地心的连线和通过地球站位置的切线在点 y 相交。此外，当地的水平面与地球站所处的地表正切。

（1）方位角。天线绕垂直轴顺时针旋转（从北方向观察），直到其轴线与包含地心、地球站和卫星的垂直面对齐为止，此过程中的转动角度称为方位角。方位角 A 的取值范围为 0°～360°，顺时针为方位角增大方向。表 4-1 给出了方位角与地球站纬度及经度关系。

表 4-1　方位角与地球站纬度及经度关系

地球站的位置	卫星在地球站以东	卫星在地球站以西
地球站位于北半球	$A = 180° + \arctan\left[\tan(L_{SL} - L_{ES})/\sin l\right]$	$A = 180° + \arctan\left[\tan(L_{SL} - L_{ES})/\sin l\right]$
地球站位于南半球	$A = 180° + \arctan\left[\tan(L_{SL} - L_{ES})/\sin l\right]$	$A = 360° + \arctan\left[\tan(L_{SL} - L_{ES})/\sin l\right]$

方位角主要用来调整地球站天线的指向,因此从天线本身的视角出发,可以更清晰地看到方位角的物理含义,如图 4-2 所示。在图 4-2 中,卫星起初面向正北,调整后转向东南并对齐另一卫星,这两个方向之间的角度差即为方位角。

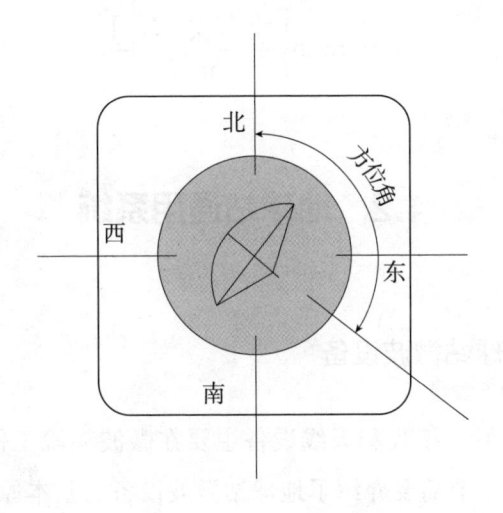

图 4-2　地球站天线方位角

(2)仰角。假设天线轴原来与水平面平行,那么在包含卫星的垂直平面中转动天线,直到天线对准卫星这个过程中天线转动的角度就是仰角。仰角 E 的计算如下:

$$E = \arctan\left[\frac{\cos(L_{SL} - L_{ES})\cos l - R_E/(R_E + R_0)}{\sqrt{1 - [\cos(L_{SL} - L_{ES})\cos l]^2}}\right] \quad (4-1)$$

式中：地球半径 R_E=6 378 km，卫星高度 R_0=35 786 km。

4.1.3.2 极角化

如果卫星发射的电磁波为线性极化，那么地球站的天线馈源需要与电磁波的极化面对齐，这个极化面是由电磁波的电场方向确定的。对准卫星时的极化面包括卫星天线的视轴方向和参考方向。此处参考方向定义为垂直于赤道面的方向称为垂直极化，平行于赤道面的方向称为水平极化。地球站的本地垂线与天线轴组成的平面与极化面之间的夹角就是极化角，设为 ψ。ψ =0° 意味着地球站接收或发送的线性极化波平面包含本地垂线。极化角的计算公式如下：

$$\psi = \arctan\left[\frac{\sin(L_{ES} - L_{SL})}{\tan l}\right] \quad (4-2)$$

4.2 地球站通用系统

4.2.1 地球站微波设备

地球站的发射、接收和天线设备主要在微波频段工作，微波设备是地球站的核心。本节简要介绍了地球站微波设备的基本原理和应用。

4.2.1.1 微波功率放大器

卫星通信需要地球站向卫星发射高功率微波信号，所需的射频功率不仅取决于卫星转发器的性能参数，还取决于地球站的通信容量和天线增益。地球站微波发射机的最大输出功率需根据卫星系统的要求来确定。

例如，国际卫星通信组织根据卫星转发器的技术性能，对各类地球站的有效全向辐射功率 $EIRP_E$ 作出了具体规定。

目前，地球站的高功率放大器采用了与普通电子管工作原理完全不同的微波电子管。这些微波电子管包括速调管功率放大器（KPA）和行波管功率放大器（TWTA）。在小型站和微型站中，采用微波晶体管技术，即场效应晶体管（FET）固态功率放大器（SSPA）。速调管放大器、行波管放大器和 FET 固态功率放大器各有其优缺点。例如，速调管放大器适用于高功率输出但其体积较大，而行波管放大器具有较宽的工作带宽，但成本较高。相比之下，FET 固态功率放大器体积小、效率高，适合应用于小型站和微型站，但输出功率相对较低。综合而言，选择哪种放大器需要根据具体应用场景的需求进行权衡。

速调管功率放大器（KPA）的最大优点在于其输出功率非常大，可以达到数千瓦至数十千瓦，效率高且电源设计简单，成本较低，同时具有稳定可靠的工作性能。然而，KPA 也有一些缺点。其瞬时带宽较窄，通常只有 35 MHz～50 MHz，因此只能覆盖一个转发器的频段。当需要对不同的转发器进行工作时，必须预先通过机械预置方法调谐好 6～24 个波道。如果需要更换转发器的波段，就必须进行人工或自动更换。这意味着在操作过程中，KPA 的灵活性较低，频段调整不够方便。尽管如此，由于其高功率和高效率的特点，KPA 在需要大功率输出的应用场景中仍然具有显著的优势，特别是在那些对频带宽度要求不高但对输出功率有较高需求的通信系统中，KPA 依然是一个非常重要的选择。

行波管功率放大器（TWTA）的优点是瞬时带宽很宽，可以覆盖 6 GHz 发送频段的整个 500 MHz 频带，不需要外部调谐，且其结构紧凑、增益高，使用方便。然而，TWTA 的缺点是效率低，仅约 10%～15%，电源复杂、成本高，最大输出功率只能达到千瓦以内。

固态功率放大器（SSPA）是随着功率场效应管和功率合成技术的发展而产生的。其优点包括瞬时带宽宽、体积小、寿命长、电源简单经济且可靠性高。然而，目前其输出功率（在 C 波段）只能达到数百瓦，适用于微型站和通信容量小的中小型站，或作为速调管放大器和行波管放大器的激励级使用。

4.2.1.2 速调管放大器

大功率速调管放大器通常作为高功放末级，能够提供 400 W ~ 100 kW 以上的微波功率。速调管因其基于电子束的"速度调制"工作原理而得名。

在速调管中，输入腔隙缝的信号电场对电子进行速度调制，经过漂移后形成电子注的密度调制。密度调制后的电子注与输出腔隙缝的微波场发生能量交换，电子将动能传递给微波场，从而实现信号的放大或振荡功能。这一过程使速调管能够有效地转换和放大微波信号。

VZJ-2700G 系列速调管放大器是一种由瓦里安（Varian）公司生产的专用 C 波段功率放大器，主要应用于卫星通信地球站。该放大器的输出功率为 3 kW，通常由两个独立的高功放组成 1∶1 主/备系统，通过自动倒换设备进行控制切换。放大器设计为单跨度机柜，分为上下两部分。上部包含射频分系统，下部包含电源部件，提供速调管工作所需的灯丝电压、注电压以及低压电源。电源部件安装在一个独立的带滚轮的机架中，可以拉出以便于维修。整个放大器系统主要由射频分系统组成。图 4-3 是该放大器系统的简化方框图。

（1）射频分系统。射频分系统的作用框图如图 4-4 所示。按照功能，射频组件可分为 3 部分：射频输入部分、高功率放大部分和射频输出部分。射频输入部分包括一个与外加射频激励源相连的集成固态放大器，将外加信号放大到适合速调管输入的水平。高功率放大部分由速调管负责。射频输出部分包括飞弧检测器、集成高功率微波元件和去谐滤波器，用于对速调管的输出信号进行滤波，并为外部负载提供保护和隔离。这 3 个部分共同协作，实现信号的有效放大和传输。

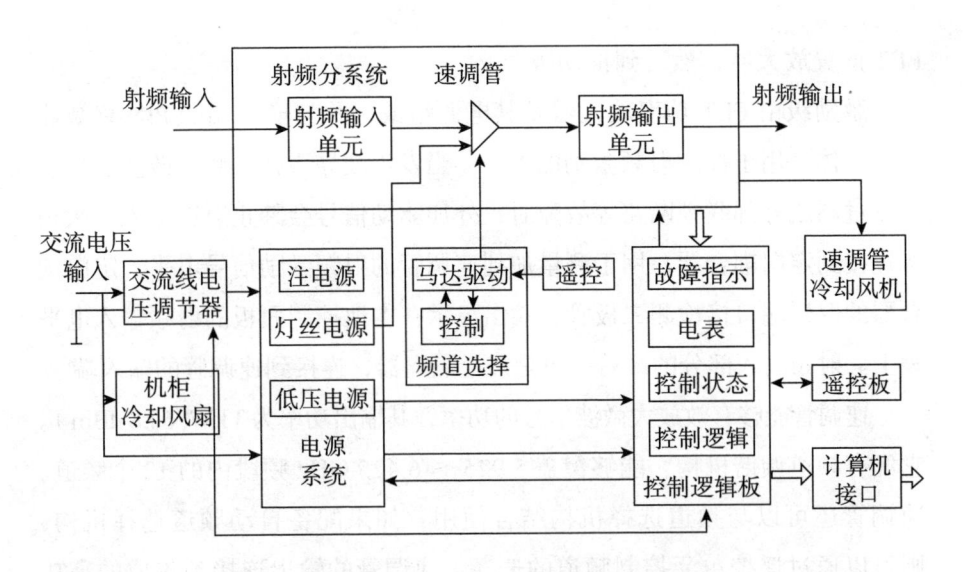

图4-3 速调管功率放大器简化方框图

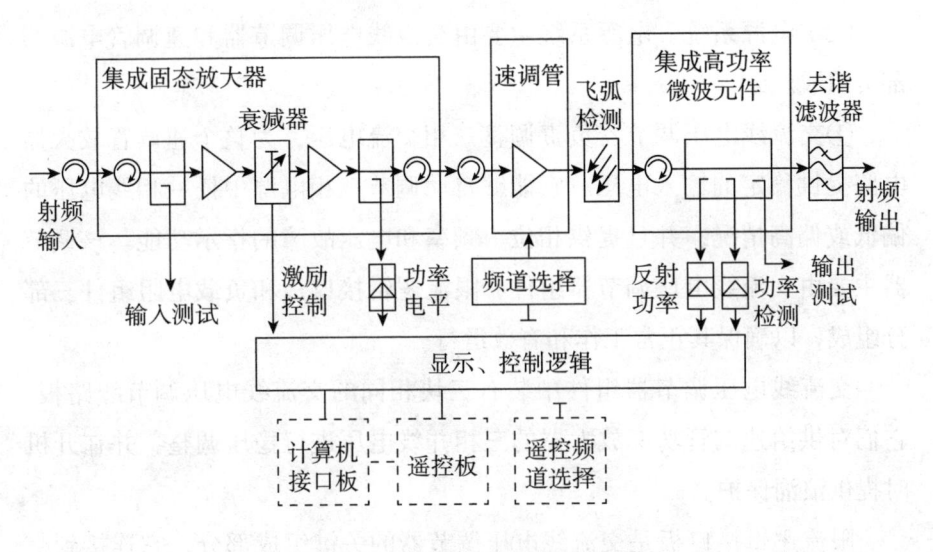

图4-4 射频分系统的作用框图

射频输入部分采用固态集成功率放大器，它包括带数控 PIN 衰减器的集成 FET 前置放大器。这个组件还集成了输入输出隔离器以及用于功率监测的定向耦合器。集成的定向耦合器是双端口器件，其输出加到

FET前置放大器，然后到推动级。

激励级由FET功率放大器及其电源组成，并与输入端的PIN衰减器合为一体，用于控制射频激励的大小。当发生波导飞弧、频道改变、反射功率过高或外部联锁断路等故障时，外加驱动信号会禁止射频输入。激励级连接到定向耦合器，用于测量加到速调管的射频激励信号电平，定向耦合器的取样端口接检测二极管，输出显示在本地控制面板的射频输入电平表上。射频输入部分的最后一级是一个隔离器，连接到速调管的输入端。

速调管能够有效放大微波信号的功率，其输出功率为3 kW（64.8 dBm）。它配有频道调谐机构，能够覆盖5.925～6.425 GHz频段内的12个频道。速调管还可以与频道选择机构结合使用，如果配备自动频道选择机构，则可以通过遥控单元控制频道的选择。速调管的输出连接到集成的高功率微波元件，确保其高效运行。

（2）电源系统。电源系统主要由交流线电压调节器和速调管电源两部分组成。

①交流线电压调节器负责调整三相交流电压，为整个速调管放大器电路提供稳定的输入电压。它能够自动调节三相电源中任一相线电压的偏低或偏高情况，并且提供相位、频率和电压故障的指示功能。该调节器主要由交流线电压调节器组件、限流逻辑接口板和负载电阻组件三部分组成，以确保其正常工作和有效运行。

交流线电压调节器组件中装有三块相同的交流线电压调节线路板，它们对供给速调管功率放大器的三相并线电压进行稳压调整，并在开机时提供浪涌保护。

限流逻辑接口板是交流线电压调节器的关键组成部分，它连接到交流线电压调节线路板，监测其电流流动情况。在开/关机时，它能在发生过载、短路及其他异常状态时保护交流线电压调节器。限流逻辑接口板包含两部分：一部分用于限流，保护交流线电压调节电路；另一部分是与速调管功率放大器连接的逻辑接口。该电路板还包括缺相和低频故障检测电路，能够处理来自三相电压中的各种故障，确保系统的安全稳定运行。

负载电阻组件安装在交流线电压调节器组件的底板上。正常工作时，这三个电阻不起作用。当限流电路工作时，相关的晶体管截止，电流被这三个电阻消耗。

② 速调管电源主要由注电源、灯丝电源和低压电源三部分组成。图 4-5 是其组成方框图。

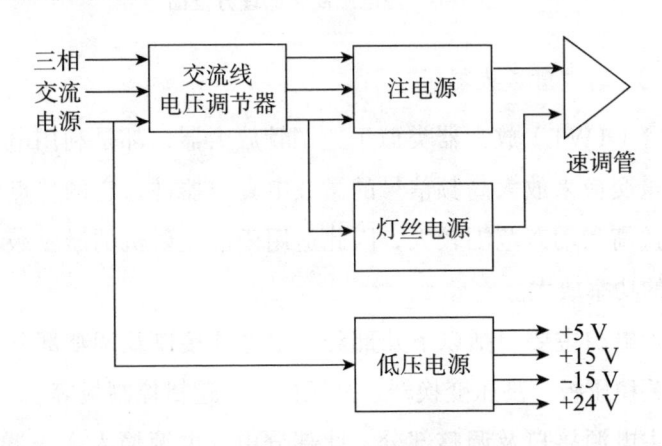

图 4-5 速调管电源组成方框图

需要指出的是，有一部分速调管放大器的电源中还包括气泵电源。其作用是使管内剩余气体电离后被气泵电源吸收，从而达到满足要求的真空度。由于生产工艺水平提高，现在速调管已能做到长期保证足够的真空度，因此多数速调管放大器已省掉气泵电源而使电源得以简化。

图 4-6 是注电源简化原理方框图。注电源按作用又可分为三部分：启动电路、变压器和整流滤波电路。在变压器中，初级采用三角形接法，相电压 = 线电压，且可以消除电网交流电压所带来的三次谐波；次级采用星形接法，相电压 = $\sqrt{3}/3$ 线电压，绝缘设计基于相电压，降低相电压可以减少绝缘材料的使用。简化的原理图省略了连接到电源的监测显示板和控制逻辑板。三相交流稳压电通过交流线电压调节器组件供电到注电源，而

注电源则输出 9 kV 高压至速调管放大器。

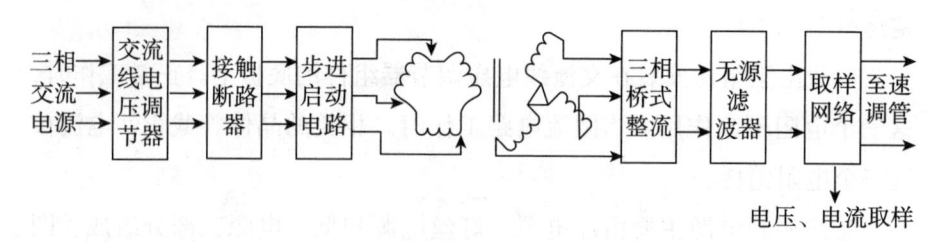

图 4-6　注电源简化原理方框图

4.2.1.3　行波管放大器

行波管（TWT）放大器类似于速调管放大器，都是利用电磁场和电子流的能量交换来放大高频信号的微波电真空器件。它的特点包括频带宽广、增益高和动态范围较大，因此适用于波发射机的激励级、中间级以及末级的功率放大。

行波管电源主要包括以下几部分：主电源接口及调整部分、振荡偏置板、开关稳压板、高压变换器、高压模块、逻辑控制板等。

（1）主电源接口及调整部分。此部分由主电源输入变压器和 275 V（AC）的整流及滤波电路组成，这些组件先将交流输入电压转换为直流电压，然后输送至开关稳压板。主电源输入通过一个双刀单掷开关连接到输入变压器的初级端，同时冷却风机被接在一个初级线圈的两端。

在变压器的初级还装有一个浪涌抑制电路，它由一个电阻和一个继电器接点组成。继电器由振荡偏置板控制，当加电时，电阻能限制启动浪涌电流不大于正常工作电流的 3 倍。在 1 s 之内，继电器被激励，电阻短路，使电源进入正常工作状态。当电源关断时，也可以抑制变压器初级产生的浪涌。

整流器的输出经过无源滤波器滤波，产生 −250 V（DC）不稳压额定输出电压。

（2）振荡偏置板。振荡偏置板具有多种功能，主要包括产生各种工作电压[-30 V（DC）稳压电源、±12 V（DC）电源、±5 V（DC）电源、±15 V（DC）电源、-38 V（DC）电源]，提供各种电压保护[-38 V（DC）欠压保护、-200 V（DC）欠压和过压保护、-250 V（DC）欠压保护和无负荷调整]，产生开关稳压板和高压变换器的同步驱动信号[29 V（AC）、20 kHz和10 kHz方波]。

（3）开关稳压板。开关稳压板确保电压调节良好，输出电压稳定在-200 V（DC），该电压用于驱动高压电路。指定的-200 V（DC）实际上可在-220～-180 V（DC）变动，具体值根据行波管螺旋线的电压需求和高压模块的连接方式而定。开关稳压板还负责控制高压变换，并能接收来自其他电路的外部关断指令。

开关稳压板内的限流电路设计用于将输出电流限制在15 A。如果在任何时刻电流超过这一值，反馈取样电路将激活限流功能，将电流降至正常输出的1/3，也就是约5 A。这样做确保了电流输出的安全稳定。

-200 V（DC）的输出电压通过电源开关控制电路来调节，该电路控制开关管的通断时间比例（占空比），这种方式比传统的串联稳压电源更为高效，因为串联调整在调整器上存在功率损失。开关管产生的是一系列脉冲，这些脉冲经过扼流圈和电容构成的输出集成滤波器进行积分和滤波，从而产生平滑的直流输出。

电源开关控制电路采用施密特触发器，该触发器通过反馈信号和控制信号产生方波脉冲。这些脉冲经开关驱动电路放大后，驱动开关管工作，以此确保输出-200 V（DC）的稳定性。

在高压模块中，螺旋线的取样电压被反馈到开关稳压板，并与6.2 V（DC）的参考电压进行比较和放大。这个过程控制施密特触发器和开关管，以实现电压稳定的目标。

（4）高压变换器。高压变换器将已稳定的-200 V（DC）转换成200 V、10 kHz的方波信号，用于高压模块的高压变压器初级。当初级电流发生过流时，振荡偏置板的保护电路会向逻辑控制板发送过流信号。逻辑控制板随后发出信号，使高压变换器关断，以防止进一步的电流过流。

（5）高压模块。高压模块的核心功能是生成行波管需要的各种高压电源，如灯丝电源、收集极电源和螺旋线电源。同时，它提供螺旋线电流的指示和故障保护功能。

图 4-7 是高压模块和行波管连接方框图。一个单独的降压变压器用于灯丝电源。该变压器的初级接收 29 V（AC）方波电压，经过降压转换、全波整流和滤波后，产生 6.3 V（DC）的灯丝电源电压。

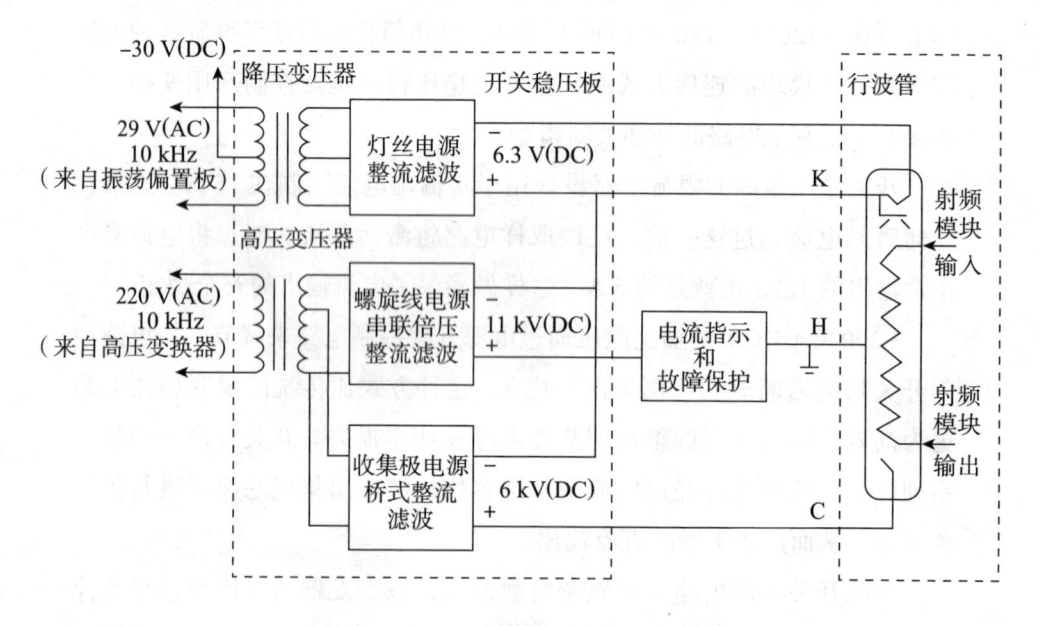

图 4-7　高压模块和行波管连接方框图

图 4-7 中，螺旋线电源和收集极电源共用一个高压变压器。该变压器输入的是从高压变换器来的 10 kHz、220 V（AC）交流稳压电源。变压器的次级通过 6 组线圈的串联构成，并通过不同的抽头支持收集极和螺旋线电源，以匹配不同型号的行波管。高压模块设置使收集极电压保持在螺旋线电压的 54.5% 以下，这样做不仅延长了行波管的使用寿命，还有效地节约了能源。

螺旋线电源的电压稳定是通过将螺旋线电压的取样反馈给开关稳压板来实现的。同时，螺旋线电流的取样被送至逻辑控制板用于故障监测，其电流值通过显示板上的表头显示。

（6）逻辑控制板。逻辑控制板主要负责通过故障检测逻辑电路来监测系统故障。一旦检测到故障，它会生成控制信号以切断高压或提供一个可以自动恢复的短暂延时。此外，该板能指出故障发生的具体位置，并通过发光二极管（LED）进行显示。故障逻辑检测的内容如下。

①螺旋线过流。螺旋线电流通过高压模块内一个电阻两端进行取样。当电流异常增大时，逻辑电路便会发出故障信号，并设定一个短暂延时。这种电流过大的情况通常发生在高压启动瞬间，因为此时电子束可能会发生散焦。

②反射功率过大。射频反射功率通过二极管检波器进行检测，当射频反射功率超出设定阈值时，故障逻辑电路会发出故障信号，并在故障实际发生前提供一个短暂的延时。

③盖互锁故障。如果机箱的顶盖或底盘被打开，位于机箱顶部或机架顶部的互锁开关接点会断开。这时，逻辑电路会发出故障信号，并控制关闭高压。

④行波管过温。如果行波管的温度超出收集极的最大安全限度，热开关将会断开。在这种情况下，逻辑电路会发出故障信号，并切断高压电源。

⑤电源故障。如果电源系统中的高压变换器、开关稳压板或振荡偏置板出现故障，故障逻辑检测电路将会检测到并发出故障信号，进行相应的控制处理。

⑥射频功率过高或过低。当射频功率超出设定的正常范围时，功率检测器会将结果传递给故障逻辑电路。这个电路在处理后会产生一个故障信号，并采取相应的控制行动。

电源系统的开关位于前面板，并通过逻辑控制板来控制。如果使用遥控装置，逻辑控制板上会配置有遥控接口。

4.2.1.4 固态微波功率放大器

微波功率放大器在传统上采用了微波电真空器件，如速调管和行波管，但固态微波功率放大器的发展正迅速崛起。目前，在较大和中等规模的地球站中，固态微波功率放大器已经开始取代中小功率的行波管，用作发射机的激励级或推动级放大器。对于小型和微型地球站，固态微波功率放大器通常被用作发射机的主要功率放大器。展望未来，预计在卫星和地球站的应用中，中小功率（几百瓦以下）的微波功率放大将主要依靠固态微波功率放大器来实现。这种转变主要是因为固态微波功率放大器在效率、体积以及维护方面相比传统微波电真空器件有显著优势，能更好地满足现代通信需求。这一趋势表明，固态技术的进步正在重塑微波功率放大技术的未来，预示着电真空器件可能逐渐被高效、可靠的固态解决方案所替代。

固态微波功率放大器指的是使用微波晶体管来构建的功率放大器，这类放大器可以细分为低噪声放大器和功率放大器两种主要类型。根据使用的晶体管类型不同，微波放大器进一步分为微波双极晶体管放大器和微波场效应晶体管放大器。这种分类反映了不同放大器在设计和功能上的特点，其中微波双极晶体管放大器和场效应晶体管放大器各有其独特的电子特性和应用领域。

微波双极晶体管的功能基于少数载流子的扩散运动，其工作频率和噪声系数的提升受到结构和制造工艺的限制，通常最高工作频率能达到 8 GHz。相比之下，微波场效应晶体管则基于多数载流子的漂移运动，能够支持更高的工作频率和具有更佳的噪声性能。在实际应用中，C 波段以下通常使用双极晶体管，而 C 波段以上则更频繁地采用场效应晶体管。

与传统的行波管等微波电真空放大器相比，固态微波功率放大器具有如下优点：

（1）体积小、重量轻、耗电省，便于集成化；

（2）工作电压低，电源简单、经济；

（3）可靠性高，平均故障间隔时间（MTBF）可达 30 万小时以上（比行波管功率放大器高 10 倍以上）；

（4）非线性失真比行波管小；

（5）噪声性能好，如场效应晶体管固态功率放大器比行波管功率放大器的噪声低约 15 dB。

4.2.2 低噪声放大器

由于卫星转发器的发射功率受限，并且信号在穿越几万千米空间路径中遭受严重衰减，加之电波穿透地球大气层时的吸收和散射作用，信号到达地球站时非常微弱。为了能接收这些微弱的信号，地球站的接收系统必须具有极高的灵敏度，即需要有较高的品质因数。在卫星通信中，接收系统在捕获信号时不可避免地会接收到背景噪声。为了确保这些微弱信号在接收后拥有较高的输出信噪比（S/N），接收机的内部噪声必须保持尽可能低。在一个包含多级放大器的接收系统中，系统的总噪声主要受到第一级放大器的噪声性能和增益的影响。因此，在卫星通信中，微波接收机普遍使用低噪声放大器来提升整体性能。

4.2.2.1 低噪声放大器的要求

低噪声放大器的主要要求如下：极低的噪声温度，以符合地球站的品质因数标准；较高的增益和优良的增益稳定性；广泛的射频工作频带，以适配卫星的下行频段；具有高可靠性。通常，地球站会配置至少一个热备用的低噪声放大器，实行 1∶1 或 1∶2 的备用方案以保障系统的连续运行。

20 世纪 70 年代中期之前，卫星地球站主要依赖液态氦制冷的参量放大器。这种放大器在一个环境温度为 20 K 的封闭系统中工作，具有 500 MHz 的放大带宽和大约 17 K 的等效噪声温度，增益高达 60 dB。然而，液态氦的致冷设备相当复杂，使得操作和维护非常不便利。随着技术的不断进步，地球站开始广泛采用使用半导体热偶进行制冷的常温参量放大器。这些常温参量放大器的噪声温度可以降至35 K甚至更低，相比之下，这类放大器的使用和维护更为简便。到了20世纪80年代中后期，市场上又出现了一种新型的低噪声砷化镓场效应管放大器，这种放大器在常温下操作，不需要物理制冷，其噪声温度也能达到30 K甚至更低。这种放大器的体积较小，而且性能稳定，使用和维护极为方便，比常温参量放大器更加简单实用。由于这些优点，它很快在各种应用中得到了广泛的采用，成了地球站放大器技术的一大进步。这些发展标志着地球站放大器技术从依赖复杂制冷设备向更高效、便捷的方向演进。

低噪声放大器的设计需要满足多个关键要求：①它必须具有足够的增益以抑制后续级别的噪声影响，但增益不能太高，以避免导致混频器过载并产生非线性失真。放大器在其工作频段内需要保持稳定性。②由于接收的信号非常微弱，低噪声放大器应该是小信号放大器。信号的强度可能会因传输路径的变化而变化，并且在接收信号的同时，可能会有强烈的干扰信号，因此放大器需要有足够的线性范围和可调节的增益以应对这些挑战。③低噪声放大器通常直接通过传输线与天线或天线滤波器连接，因此其输入端必须与它们良好匹配，以实现最大的功率传输效率或最低的噪声系数，并确保滤波器的性能。④低噪声放大器应具备选择频率的功能，以抑制带外和镜像频率的干扰，通常表现为一个频带放大器。这些特性确保了低噪声放大器在接收弱信号时的高效和准确性。

4.2.2.2　低噪声放大器系统实例

下面以广泛应用于多数地球站的日本电气股份有限公司（NEC）生产的RFS-4GUS-27A型号的4 GHz低噪声放大器系统（LNA）为例，探讨低噪声放大器系统的组成和控制方式。

（1）系统组成。LNA系统由1个LNA组件、1个LNA开关控制器和2个LNA电源单元组成。

LNA组件由射频部件、2个4 GHz的LNA单元、1个波导转换开关和波导电路构成。每个 LNA 单元包含 6 级场效应管放大器，使整个 LNA 系统的总增益超过 60 dB。这种多级放大器的级联设计不仅有效降低了放大器本身的噪声，还补偿了信号传输中的损耗。低损耗波导转换开关（RSW-1）实现了在线 LNA 与备用 LNA 之间的无缝切换。此外，每个 LNA 单元的输出端都接有一个输出同轴隔离器。

（2）物理结构。LNA 单元和波导转换开关紧凑地组装在一起并安装在一个支架上，便于进行安装作业。LNA 组件直接连接到天线馈源的输出端，这样做是为了减少传输过程中的损耗。

（3）工作原理。

①系统工作原理。从天线馈源来的射频输入信号通过波导开关（RSW-1）馈送至在线工作的 4 GHz LNA 单元。放大后的信号通过同轴开关（RSC-1）送至输出隔离器。波导开关的测试端口带有同轴/波导转换器，用来测试备份 LNA。

②LNA 单元工作原理。该 LNA 是一个卫星通信地球站使用的 4 GHz 频段的低噪声、高增益放大器，LNA 由 6 级场效应管和偏置电路组成，能提供 62 dB 的典型增益。

图 4-8 是 LA-405 型 LNA 单元方框图。为了实现低噪声性能，LNA 的输入级采用了极低损耗的输入隔离器和极低噪声的低噪声场效应管。第二级放大器在设计时同样注重低噪声特性，而后续各级放大器则负责提供必要的增益。最终级使用的是大功率场效应管，这是为了增强 LNA 的线性度。

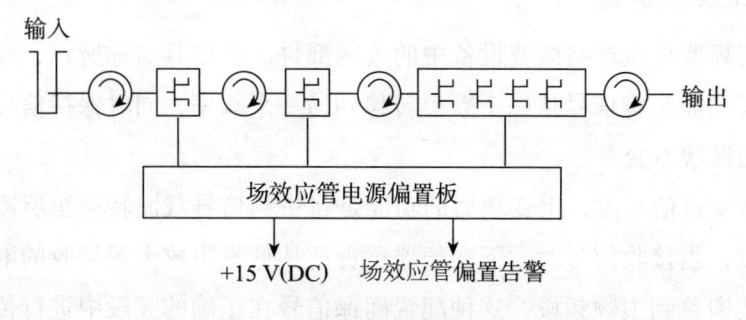

图 4-8　LA-405 LNA 单元方框图

LNA单元由+15 V的直流电源供电，这个电源被变换和稳压成+12 V（DC）和 -7 V（DC），用以供应FET偏置电路。从第一级到第五级的FET漏极偏置电源为+3 V（DC）和10 mA，而末级功率FET的漏极偏置电源则为+6 V（DC）和40 mA。

③ LNA开关控制器。LNA开关控制器由接口继电器电路、指示电路和电源组成，其原理如图4-9所示。

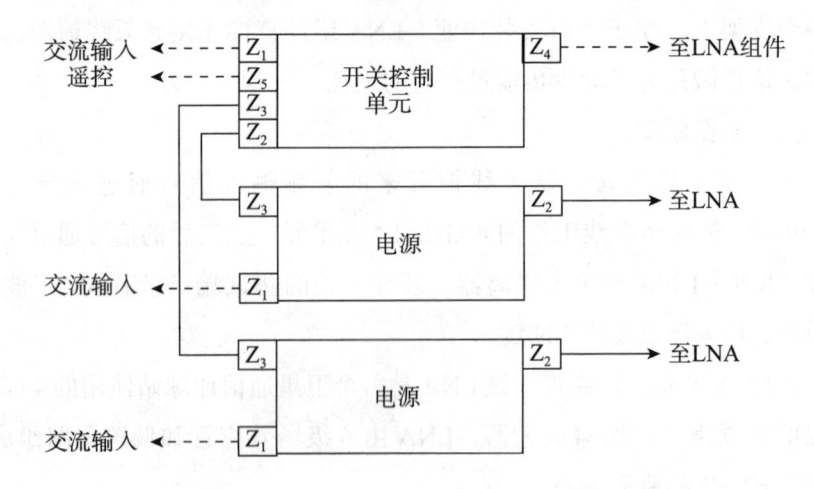

图 4-9 LNA开关控制器原理图

4.2.3 变频器

4.2.3.1 概述

变频器是地球站微波设备中的关键部件。正如其名称所示，变频器的主要功能是将信号从一个频率转移到另一个频率，同时保持信号频谱的原始形状不变。

当发送信号时，上变频器的功能是将中频信号载波转换至所需的微波频段；当接收信号时，下变频器负责把从低噪声放大器接收的射频信号载波搬移到中频频段。这种配置确保信号在正确的频段中进行传输和处理。

地球站终端设备通常采用 70 MHz 或 140 MHz 的中频接口频率。因此，上变频器的任务是将这些中心频率的载波频谱转移到地球站微波发射所用的射频频段（6 GHz 或 14 GHz）的特定频点，并确保输出的微波射频信号电平符合微波功率放大器的接口要求。下变频器则处理从低噪声放大器接收的 4 GHz 或 11 GHz 射频信号，从 500 MHz 频段内选出需要的载波信号，并将这些载波频谱转移到 70 MHz 或 140 MHz 的中频。

4.2.3.2　变频器的组成

变频器要完成频谱搬移的任务，就必须能进行频率变换。要产生这种频谱变换过程，变频器中必须有非线性元件，因为非线性元件的非线性特性为：

$$i = a_0 + a_1 u + a_2 u^2 + \cdots \qquad (4-3)$$

式中：i 为电流；u 为加在非线性元件两端的电压；常数 a_0、a_1、a_2 等取决于非线性原件的特性。

在非线性元件上同时加上一个高频正弦信号 u_e 和输入信号 u_s，即

$$u_e = U_{me} \cos \omega_e t \qquad (4-4)$$

$$u_s = U_s \cos \omega_s t \qquad (4-5)$$

实际使用的变频器通常包括以下几个部分：混频器、本振、中频放大器、中频滤波器、射频滤波器、隔离器和群时延均衡器。各部分的基本作用如下。

（1）混频器。混频器主要用于实现中频信号和射频信号之间的频率转换。

（2）本振。本振为混频器提供高频振荡信号，并通过调整本振频率来选择通带内的信号频率。

（3）中频放大器。中频放大器主要用于放大从混频器输出的中频信

号，使其达到预定的电平标准。

（4）中频滤波器。中频滤波器能够在混频过程中抑制除所需中频以外的组合频率的寄生信号和本振信号的带内泄漏。

（5）射频滤波器。射频滤波器主要用于消除通带外的噪声和干扰信号。

（6）隔离器。隔离器能够保证变频器内部各组件（尤其是微波组件）之间具有良好的阻抗匹配与隔离。

（7）群时延均衡器。群时延均衡器能够对中频信号的幅度和相位进行均衡调整，以达到系统对群时延和幅频特性的需求。

4.2.3.3 变频器的分类

按照变频方式进行分类，变频器可分为一次变频式、二次变频式和三次变频式。

一次变频式通过一级混频，把 70 MHz 或 140 MHz 的中频信号转换到射频频率。二次变频式先通过第一级混频将中频信号转换到一个固定的高中频，称为第二中频，以减少镜像和杂散信号的干扰，然后第二中频信号通过中频滤波器处理，并与第二本振进行第二级混频，最终转换到微波射频频率。如果使用频率合成器作为第二本振，通过调整其频率，可以在整个射频频带内改变信号载波的输出频率。三次变频式类似于二次变频式，但采用三级混频方式进行频率转换。

图 4-10 是下变频器方框图，它与上变频器的工作原理类似。

射频 → 滤波 → 混频 → 放大 → 滤波 → 均衡器 → 中频

本振

（a）一次变频式

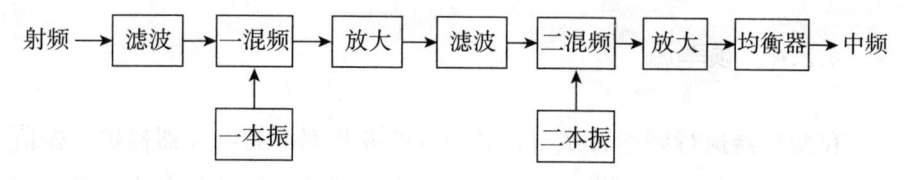

射频 → 滤波 → 一混频 → 放大 → 滤波 → 二混频 → 放大 → 均衡器 → 中频

一本振 ↑（至一混频）　二本振 ↑（至二混频）

（b）二次变频式

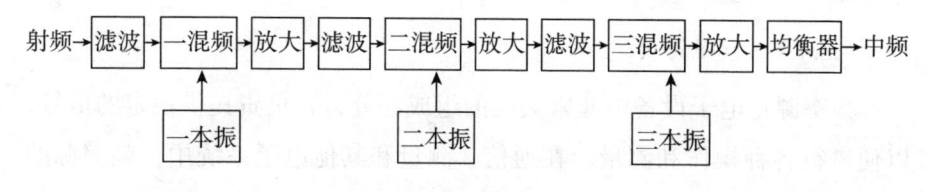

射频 → 滤波 → 一混频 → 放大 → 滤波 → 二混频 → 放大 → 滤波 → 三混频 → 放大 → 均衡器 → 中频

一本振 ↑　二本振 ↑　三本振 ↑

（c）三次变频式

图 4-10　下变频器方框图

下面以 C 波段二次下变频器（图 4-11）为例进行介绍。

第一中频 1 GHz 左右　　第一中频 70 GHz 左右

575 MHz 带通滤波器 → ⊗ → 36 MHz 带通滤波器 → ⊗

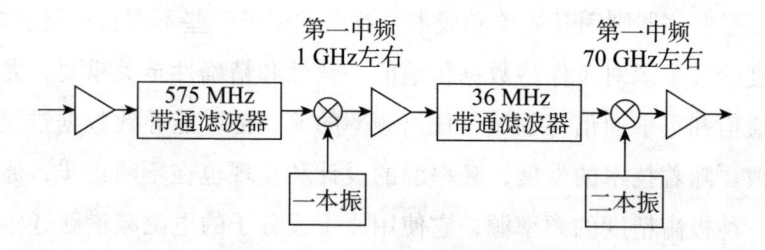

一本振　　二本振

图 4-11　C 波段二次下变频器

本例中，输入信号频率范围为 3 625～4 200 MHz，通过 575 MHz 带通滤波器后与 4 665～5 240 MHz 的一本振信号在混频器 I 中进行第一次变频，输出频率为 1 040 MHz。然后，信号通过 36 MHz 带通滤波器，并与 1 110 MHz 的二本振在混频器 II 中进行第二次变频，最终产生 70 MHz 的中频信号输出。

4.2.4 频率源

在变频器执行频率转换时，必须有微波频率源为混频器提供本振信号，以便获得期望的频率。因此，在卫星地球站的微波设备中，微波频率源是一个关键的组成部分。

4.2.4.1 频率源简述

频率源是电子设备中非常关键的组成部分，它负责提供稳定的信号，以便进行各种操作和测量。在通信、测量和其他电子系统中，频率源的准确性和稳定性直接影响系统的整体性能。频率源的主要功能是生成一个准确的频率基准，通常这是通过振荡器实现的。振荡器可以是晶体振荡器、环形振荡器或其他类型的振荡器，它们各有优势和应用场景。例如，晶体振荡器因其高稳定性和准确性而广泛用于通信设备和精密仪器中；环形振荡器则因其简单和成本效益而常用于一些不那么严格的应用。高精度的频率源对于保持数据传输的一致性和精确性至关重要，尤其在卫星通信和军事通信等领域，任何频率的偏差都可能导致数据错误或通信失败。随着技术的发展，频率源的设计和实现也在不断进步，原子钟就是一种极高精度的频率源，它使用原子或分子的电磁频谱跃迁频率来维持时间的一致性，广泛应用于全球定位系统（GPS）和国际时间标准等领域。这些高技术的应用展示了频率源技术在现代科学和工业中的重要性。

4.2.4.2 微波频率合成器的种类

微波频率合成的基本方式有两种：直接式和间接式。直接式频率合成在转换波道时速度较快，但其频率运算主要依赖混频、倍频和分频技术，因此在运行过程中会生成大量谐波。这些谐波需要通过滤波器进行抑制，导致设备结构变得复杂，增加了成本和体积。另外，高次倍频也会降低输出的信噪比。因此，在地球站的应用中，直接式频率合成器很少被使用。间接式频率合成采用锁相环技术和数字分频技术进行频率的运算，通过锁相环的窄带滤波功能来去除谐波分量，而非使用传统的滤波器。这种方法简化了频率合成器的结构，降低了制造成本，并提供了优良的低相位噪声性能。因此，间接式频率合成器在地球站中得到了广泛应用。

具体来说，间接式频率合成器在卫星通信地球站的应用中有多种方案，主要包括混频锁相式、取样锁相式和数字分频锁相式三种类型。这些技术各具特点，广泛用于处理和调整信号频率，以满足通信需求。

（1）混频锁相式微波频率合成器。图4-12是某地球站所用的一种混频锁相式微波频率合成器构成方框图。其特点是微波锁相环路中采用了两次混频、低频（20 MHz）鉴相、高频（微波）锁相。在第二混频中使用了一个参考数字频率合成器（115～155 MHz）进行输出波道选择。对于5 855～6 355 MHz的输出范围，以125 kHz为频率间隔，共有4 000个频点。

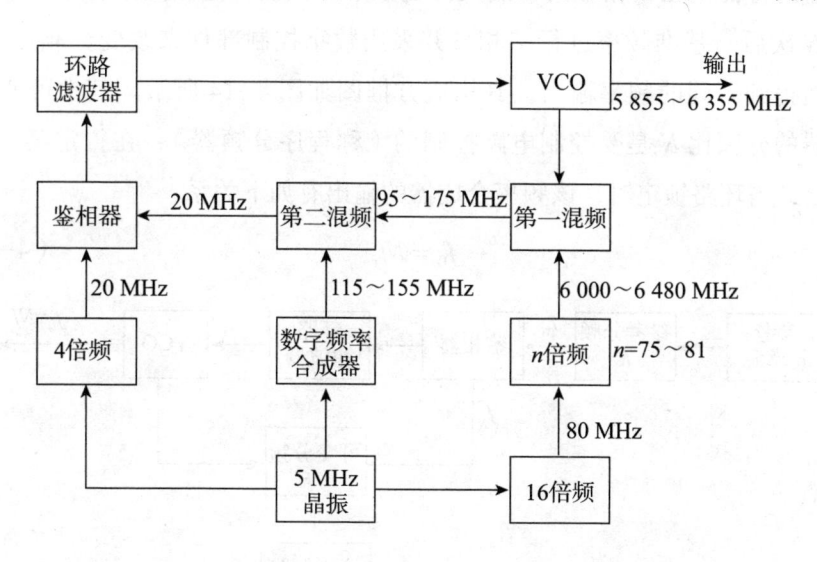

图4-12 混频锁相式微波频率合成器构成方框图

（2）取样锁相式微波频率合成器。取样锁相式微波频率合成器基于固定参考频率，通过用基准频率合成器代替传统单一基准频率晶振或使用多晶体构建多波道参考晶振源,形成多波道微波频率合成器。例如,一个移动式地球站采用的微波频率合成器方案具有 101.136～112.5 MHz 的基准频率,并能在 4 450～4 950 MHz 的频段内提供 500 个频率点。图 4-13 为取样锁相式微波频率合成器构成方框图。

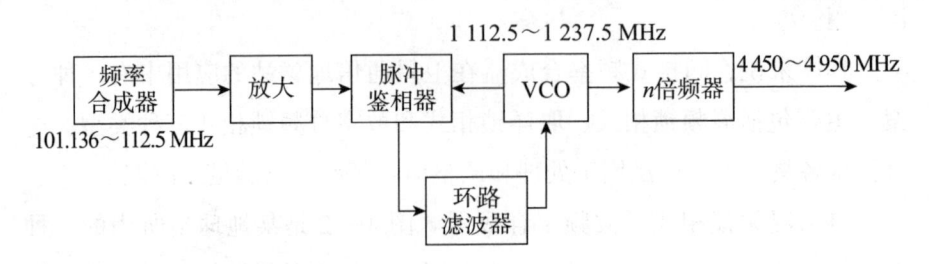

图 4-13 取样锁相式微波频率合成器构成方框图

(3)数字分频锁相式微波频率合成器。数字分频锁相式微波频率合成器的特征是在锁相环路中插入可变数字分频器,把压控振荡器频率分频 N 次后与基准频率进行鉴相,并采用数字控制部件来改变分频比 N,从而得到不同的频率输出。其构成方框图如图 4-14 所示。其中可变分频器的分频比 N 是受控制电路控制的(称程序分频器),在置定某一 N 值后,当环路锁定时,该频率合成器的输出有如下关系:

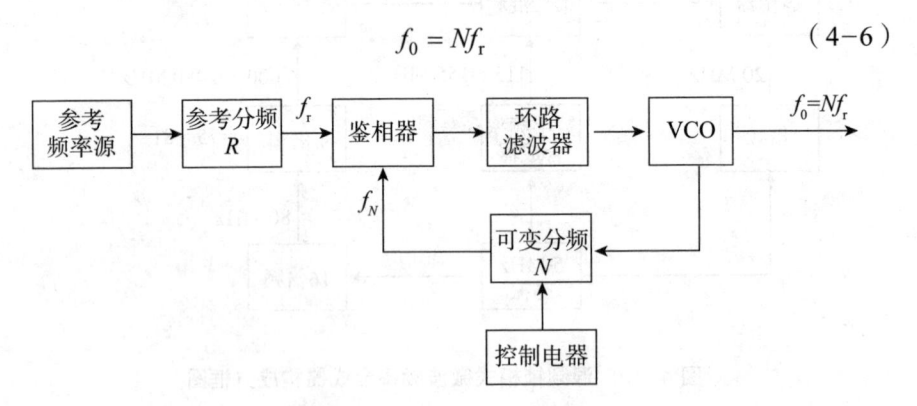

$$f_0 = Nf_r \qquad (4-6)$$

图 4-14 数字分频锁相式微波频率合成器构成方框图

数字分频锁相式微波频率合成器具有明显的优势，是目前地球站微波频率源中广泛使用的类型之一。在这种合成器中，压控振荡器通常工作在微波频段，而参考频率根据频率间隔而定，一般不超过 5 MHz，因此需要很高的分频系数 N。这要求使用的分频器（通常是数字程序分频器）必须具有非常高的工作速度。为了降低分频器的工作频率，通常会在分频前加入一个混频器。图 4-15 为 C 波段数字单路单载波（SCPC）地球站设备中上变频器的高本振——SHF 频率合成器方框图。

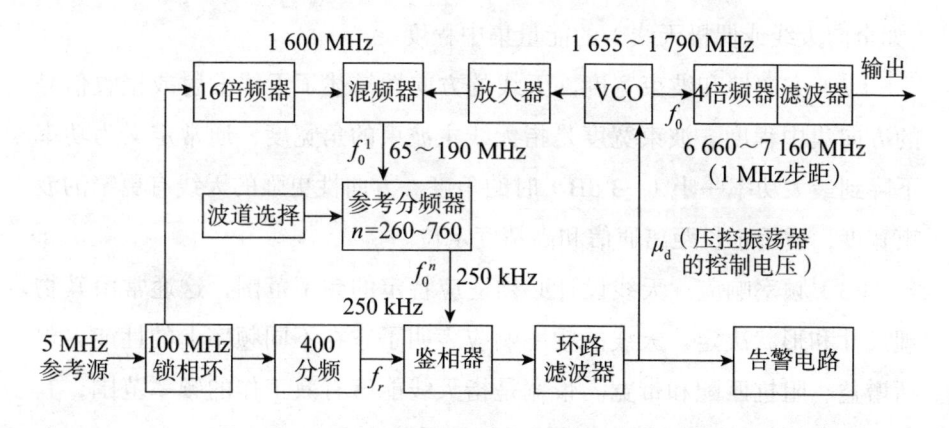

图 4-15　SHF 频率合成器方框图

4.2.5　天线

天线在地球站充当地球站射频信号的输入和输出通道，并且是决定地球站最大有效全向辐射功率（EIPR）能力和品质因数的核心设备之一。其主要特点是使用同一副天线进行发射和接收、具有高增益、低旁瓣特性以及较低的天线接收噪声温度。对于工作在 C 波段和 Ku 波段的地球站，通常根据天线口径的大小来分类为大型、中型或小型站。典型地，大型站的天线口径为 15～33 m，中型站的天线口径为 7～15 m，小型站的天线口径为 3～7 m米或更小。

4.2.5.1 天线的主要技术参数

天线的技术参数决定了其性能和适用性，在无线通信、雷达系统、广播和其他无线电应用中起着至关重要的作用。下面介绍一些主要的技术参数。

（1）增益。天线增益是衡量天线能够集中能量进行有效发射或接收的一个指标。增益高的天线可以更有效地发送或接收远距离信号。增益通常以分贝（dB）来衡量，表示相对于理论上均匀分布能量的参考天线（如全向天线或偶极天线）的能量集中程度。

（2）方向性和波束宽度。天线的方向性描述了天线发射或接收信号的方向集中程度。波束宽度是指天线主波束的角宽度，通常定义为功率下降到最大功率一半（−3 dB）时的角度。方向性更强的天线有更窄的波束宽度，适用于长距离通信和高精度定位。

（3）频率响应。天线设计必须适应特定的频率范围，这通常由其物理尺寸和形状决定。天线的频率响应表明了它在不同频率上的性能，包括增益、阻抗匹配和带宽。带宽是指天线能够有效工作的频率范围，其中性能（如增益和驻波比）保持在可接受的范围内。

（4）驻波比。驻波比是反映天线输入阻抗与其馈线阻抗匹配程度的参数。理想的驻波比是 1∶1，表明天线的所有输入功率都被有效辐射，没有反射。驻波比数值越高，表示反射的能量越多，天线效率越低。

（5）极化。天线的极化描述了电磁波电场分量的方向。常见的极化类型包括线性极化（水平或垂直）和圆极化（左旋或右旋）。正确的极化选择可以优化信号的传输和接收，减少由于极化不匹配引起的信号衰减。

（6）前后比。前后比是天线向前方向相对于后方向的增益比率，是衡量天线方向性的一个指标。高前后比的天线能够更有效地将能量集中在前方，同时抑制来自后方的干扰。

这些技术参数共同定义了天线的工作性能和适用场景，为天线的设计、选择和应用提供了重要依据。在具体的应用中，根据通信距离、频率、环境条件和系统要求，选择合适的天线参数是至关重要的。

4.2.5.2 天线方向图

（1）天线方向图的定义。天线的方向图是描述天线辐射电磁场能量分布与空间坐标之间关系的函数。具体来说，它展示了天线在空间某一方向上能量集中的程度，形成一个立体的图形表示。这一图形反映了天线辐射场的空间分布特性，用 $F(\theta,\phi)$ 函数表征。

在实际应用中，常把方向性函数 $F(\theta,\phi)$ 中的一个变量固定，通过计算或测量，可以得到天线某一截面的方向性图。这包括两种主要的方向图：一种是激励线极化波的电场矢量与天线机械对称轴所在平面的方向图，被称为 E 面方向图；另一种是磁场矢量方向与天线机械对称轴所在平面的方向图，被称为 H 面方向图。这两种方向图分别描述了天线在其机械对称轴平面内电场和磁场的空间分布情况，从而提供了对天线辐射特性的深入理解。为了便于测量天线的辐射特性，通常会先固定天线的一个角度变量，如方位或俯仰，然后变换另一个变量。这样可以分别获得描述天线辐射能量随俯仰角度变化的天线俯仰方向图，以及描述天线辐射能量随方位角度变化的天线方位方向图，这两种方向图能帮助人们准确评估天线在不同空间角度的性能表现。图 4-16 就是一个天线方向图。在天线方向图中，不同部分被称为波瓣，其中最大辐射方向的波瓣被称为主瓣，而主瓣之外的所有波瓣统称为旁瓣。紧邻主瓣的一对旁瓣被称为第一旁瓣，其余旁瓣被称为广角旁瓣。接近主波束的几对旁瓣被称为近轴旁瓣，而更远的则被称为远轴旁瓣。位于主瓣反方向半球内的波瓣被称为后瓣。这些分类能帮助人们更详细地描述天线在不同方向上的辐射性能。

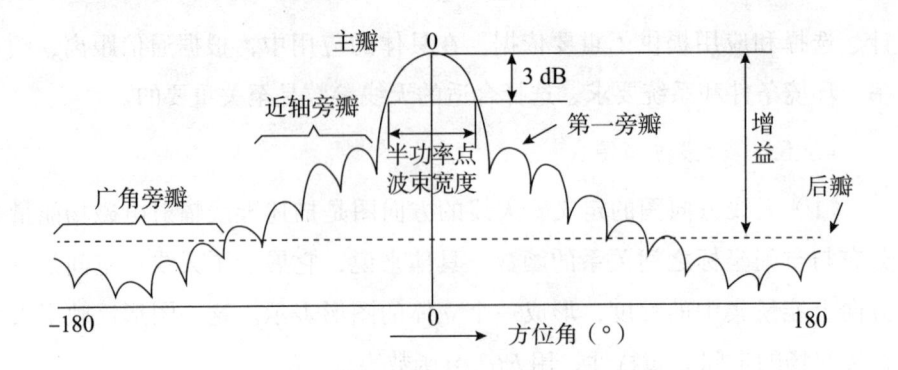

图 4-16 天线方向图

根据天线的方向图，可以确定天线的半功率点波束宽度（HPBW），亦称为 3 dB 波束宽度。这个指标表示在天线的方位或俯仰方向图上，当有效辐射功率从峰值下降到 3 dB 时，两个点之间的波束宽度。

波束宽度随天线口面直径与工作波长之比（D/λ）而变化，也受主反射面的口径面上场强分布的影响。这意味着，即使是相同直径的天线在同一频率下工作，如果它们口径面上的场强分布不同，其波束宽度也会有所不同。

包括抛物面天线在内的所有反射面天线的半功率点波束宽度都可用下式来近似估算：

$$\theta^{\frac{1}{2}}(HPBW) \approx 70\frac{\lambda}{D} \qquad (4-7)$$

式中：λ 为工作波长（m）；D 为天线口面直径（m）。

（2）天线旁瓣特性。天线旁瓣特性是天线方向图的一个重要特性。在方向图中，主瓣（或主波束）包含了最大辐射方向的波瓣，而所有主瓣之外的波瓣被称为旁瓣。天线辐射的大部分功率集中在主瓣中，而只有少量功率通过旁瓣辐射。同样，天线接收功率也主要集中在主瓣。根据天线的辐射和绕射理论，旁瓣是天线固有的特性，无法完全消除。然而，实际上旁瓣的存在部分是由于天线本身的缺陷造成的，通过精确的设计和安装可以将其降至最低。

在静止卫星轨道上，由于卫星排列相当密集，地球站天线在对准特定卫星时，其旁瓣辐射可能会影响其他卫星的正常运作。为了更有效地使用卫星轨道资源并使对同一频段内其他卫星的干扰最小化，必须尽可能地抑制天线的旁瓣辐射水平。

需要指出的是，旁瓣电平实质上就是指该旁瓣所在空间角 θ（相对波束中心的离轴角度）位置的天线增益 $G(\theta)$。

国际无线电咨询委员会（CCIR）对天线旁瓣电平设定了标准规范：

$$第一旁瓣电平 \leqslant \begin{cases} -14\ \text{dBi}（6\ \text{GHz 发送天线}）\\ -14\ \text{dBi}（4\ \text{GHz 接收天线}）\end{cases}$$

$$偏离主瓣大于 1° 时的旁瓣电平 \leqslant \begin{cases} -29\ \text{dBi}（6\ \text{GHz 发送天线}）\\ -26\ \text{dBi}（4\ \text{GHz 接收天线}）\end{cases}$$

CCIR 为地球站天线的广角旁瓣电平设定了具体的指标：

第一，当天线直径与工作波长之比 D/λ 大于 100 时，有：

$$G(\theta) = \begin{cases} 32 - 25\lg\theta, & 1° \leqslant \theta < 48° \\ -10, & 48° \leqslant \theta < 180° \end{cases} \tag{4-8}$$

第二，当天线直径与工作波长之比 D/λ 小于 100 时，有：

$$G(\theta) = \begin{cases} 52 - 10\lg(D/\lambda) - 25\lg\theta & 100\lambda/D \leqslant \theta < 48° \\ 10 - 10\lg(D/\lambda) & 48° \leqslant \theta < 180° \end{cases} \tag{4-9}$$

1987 年，CCIR 的建议指出，新建地球站的旁瓣电平峰值的 90% 应不超过按下述公式定义的包络线：

$$G(\theta) = 29 - 25\lg(D/\lambda) \tag{4-10}$$

国际通信卫星组织在其地球站标准文件中也制订了关于地球站天线旁瓣特性的规定。对于老天线的发射旁瓣特性的强制性要求包括当天线偏离主波束中心超过 1° 时，其旁瓣峰值超出指定包络曲线的部分必须低于 10%。

$$G(\theta) = \begin{cases} 29 - 25\lg\theta, & 1° \leqslant \theta < 20° \\ -3.5, & 20° \leqslant \theta < 26.3° \\ 32 - 25\lg\theta, & 26.3° \leqslant \theta < 48° \\ -10, & \theta \geqslant 48° \end{cases} \quad (4-11)$$

尽管国际通信卫星组织对天线的接收旁瓣特性没有设定强制性标准，但为了防止接收信号受到外部干扰，仍需对其接收旁瓣特性进行一定限制。通常，天线接收旁瓣的特性指标可以参考其发射旁瓣的标准。

我国现行的国家标准对国内卫星通信地球站天线旁瓣特性的指标有明确规定：

第一，天线发射旁瓣特性。在天线口面直径 D 与发射载波波长 λ 之比即 $D/\lambda > 150$ 的情况下，偏离主波束中心大于 1° 的天线旁瓣峰值的 90% 不得超过下式所规定的包络线：

$$G(\theta) = 29 - 25\lg\theta, 1° \leqslant \theta < 20° \quad (4-12)$$

式中：$G(\theta)$ 为静止轨道的南北 3° 以内方向上相对于全向辐射天线的旁舨包络增益；θ 为偏离主轴的角度。

对于 $D/\lambda \leqslant 150$ 的天线，天线旁瓣峰值的 90% 不得超过下式所规定的包络线：

$$G(\theta) = \begin{cases} 52 - 10\lg(D/\lambda) - 25\lg\theta, & 100\lambda/D \leqslant \theta < 48° \\ 10 - 10\lg(D/\lambda), & \theta \geqslant 48° \end{cases} \quad (4-13)$$

第二，天线接收旁瓣特性。当天线旁瓣偏离主波束中心超过 1° 时，其旁瓣峰值的 90% 不应超出由下式定义的包络线：

$$G(\theta) = \begin{cases} 32 - 25\lg\theta, & 1° \leqslant \theta < 48° \\ -10, & \theta \geqslant 48° \end{cases} \quad (4-14)$$

4.2.5.3　地球站天线主要种类

大部分地球站天线使用的是反射面型设计，其中电波通过一次或多次反射后向空间发射。实用的反射面天线有很多，常用的有以下几种。

（1）抛物面天线。抛物面天线采用单一的旋转对称抛物面作为主反射面，先将信号从位于其焦点的馈源发射至抛物面，然后通过抛物面反射将信号传送到空间中。这类天线结构较为简单，但具有较高的天线噪声温度。由于馈源和低噪声放大器位于天线的主反射面前，因此馈线较长且安装不便。

（2）卡塞格伦天线。卡塞格伦天线是一种具有双反射面的天线结构，由主反射面和副反射面构成。其主反射面设计为旋转抛物面，副反射面则设计为旋转双曲面。这种结构的特点是旋转抛物面的焦点与旋转双曲面的一个焦点位于相同位置，馈源则安置在旋转双曲面的另一个焦点上。这样的配置使得从馈源发出的信号首先向双曲面辐射，然后反射至抛物面，最后由抛物面反射出去，有效地将信号传输到空间中。

在经典的卡塞格伦天线中，从馈源发射的电波首先在旋转双曲面上反射，然后传递到旋转抛物面，并从此面再次反射到空间中。由于副反射面的存在，一部分能量被阻挡，导致天线效率下降和能量分布不均。修正型卡塞格伦天线通过调整天线镜面的设计提高了效率，并实现了均匀的能量分布。这种天线的优点包括高效率、低噪声温度，且馈源与低噪声放大器可以安装在主反射面后方的射频箱内。目前，大多数地球站使用的是这种修正型卡塞格伦天线。

（3）格里戈伦天线。格里戈伦天线是另一种双反射面天线，其中主反射面设计为旋转抛物面，副反射面设计为旋转椭球面。在这种配置中，旋转椭球面的一个焦点与旋转抛物面的焦点位于同一位置，副反射面向主反射面凹陷，并将馈源放置在旋转椭球面的另一个焦点上。与卡塞格伦天线不同的是，格里戈伦天线的抛物面焦点是一个实焦点，所有波束都在此处集中。

（4）偏置型天线。无论是抛物面天线、卡塞格伦天线还是格里戈伦天线，都存在一部分电波能量因被阻挡而导致天线增益降低和旁瓣增益升高的问题。为了解决这个问题，天线偏置技术变得非常重要。偏置天线通过将馈源或副反射面移出天线主面的辐射区而消除了遮挡。这种天线技术广泛用于尺寸较小的地球站，如 VSAT 站。

（5）环焦天线。环焦天线是一种特殊的天线设计，广泛应用于卫星通信，特别是在小型地球站系统中。它的设计结合了主反射面和副反射面，形成了一个高效的传输和接收系统。

在环焦天线中，主反射面通常是部分抛物面，负责接收或发送远距离的信号。与此相对的副反射面则是一个旋转曲面，通过将一段椭圆弧绕与椭圆相交的直线旋转而成，这个椭圆面是凹向主面的。这种设计允许天线在较小的物理空间内实现较大的反射面积，从而提高信号的收集和发射效率。环焦天线的主要优点是能够在较宽的频带内提供低旁瓣、高口面效率及较高的品质因数，这些特性使得它非常适合于需要高性能但空间又受限的应用场景。此外，环焦天线的结构使得馈源和相关电子设备可以更方便地安装和维护，进一步增加了其在商业和工业通信系统中的实用性和可靠性。这些特点使得环焦天线在现代通信系统中占有重要的地位，尤其在全球通信网络中的应用广泛。

4.3 卫星业务测控和数据接收系统

4.3.1 卫星业务测控

4.3.1.1 业务测控功能概述

广义的卫星系统由六大组成部分构成：卫星、运载器、发射场、测控系统、运控系统和应用系统。在卫星测控应用中，涉及的主要系统是卫星系统、测控系统、运控系统和应用系统。保证卫星安全运行至少需要卫星和测控两个系统的配合，而进行业务测控则至少需要卫星、测控和运控三个系统的协同工作。

卫星测控可以分为工程测控和业务测控两种类型，工程测控主要关注卫星平台的维护与保障，业务测控则侧重于管理业务应用的载荷。卫星业务测控是围绕任务需求，基于卫星系统的功能和技术性能进行的综合操作。这包括在整个卫星系统的配合下，制订任务计划，生成并上传控制指令，有效执行业务测控与数据传输，以及监控整个测控流程。卫星业务测控主要由业务控制和数传控制两部分组成，业务控制涉及对卫星有效载荷中业务分系统的控制，数传控制则是对数传分系统的控制。这两部分可以按照不同的工作模式进行协同：一种是先进行业务测控然后进行数据传输的模式，另一种是边进行业务测控边进行数据传输的模式。

4.3.1.2 业务测控工作流程

业务测控的工作流程主要包括计划编制流程、卫星下行遥测处理流程以及外部测量信息的传递流程。下面主要对计划编制流程进行探究。

计划编制过程首先基于上级指令和用户的任务需求来确定业务测控任务，并形成任务订单。然后，根据卫星的运行状况、星上有效载荷的状态和地面接收测控站的工作情况等因素，进行卫星和数据接收资源的调度安排。最后，编制包括卫星业务测控任务计划、有效载荷控制计划、跟踪接收计划、业务测控计划及数据传输计划在内的综合运行管理计划，并将这些计划分发至卫星、数据接收地面站和应用处理系统等相关执行单元。

完成卫星任务计划的编制工作需经历以下四个过程：

（1）需求分析。这一阶段是整个计划编制的起点，涉及分析和确认任务的具体需求。这包括收集和整理上级命令、用户的具体任务需求以及预期目标。需求分析确保所有任务目标清晰，并为接下来的步骤奠定基础。

（2）资源评估与调度。在需求明确后，下一步是评估和调度所需资源。这包括考虑卫星的运行状态、有效载荷的状态、地面站的可用性和条件，以及其他相关技术支持系统的状况。此步骤确保所有必需的资源在预定时间内可用，并且状态良好。

（3）任务计划编制。基于需求分析和资源评估的结果，编制详细的任务计划。每个计划都详细规定了执行的时间表、所需资源以及具体的操作步骤。

（4）计划审批与分发。编制完成的计划需经过相关部门的审批。审批通过后，计划将被分发到执行部门，如卫星操作中心、地面站和数据处理中心。分发过程中，要确保所有相关部门和团队准确无误地接收到其执行部分的详细任务计划，以便按计划执行任务。

计划编制工作流程包含多个环节，涉及用户服务分系统、指挥调度分系统、任务管理分系统、计划管理分系统、有效载荷分系统、数据接收地面站等。这些环节共同协作，确保任务计划的有效编制和执行。

①用户服务分系统的主要功能是根据上级任务指令、用户需求和轨道状况，制订测控要求。

②指挥调度分系统的主要职能包括接收、审批和下发各种计划及订单，接收、产生、发送、查询和审核业务信息，以及维护关键目标。此外，它负责调度星地资源，指导业务流程，处理异常状况，并执行任务管理控制，确保业务活动的顺利进行。

③任务管理分系统的核心职责是根据调度指挥中心的方案来安排和调度天基及地基资源。它会考虑到各个卫星的特殊需求和特点，制订出统一的工作计划，包括卫星和地面系统的操作安排。此外，任务管理分系统还负责执行相关的业务管理任务，如任务计划的制订、下达及监控执行情况。它还处理信息和文件的收发交互，同时负责收集系统运行的数据，统计运行结果，并将这些信息上报给相关部门。

④计划管理分系统的主要职责是响应用户服务分系统的需求，编制测控任务。它根据卫星的运行状态和星上有效载荷的状况，制订包括测

控卫星业务、有效载荷控制、跟踪接收以及数据传输在内的详细操作计划。这个分系统通过综合考虑各种因素，确保计划的实施能够有效管理测控任务的运行，从而保障整个系统的顺畅运作。

⑤有效载荷分系统的核心功能包括生成遥控指令和注入数据，以控制测控卫星的有效载荷。同时，该系统负责处理来自卫星的遥测数据，展示卫星平台和有效载荷的工作状态。这些功能共同确保测控卫星能够接受正确的指令并有效执行其任务，同时向用户提供必要的运行状态信息和轨道数据。

⑥数据地面接收站的主要职责是确保业务测控数据和遥测数据的准确和可靠接收，并进行处理、记录和发送。此外，根据需求，该站还配备了上行业务测控功能。这些功能共同保证了数据的有效收集和传输，支持整个测控系统的稳定运行。

4.3.1.3 业务测控相关术语

（1）任务请求。任务请求描述了用户对业务测控任务的详细需求，包括任务内容、所需产出的形式以及任务的紧急程度。用户服务分系统接收并处理用户提交的任务请求，这些请求将作为安排业务测控任务的基础。

（2）任务订单。任务订单是一个由指挥调度分系统向计划管理分系统下达的正式文件，其中明确指示后者需要制订并执行针对卫星业务测控的详细计划。这份文件具体要求计划管理分系统进行卫星业务测控计划的编制，以确保卫星有效载荷的有效控制和管理。接收到任务订单后，计划管理分系统将依据此文件的指导，系统地安排和实施卫星有效载荷的控制计划，保证卫星操作的精确和高效。

（3）工作订单。工作订单是由指挥调度分系统发出的文件，旨在安排数据产品的生产。该文件被下达给应用处理系统，用作其组织数据处理和信息综合任务的根据。这一流程确保了数据产品的系统性生产和处理。

（4）卫星业务测控计划。卫星业务测控计划由计划管理分系统根据指挥调度分系统的任务订单或重要目标的安排制订。这一计划是卫星业务测控任务的工作蓝图，主要用于指导卫星有效载荷的指令控制。这确保了卫星操作的精准与效率。

（5）有效载荷控制计划。由计划管理分系统综合编制并生成的卫星业务测控计划，为有效载荷分系统转换有效载荷控制指令数据块提供了依据。这一流程确保了控制指令的准确性和有效性。

（6）业务测控计划。这是一个控制计划，用于指导业务测控站实施有效载荷控制指令。它作为卫星测控系统向卫星注入有效载荷控制指令的工作计划，确保了操作的准确执行。

（7）跟踪接收计划。计划管理分系统在编制卫星业务测控计划的同时，会制订数据接收地面站对卫星业务测控数据的跟踪接收计划。根据这个计划，数据接收地面站将安排接收业务测控数据。这确保了数据的有效收集和处理。

（8）数据传输计划。计划管理分系统在制订跟踪接收计划的同时，会创建卫星信道使用的数据传输计划。信息传输系统依据此计划协调卫星通信信道的使用，并将收集的业务测控数据传送至应用处理系统。这样确保了数据的有效传输和处理。

（9）有效载荷。卫星有效载荷由业务测控设备、数据传输设备以及其他空间探测相关设备组成。

4.3.2 数据接收系统

业务测控数据接收主要通过两种方式进行：地面跟踪接收站和中继转发数据接收。地面跟踪接收站的数据接收代表了从返回式探测处理到直接星地传输的重大进步，它对常态化探测运行提供了关键支持，实现了海量数据的高效传输。随着中继卫星技术的发展和广泛应用，这一系统不仅补充了地面数据接收系统,还在处理多星探测任务中扮演了日益重要的角色。因此,强调数据接收地面站的重要性和作用是当前数据接收策略的一个重点。

4.3.2.1 系统概述

(1)地面站结构组成。地面站是空间通信和数据接收的关键设施,它的结构组成复杂,旨在支持多种任务的实施,包括卫星跟踪、数据接收、数据处理和指令发送等功能。

地面站的核心是其天线系统,包括用于接收和发送信号的各种尺寸和类型的天线。大型抛物面天线是较常见的类型,特别适用于远距离的深空通信任务;天线与高精度的机械系统相结合,能够进行精确的定向控制,以最佳角度捕获来自空间的微弱信号。地面站包含了射频系统(RF系统),这一系统负责信号的放大、过滤和转换,确保信号的清晰传输。RF系统通过下行转换器将接收到的高频信号转换为较低频率的信号,以便于进一步处理。地面站设有控制中心,这是地面站的指挥中心,所有的数据处理和任务调度都在此完成。控制中心配备了高性能的计算机和数据处理软件,负责对接收到的数据进行解码、分析和存储,并对卫星发送操作指令。地面站还包括供电系统、散热系统和安全系统等辅助设施,这些都是保证地面站稳定运行的重要组成部分。

(2)地面站工作原理。地面站的工作流程分为计划接收、计划处理、设备自检、参数配置、任务执行、数据发送六步,具体如下。

①计划接收指从运控中心接收业务测控计划、数据传输计划以及星历等信息,然后传送至地面站。

②计划处理意味着地面站监控系统依据工作计划、星历和设备性能,设定设备的任务执行计划。

③设备自检是一种确保任务顺利完成的措施,通过进行相关设备的状态检查,确保在任务执行期间所有设备均处于最佳状态。

④参数配置是指在任务开始前,根据任务需求预先完成天线、信道

和各工作设备的参数设置以及跟踪接收程序的设定等工作。

⑤任务执行过程包括在卫星进入地面视野之前，地面站天线预先对准卫星预计出现的位置，并向运控中心发送当前设备的状态信息。当卫星进入地面站天线的有效跟踪范围内（即满足天线的最低仰角要求并且视线无遮挡）时，控制系统会指导天线对卫星进行精确的跟踪和捕获。一旦成功捕获，系统便会选择一个最佳的跟踪弧段，确保数据的可靠接收。此时，数据接收记录分系统开始工作，接收并记录卫星传送下来的遥测数据和业务测控数据，确保任务的顺利进行。

⑥数据发送是指数传终端通过光纤网络或卫星通信设备，将业务测控数据和遥测数据传送至运控与应用处理中心。在数据传输过程中，可以选择实时传输或事后重传两种模式进行操作。

另外，具备上行功能的地面站，其发射分系统在卫星过站期间按工作计划可上传遥控指令及数据。

（3）系统信息流程。地面站的信息流程分为外部信息流程和内部信息流程，下面分别介绍。

外部信息流程涉及地面站与运控中心以及应用处理中心之间的信息交换。具体来说，地面站从运控系统的运控中心接收卫星的轨道根数、接收计划和存储数据的回传计划，同时接收上行遥控注入数据，地面站向运控中心发送接收计划的确认、执行计划的报告、监控信息、遥测数据，以及遥控注入数据的确认信息。此外，地面站还向应用系统的应用处理中心发送业务测控数据。这些流程确保了地面站能够有效地处理和转发与卫星操作相关的关键数据，以支持卫星的顺利运行和任务执行。数据接收地面站外部信息流程如图4-17所示。

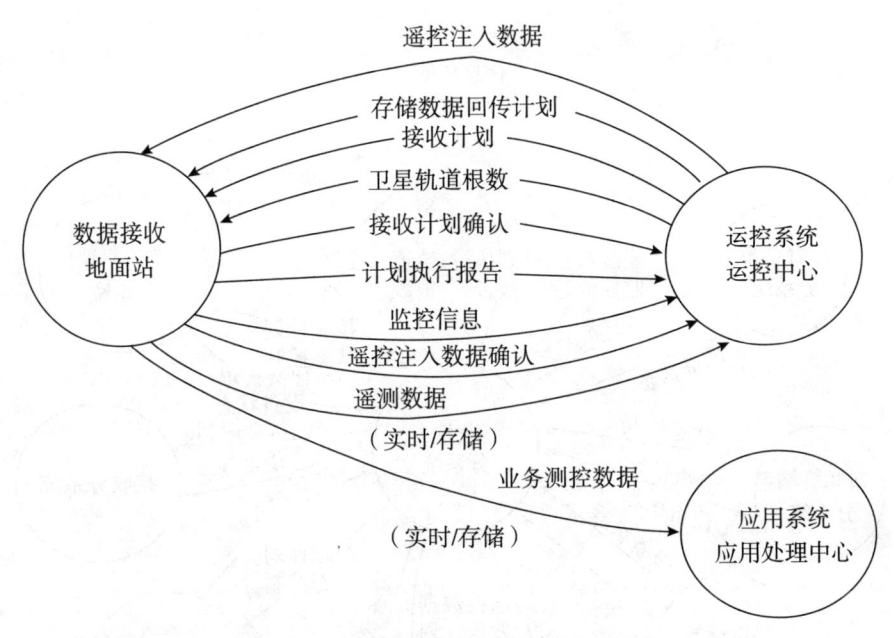

图 4-17 数据接收地面站外部信息流程

内部信息流程主要指内部监控信息流程、业务测控数据接收信息流程、遥测遥控信息流程等，下面具体介绍。

①数据接收站内部监控信息流程如图 4-18 所示。其中对外接口在图 4-17 已经表明，内部信息流程进一步揭示了地面站的对外信息流动，监控系统通过信息传输与处理分系统与运控中心保持联系，主要接收轨道根数和接收计划等信息，同时发送遥测数据和监控信息。此外，地面站的数传终端分系统也通过信息传输与处理分系统向应用处理中心发送业务测控数据。这些信息的流动使地面站能够高效地与外部实体进行沟通和数据交换，支持卫星操作和数据处理的需求。

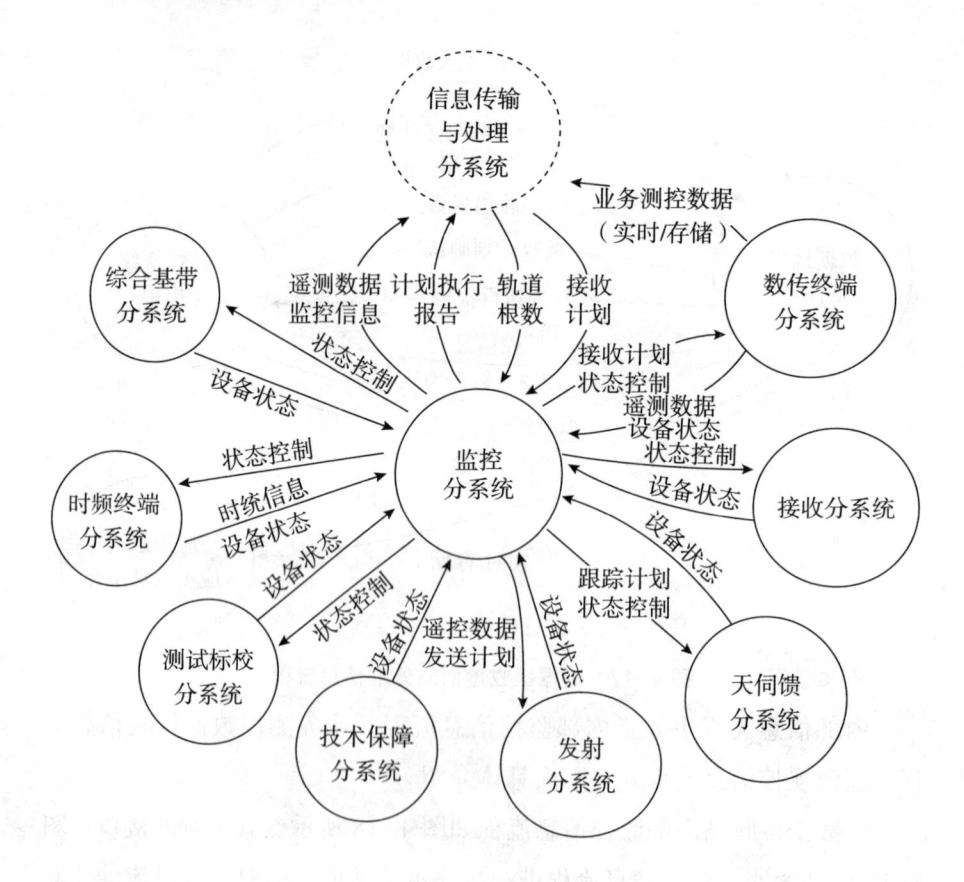

图 4-18 数据接收站内部监控信息流程

内部信息流程以监控分系统为中心，该系统负责向各分系统发出状态控制指令，同时接收来自各分系统的设备状态信息。时频终端分系统为监控系统提供必要的时频基准，而数传终端分系统则向监控分系统提供卫星的遥测数据。这样的配置使监控分系统可以有效地协调和管理地面站的整体操作，保障卫星任务的顺利进行。

②地面站接收业务测控数据接收计划和轨道根数，这些都是由运控中心发送的，并且地面站的监控分系统受运控中心的远程监控指挥调度。监控分系统负责指挥和调度设备自检、确定跟踪方式以及数据发送等关键操作。这种配置确保了地面站操作的精确性和高效性，同时使得监控

系统能够有效地执行任务指令。

轨道计算涉及使用轨道根数确定卫星相对于地面站的可见弧段，包括卫星的入站和出站时间。根据地面站的追踪能力，可以捕获有效的数据接收弧段。自动跟踪主要通过跟踪接收机解调得到的角度误差电压进行反馈控制，以实现天线对卫星的自动对准。数据传输包括直接转发和数据回放两种模式，直接转发为实时传输，而数据回放是事后传输，主要根据重传需求从数据库中检索相关数据记录。监控分系统负责指挥调度控制回放的方式和地址，并接收回放完成的信息。

③遥测信息流程与业务测控数据流程及其控制方法大体相似，唯一的区别在于数据的终点不同，业务测控数据最终传送至应用处理中心，而遥测数据则发送到运控中心。地面站的遥控操作遵循运控中心的计划安排，接收其发来的遥控数据。指挥调度根据卫星的出站时间、遥控指令的时间要求及数据量来控制遥控指令的生成。在稳定跟踪期间，通过发送信道实行数据发送，以此上注到卫星。

（4）基本结构布局。地面站的装备布局主要分为机柜结构和操作台结构两种。通常，天线馈源分系统的伺服单元、发射机和接收机控制单元以及视频终端都采用机柜装配方式，主要进行分系统的本地控制操作，此操作主要通过界面按键进行。

操作台主要负责系统的计算机监控，涉及主备系统监控计算机、伺服控制计算机、综合基带控制计算机、数传控制计算机以及技术保障影像监视选控计算机、打印机和调度电话等设备。操作台是地面站业务运行中人机交互控制的关键场所。

（5）应用要求。

①接收来自运控中心的控制命令、数据接收计划以及业务测控计划。

②根据运控中心的接收和测控计划，跟踪接收卫星下传的业务测控数据和遥测数据，发送业务遥控指令和注入数据。

③具有自动跟踪与程序跟踪两种跟踪方式，具有同时接收双圆极化

信号和多频遥测信号能力。

④配有高精度时统，为全站提供准确的频率、时间基准。

⑤具有自动检测功能和自动化监控管理能力，自动巡检本站设备，及时上报本站的工作状态和任务执行情况。

⑥设有标校塔、专用测试设备和监控设备。

⑦具有本控和远控两种遥控工作方式。

（6）基本性能指标。

①接收灵敏度。这是衡量接收系统能够检测到的最低信号强度的指标。高灵敏度意味着系统能够接收到更弱的信号。

②系统增益。系统增益包括天线增益和接收机增益，这个指标反映了接收系统放大信号的能力。

③带宽。带宽指接收系统能够处理的频率范围，较宽的带宽可以接收更广泛的信号类型。

④信噪比（SNR）。信噪比指信号强度与背景噪声强度的比率，高信噪比表示信号质量好，背景噪声低。

⑤误码率（BER）。误码率指数据传输错误的比率，低误码率表示数据传输的准确性高。

⑥动态范围。动态范围指系统能处理的最大信号与最小信号的比值，高动态范围能有效处理强弱信号。

⑦频率稳定性。频率稳定性指接收系统在一定时间内保持频率不变的能力，关键于通信和数据传输的准确性。

⑧抗干扰能力。抗干扰能力指系统抵抗电磁干扰的能力，对于保证数据接收的稳定性至关重要。

（7）应用保障指标。

①系统监控功能包括实时监控工作状态，配置设备和处理流程，管理及调度系统资源，以及显示和记录设备状态和计划执行情况。

②自检功能能够通过状态自检快速定位故障到具体的独立功能模块。

③系统具备电磁兼容性，满足国家标准对地面固定设备的电磁兼容性要求。

④系统保密性要求包括数据注入和部分遥控指令的加密处理，以及业务测控数据的传输和存储必须遵守保密规定。

⑤安全性要求确保通过防止非法或误操作避免数据损失，控制操作人员的权限和操作方法，并具备抵抗计算机病毒的能力。

⑥系统可靠性涉及平均故障间隔时间、平均修复时间和总使用寿命。

⑦供配电要求涵盖市电、油机和不间断电源的供电方式，包括供电的电压、频率和容量的持续时间，以及供电的监控管理和保证无缝切换。

⑧环境适应性要求包括设备在特定的温度、湿度、盐碱度和抗风条件下的工作范围，其他环境要求应遵守国家标准相关规定。

⑨勤务通信保障涉及根据体系作战要求配置所需的勤务通信设备。

⑩气象保障包括具备本地区的气象监测能力和接收气象信息的能力。

4.3.2.2 发射分系统

发射分系统的核心作用是先对基带信号进行中频调制，然后通过上变频器将中频信号转换为射频信号，并通过功率放大器放大射频信号到所需的功率，最后通过天馈系统以电磁波形式发射。

（1）主要功能。

①信号调制。将基带信号（原始的数据信号）进行调制，转换成适合无线传输的中频信号。

②频率变换。通过上变频器将中频信号转换为更高的射频信号，这一步是为了使信号能在空间中有效传播。

③信号放大。使用功率放大器将射频信号放大到足够的功率水平，以确保信号能够覆盖预定的传输距离。

④信号发射。将处理和放大后的射频信号通过天线系统发送出去，通常以电磁波的形式。

⑤信号处理和控制。包括信号的质量控制、调制解调参数的设置和

调整，以及对发射信号进行实时监控和调整，以适应不同的传输条件和需求。

⑥系统监控与维护。监控发射系统的运行状态，确保所有组件正常工作，并进行必要的维护和故障排除。

（2）设备组成。发射分系统的组成框图如图4-19所示，它包括上变频器单元、高功率放大器分机、小环高频接收机和监控单元、供电单元。

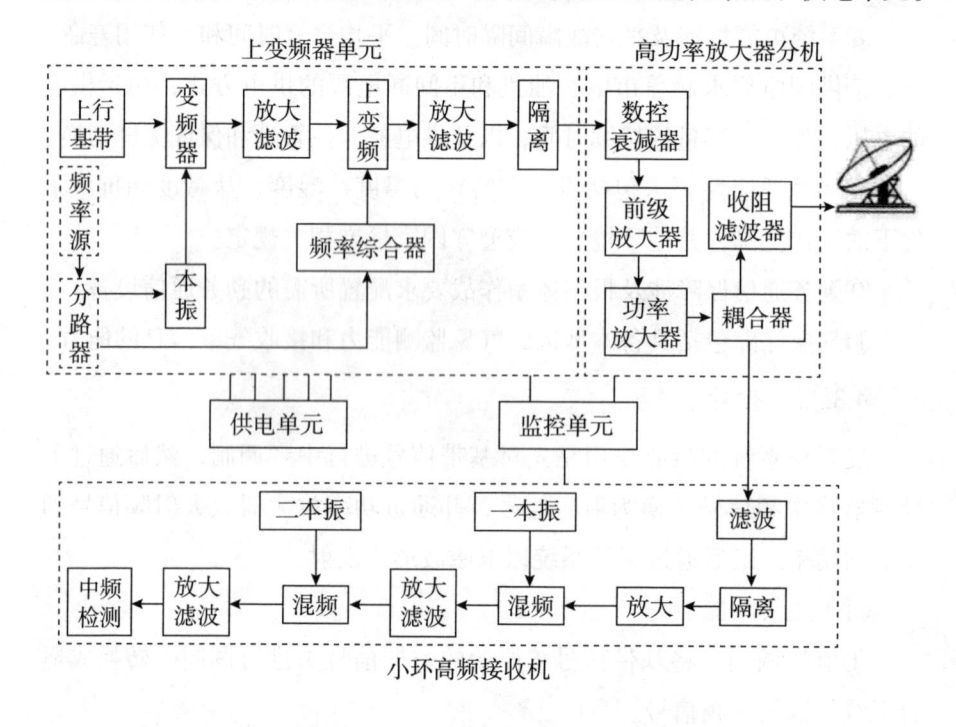

图4-19 发射分系统的组成框图

发射分系统核心设备包括上变频器和高功放两大部分。

上变频器分机通常包含频率源、分路器、本振（本地振荡器）、变频器、频率综合器、上变频器、滤波器、放大器和隔离器等组件。

高功率放大器分机通常由数控衰减器、前级放大器、功率放大器、耦合器和收阻滤波器等部分组成。

监控单元作为发射分系统的控制核心,负责与监控分系统的信息沟通以及管理本机的所有操作功能。监控单元主要功能如下:

①负责整个发射分系统的设备布置和参数配置;

②监控发射分系统的运行状态,实时报告异常情况,并指出故障位置及可能的故障原因;

③接收监控分系统下达的指令,并进行相应的响应。

(3)上变频器分机工作原理。上变频器是发射分系统的关键部件,其性能指标,如相位噪声、三阶交调和本振隔离度,对系统性能有显著影响。它的主要作用是将基带中频信号转换到射频频段,同时放大信号,并在输入功率变动时调整增益,保持输出功率稳定。为控制噪声水平和减少直接倍频的次数,发射机的上变频器通常采用二次上变频技术。为增强发射机的可靠性,通常使用双路热备份模式,使两路能够独立运作。图4-20是上变频原理框图。

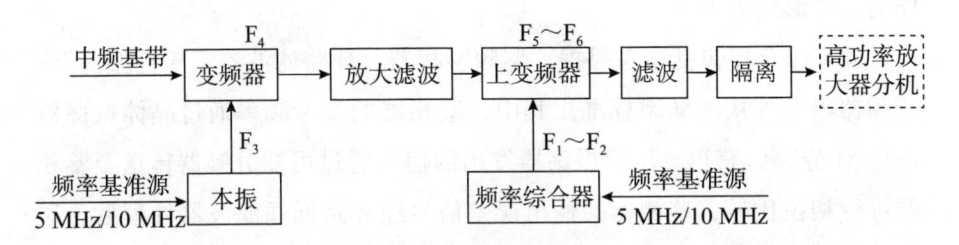

图 4-20 上变频原理框图

在工程实践中,为了减小收发中频的同频干扰,采用收发中频适当错开方式,接收端在 70 MHz 的基础上增加一部分,用 "70+" 表示,发射端在 70 MHz 的基础上减少一部分,用 "70-" 表示。

系统使用高稳定性和低相位噪声的 5 MHz 或 10 MHz 信号作为频率基准源。通过频率综合器,该系统能够生成在 $F_1 \sim F_2$ 频段范围内选择的特定频率,同时本振产生 F_3 频段的本振信号。为了提高灵活性和备份支持,本振和频率综合器都设计有双路输出功能。其中一路输出连接至发射机用于上变频操作，另一路则供给小环高频接收机，作为其本振信号使用。这种设计旨在提高系统的可靠性和灵活性，确保广泛的应用场景适用性。

F_3 本振信号的原理框图如图 4-21 所示。

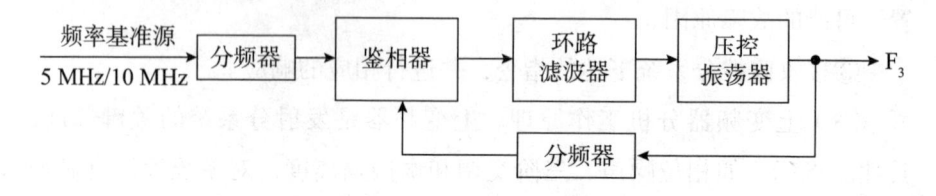

图 4-21　F_3 本振信号的原理框图

频率综合器，也称为频综或频率源，主要用于生成电子系统需求的多种频率信号，包括单频点连续波、步进频率信号、线性调频信号、非线性调频信号、跳频信号、正交调制信号等，以满足电子系统中各式各样的信号形式需求。

频率综合器包括参考晶振、鉴频鉴相器、环路滤波器、压控振荡器、分频器以及外接的频率标准。其中，鉴相器的参考频率通过晶体振荡器进行 M 分频后获得。压控振荡器发出的信号通过可变分频器传送至鉴相器进行相位比较，鉴相器的输出误差信号经环路低通滤波器处理后，送至压控振荡器的控制端。

频率基准源来自时频分系统提供的高稳定频率源，经过多路分路器，分别传送给本振和频率综合器。

中频基带信号从基带遥控部分产生，与本振输出的 F_3 混频后经带通滤波产生第二中频 F_4，完成第一次上变频。接着，F_4 通过放大和滤波，与频率综合器产生的 F_1~F_2 选控频率混频，生成 F_5~F_6 频段的选控频率，完成第二次上变频。之后，信号经过滤波隔离后送至高功放分机。

为了减少对系统性能的影响，在 F_4 变频器和 F_5~F_6 上变频器后配置了带通滤波器。通过三级滤波器的串联使用，带外抑制控制得以实现，能够确保小信号分机的杂波和谐波抑制达到指标要求。

（4）高功率放大器分机工作原理。高功率放大器分机的主要功能是放大射频信号的能量，确保射频载波达到设定的有效全向辐射功率或特定的功率水平。

为了实现功率的有效放大，高功率放大器分机使用了两级放大的策略，通过在高功放前配置一级前置放大器，利用两级增益实现所需的功率提升效果。

通常所说的功率放大器主要指高功率放大器，这种放大器适用于需要极高输出功率的发射机。然而，对于某些特定应用的发射机，采用中功率放大器（MPA）也能够满足其功率需求。中功率放大器提供的功率虽然低于高功放，但对于不需要极端功率输出的系统来说，它们提供了一个效果良好且成本效益高的解决方案。

（5）小环高频接收机。小环高频接收机也称为小环检测接收机，属于射频标校设备类。其主要作用是校验发射机上行链路的遥控指令是否准确。该设备从3个位置收集射频信号：小信号源位置、高功率放大器天线位置及高功率放大器负载位置。根据需要，它可以检测各个位置的上行信号是否正确。

高频发射分系统中小环高频接收机原理框图如图4-22所示。小环高频接收机的检测信号来源包括上变频后的射频小信号监测位置、高功率放大器天线监测位置以及高功率放大器负载监测位置。由图4-22可知，小环高频接收机包括A和B两套系统，实现在线热备功能。根据需求，可选择小信号监测、高功率天线监测或高功率负载监测的输入信号。这些信号经过功分器分为两路，分别送入小环高频接收机A与B。在接收机内部，信号会经过滤波、隔离、放大、混频和再次滤波处理，最终转换为中频信号。其中一路中频信号传送至综合基带处理系统，另一路则直接去向负载。

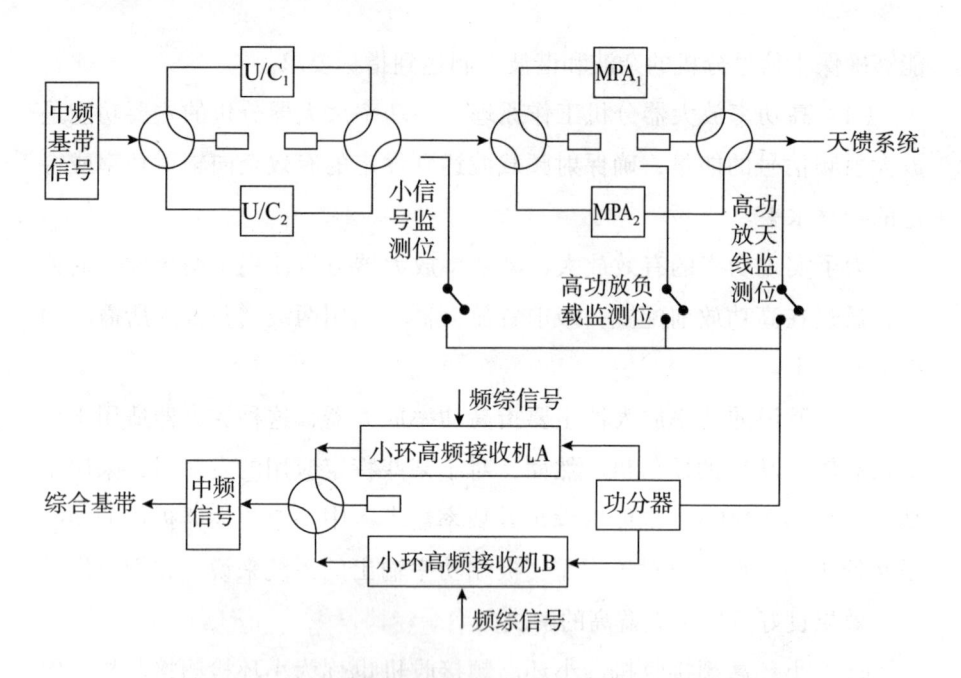

图 4-22 高频发射分系统中小环高频接收机原理框图

4.3.2.3 接收分系统

接收分系统的主要职责是捕获和跟踪下行载波频率，并同时或分时接收左、右旋的微波信号。这些信号经过放大后被转换至 70 MHz 的中频，并分别传输至综合基带跟踪系统以及遥测和数传接收机。

（1）主要功能。

①信号捕获。接收分系统首先需要捕捉外部发射的信号，通常这些信号包括但不限于来自卫星、地面发射站或其他通信设备的微波信号。

②信号分离。接收到的信号可能包含多种信息，如左旋或右旋极化的微波信号，接收分系统需要区分这些信号，以便进行专门的处理。

③信号放大。接收到的信号通常强度较弱，需要通过放大器加以放大，以满足接收分系统处理的需求。

④频率转换。频率转换指将接收到的高频信号转换成中频信号，通常到 70 MHz，这有助于更加高效和精确地处理信号。

⑤信号跟踪。在信号捕获后，接收分系统还需持续跟踪信号的变化，确保通信的连续性和稳定性。

⑥信号输出。处理和转换后的信号会被输出到其他系统，如综合基带处理系统、遥测和数传接收机，这些系统进一步处理信号以完成特定的通信任务。

（2）设备组成。接收分系统获取馈源的输出信号，并在接收处理之后将其传送到综合基带分系统，以进行基带解调等处理。接收分系统与相关系统间结构框图如图 4-23 所示。

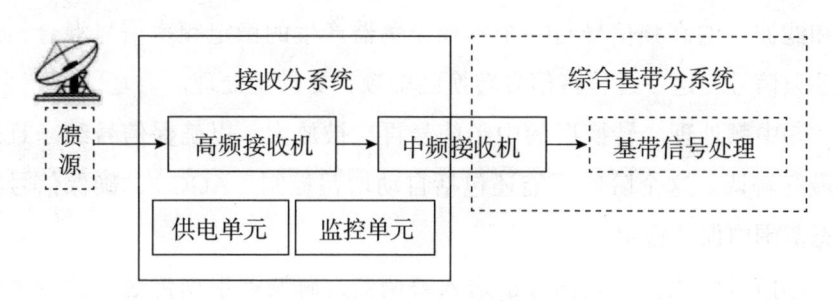

图 4-23 接收分系统与相关系统间结构框图

接收机分系统由高频接收机、中频接收机、第二路遥测中频放大器、误差解调单元、电源及监控单元等构成。高频接收机主要由变频器、和差网络、低噪场放和下变频器等组成；中频接收机、第二路遥测中频放大器主要由功分器、滤波器、中放 AGC、载波环路等组成。误差解调单元主要由功分器、数控移相器乘法器、滤波器和放大器等组成。

（3）高频接收分系统工作原理。高频接收分系统是通信和雷达系统中的关键组件，其主要功能是接收、放大和处理来自远程信号源的高频信号。这些信号源通常是卫星、地面基站或其他通信设施。高频接收分系统的工作原理如下。

①信号捕获。系统的天线是接收信号的第一站。根据设计，天线专门用来捕获特定频段的电磁波。这些波段通常处于高频范围，如微波频

段。天线的设计和方向性决定了接收信号的灵敏度和选择性。

②低噪声放大。从天线接收到的信号通常非常微弱,需要首先经过低噪声放大器(LNA)。LNA的作用是在尽可能不增加额外噪声的情况下,增强这些微弱信号的功率,使其达到后续电路可以处理的级别。

③信号滤波。增强后的信号含有所需的有用信号和可能的干扰信号。滤波器的任务是去除不需要的频率成分,仅保留目标频段。这一步是必要的,因为它可以减少系统后续部分的工作负荷,提高信号的质量。

④频率转换。信号通常需要通过混频器进行频率转换。混频器将放大和滤波后的高频信号与一个本地振荡器产生的稳定频率信号混合,产生差频信号。这一过程将信号转换到中频,更易于处理。

⑤中频处理。转换后的中频信号再次被放大,以确保信号纯净且适合最终解调。这个阶段可能还包括自动增益控制(AGC),确保信号在动态范围内保持稳定。

⑥信号解调。中频信号被送入解调器,解调器根据传输的调制类型将中频信号转换为可用的基带信号(视频、数据等)。

(4)下变频器工作原理。下变频器的功能是将天线和低噪声放大器捕获的射频信号转换为中频信号,以便中频跟踪接收机、数传接收机等使用,进行载波的捕获、跟踪和数据解调。

下变频器主要执行两个功能:变频和放大。此外,为确保提供给解调设备的信号具有足够的纯度和保真度,下变频器还需对接收信号进行滤波,并对电路特性和群时延进行均衡处理等。

从LNA接收的射频信号首先经过隔离器和一镜频滤波器,然后送至一混频器与一本振信号相混合并进行滤波,以生成一中频信号。该信号经一中频放大器放大后,再通过二镜频滤波器传输至二混频器,在那里与二本振信号混合,最终形成70 MHz的中频信号。这个信号经过放大之后,被送往中频接收机。下变频器组成原理框图如图4-24所示。

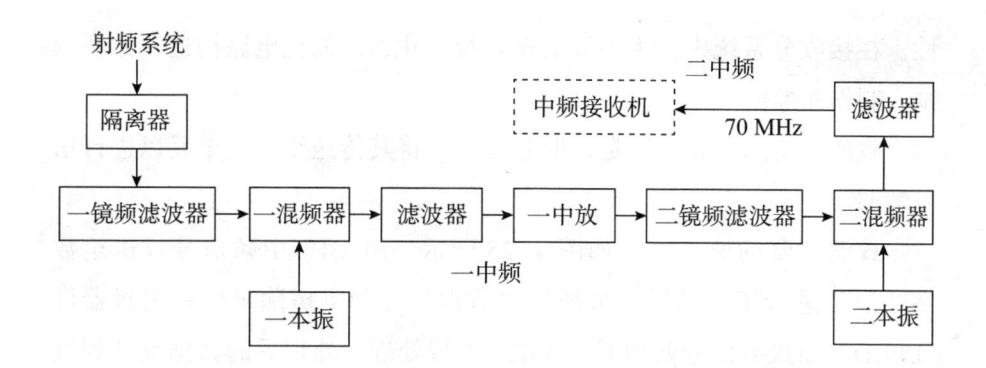

图 4-24 下变频器组成原理框图

对于使用相位键控的高速数据传输通道，除了需要较小的时延波动和幅频波动，本振的相位噪声也有严格要求。相位噪声会导致信号的相位抖动，这直接导致解调输出的误码。值得注意的是，即使增加接收机输入信号的电平，也无法减少这种相位抖动。

在选择下变频器的一中频和二中频时，必须综合考虑干扰抑制、增益特性、滤波器的幅频和群时延响应以及解调电路的适应性等因素，以设计出合理的中频值。

（5）中频接收机工作原理。从高频接收机下来的中频信号经过功分器分别送给主中放 A 机和 B 机，中频信号经过主中放放大后分成三路，一路直接送给误差解调单元进行误差解调，一路经窄带滤波后送给载波环路进行跟踪，另一路提供给综合基带进行遥测解调。

主中放，亦称为二中放，主要负责通道增益，并且是确定信道带宽的核心部分。它由 A 和 B 两套组成。A 和 B 套的中频信号与发射机遥测中频自检信号通过一个三选一的选择开关进行选择。选定的信号分为两路，一路送至前面板显示，另一路则提供给综合基带用于遥测解调，从而获得第一路遥测信号（TM_1）。

主中放由宽带集成放大组件、分路器、AGC 检波电路和电调衰减器等构成。使用宽带集成电路简化了放大电路的设计，提高了工作的稳定性。在接收分系统中，主中放的设计统一化，以简化电路构造，方便调试、制作和维护。

载波环路的主要作用是提取载波，并将其传送给后续单元以进行信号解调。

载波环路的原理框图如图4-25所示。70 MHz中频信号被送至数字载波环进行正交采样，采样后的数据传送到可擦除可编程逻辑器件（EPLD）和数字信号处理器（DSP）进行处理。处理后的数据反馈到直接数字频率合成器（DDS），形成闭环以锁定载波。从锁定的载波中提取的中频信号幅度信息经放大后送至主中放的AGC。DDS输出的信号经过功分器后，为误差解调单元提供一路载波信号。同时，为便于监测，在前面板设置了一路检测口。

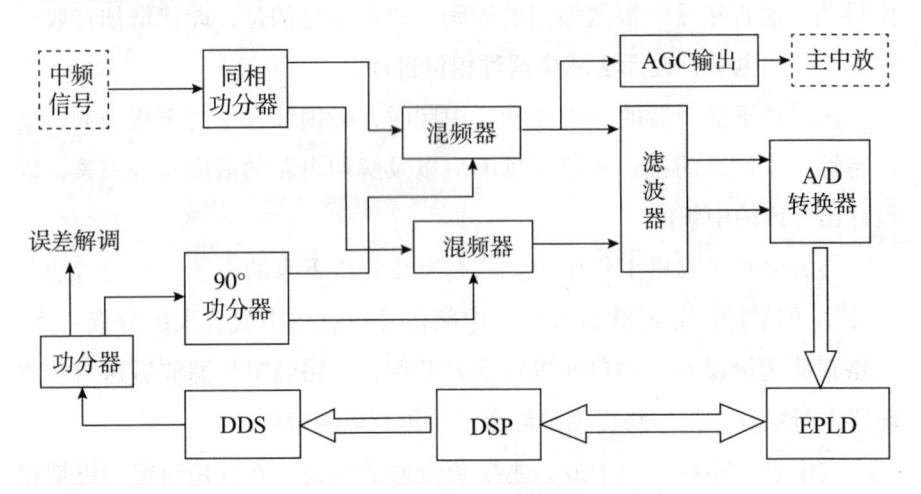

图4-25 载波环路的原理框图

AGC有两种工作模式：相关AGC和非相关AGC。

在载波环路锁定前，跟踪接收机的电平增益由非相关AGC电压控制。环路锁定后，转而由相关AGC电压控制。中频接收机的AGC电压和锁定指示则通过开关切换单元传送至天伺和监控台。

非相关AGC通过控制跟踪接收机的电平增益来避免大信号阻塞信

道。相关AGC则在环路锁定后启动，此时ACC检波前的频带自动缩窄，增强信噪比，使AGC控制更稳定且精度更高。AGC的切换受载波环锁定指示的控制。AGC的动态范围需达到60 dB，精度需控制在 ±0.5 dB，以满足相位误差的要求。

（6）第二路遥测中放原理。除了中频接收机解调产生的第一路遥测信号，还存在来自遥测中频接收机的第二路遥测信号。

在处理中频信号之前，遥测中频接收机需先进行遥测中频放大，这包括第二中放A套和第二中放B套，两者均配备AGC，其内部结构与中频接收机的主中放基本一致。高频接收机输出第二路遥测中频中放原理框图如图4-26所示。

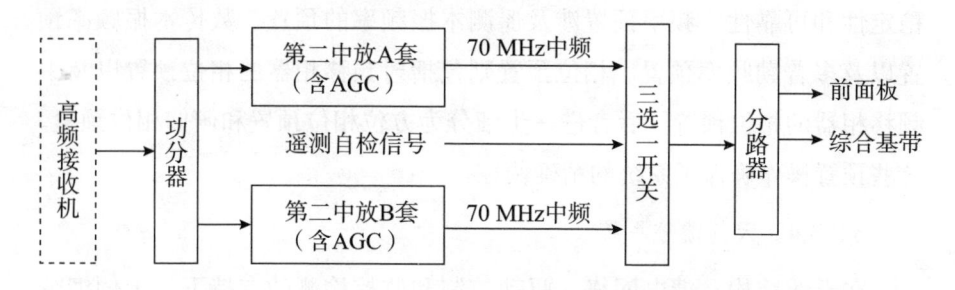

图4-26　高频接收机输出第二路遥测中频中放原理框图

由图4-26可知，高频接收机输出的中频信号首先通过功分器分配给两个第二中频放大器A机和B机。这些第二中频放大器包括中频放大器和AGC控制单元，负责放大和电平控制第二路遥测信号。通过选择开关，可以从第二中放A机和B机输出的中频信号，以及发射机的遥测自检信号中选择一路信号输出到综合基带，用于解调第二路遥测信号和角度跟踪误差信息。

（7）误差解调单元。中频接收机输出的中频载波信号被分成两路，每路信号通过一个数控移相器进行相位调整，以实现与方位误差信号和俯仰误差信号的正交。经过调整后的两路载波信号分别与中频信号相乘，产生包含误差信息的两路 1 kHz 信号。这些信号经过滤波处理后，再次与 1 kHz 信号相乘，分别生成方位和俯仰误差电压。这些误差电压通过一个开关切换单元传送至天伺馈分系统，由该系统负责完成自动跟踪任务。这样的配置确保了系统的精确跟踪能力。

（8）监控处理器。接收机分系统的监控处理器负责接收来自监控分系统的远程命令或通过面板键盘手动输入的本地命令，用于控制、监测和执行接收机各子系统的环路自检，这一配置使接收机能够在不同控制模式下有效运行。

监控处理器对接收机分系统的设备控制包括设定频率预置和相位预置，以及管理信号通道和设备的备份切换功能。这些操作确保了系统的稳定性和可靠性。频率预置涉及遥测本振频率的预置、数传本振频率预置以及多普勒频率预置。相位预置则包括射频移相器的相位预置以及中频移相器的相位预置，后者进一步细分为方位相位预置和俯仰相位预置。这些预置操作确保了系统的精确调控。

3.2.3.4　天伺馈分系统

在天线结构、馈电网络、驱动控制和监控检测的支持下，天伺馈分系统能够有效地执行多频段波形跟踪的数据接收任务以及高频率的发射工作。这些组件协同工作，确保了系统的高效和精确性。

（1）主要功能。

①信号接收与发射。系统能够接收来自多个频段的信号，并进行相应的处理。同时，系统具备发送高频信号的能力，支持通信任务。

②数据处理。对接收到的信号进行解调、放大、过滤等处理，以确保信息的清晰和准确传输。

③天线驱动控制。负责天线的定向和位置控制，确保天线可以准确指向通信卫星或其他信号源，以最大化信号接收效果。

④监控与检测。监控系统的运行状态，包括检测系统性能和故障诊断，确保系统稳定运行。

⑤网络管理。管理供电系统，确保所有设备的电力供应稳定且符合要求。

（2）设备组成。天伺馈分系统主要由以下几部分构成：天馈子系统、机械结构子系统、天线控制子系统、监控监测子系统以及相关的附属设备。这些组件共同工作，确保系统的整体性能和功能。天伺馈分系统功能框图如图 4-27 所示。

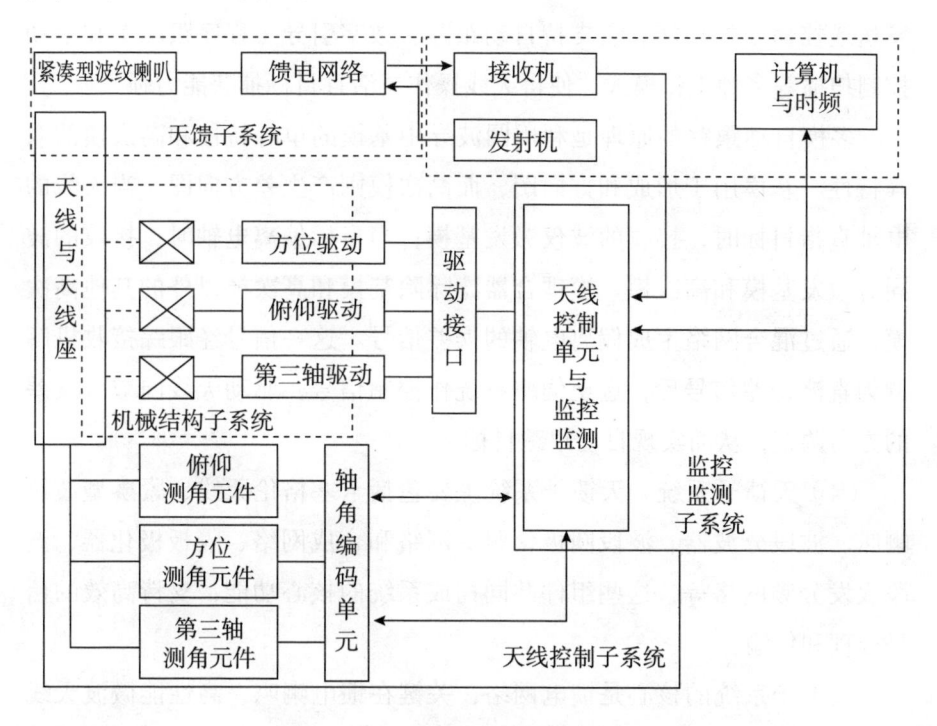

图 4-27 天伺馈分系统功能框图

天馈子系统主要由卡塞格伦天线、多频馈源组成，具体包括图 4-27 中所示的天线、紧凑型波纹喇叭和馈电网络。这些元件协同工作，支持天线的多频信号接收和发射功能。

机械结构子系统主要包含双反射面天线、三轴天线座和机箱机柜。其中，天线座分为三个主要部分：方位驱动、俯仰驱动和第三轴组合。这些组件合作支持系统的稳定操作和精确定位。

天线控制子系统由天线控制单元（ACU）、驱动执行元件和天线控保装置组成。

监控监测子系统的核心是具有强大硬件和环境适应能力的计算机，通过友好的用户界面实现对各设备的操控和管理。

附属设备包括标校设备和馈源干燥充气设备等。

（3）工作原理。天伺馈分系统具备接收业务测控数据和遥测数据、发送遥控命令的功能。它支持自动跟踪、数字引导（程序跟踪）和手动控制扫描等多种工作模式，使得天线操作灵活且目标捕获能力强。

多模自动跟踪的原理是利用圆波导中基模的单峰特性和高次模的双峰特性。基模用于形成和方向图，而高次模则产生差方向图。当天线的电轴直指目标时，接收的波仅激发基模；当目标偏离电轴时，接收的波同时激发基模和高次模。模耦合器滤除除基模和高次模以外的其他高次模，通过混合网络生成偏离电轴的误差信号。这一信号经跟踪接收机解调为直流误差信号后，送至伺服系统作控制信号，驱动天线向减少误差的方向调整，从而实现自动跟踪目标。

（4）天馈子系统。天馈子系统主要包括卡塞格伦天线、紧凑型波纹喇叭、波段分波器、波段圆极化跟踪网络和合成网络、隔板极化器、波段收发分频网络等，这些组件共同构成系统的核心功能，支持高效的信号处理和传输。

天馈子系统的核心是馈电网络，关键在馈电喇叭，高性能微波天线中多选用紧凑型波纹喇叭，这种结构在辐射方向图的对称性表现良好，具有较低的副瓣电平和极化电平，同时拥有宽广的频带特性。

4.4 地球站入网测试与接续

国际通信卫星组织对卫星通信系统的运作、信息传输的高质量及卫星频带和功率资源的有效使用提出了严格的要求，规定所有新建或大幅更新后的卫星地球站在正式加入系统前，必须完成入网的验证与测试。这些测试包括但不限于接收天线的半功率角测试等，以确保各项性能指标达到标准。只有在满足所有规定并获得国际通信卫星组织的正式批准后，这些地球站才能开始运营。

在卫星通信系统中，为了形成一个完整的通信网络，卫星电路需要与地面延伸电路、国内长途通信网及市话网进行连接。用户首先通过本地市话和长途通信网的交换及传输设施连接到地球站，信息随后通过卫星传输到另一个地球站所在的城市或国家。到达目的地后，信息再通过地面延伸电路接入公共网络，最终使接收用户接收。这种卫星和地面系统的结合充分利用了卫星通信覆盖全球的能力，确保了全球范围内的有效通信。

4.4.1 准备工作

4.4.1.1 分系统测试方法

普通的卫星通信地球站在结构上可以划分为 4 个主要部分：天线部分、射频部分、中频部分和基带部分。这些组成部分共同支持地球站的整体通信功能。卫星地球站结构功能示意图如图 4-28 所示。

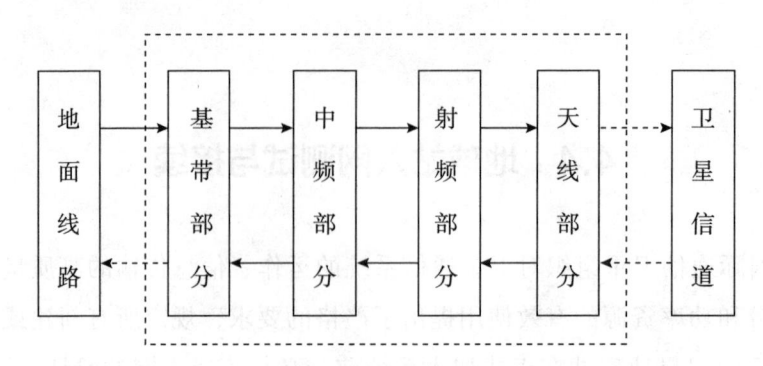

图 4-28 卫星地球站结构功能示意图

在开展入网验证和开通测试之前,必须确保卫星通信地球站内的所有设备均处于正常运行状态。鉴于测试过程中不存在主测站和被测站的区分,因此测试必须通过系统自身环回的方式来进行测量和验证。

4.4.1.2 系统自环测试步骤与方法

在进行系统自环测试时,应依照一定的顺序进行:首先是基带环回测试,其次是中频环回测试,再次是变频器环回测试,最后是天线环回测试。这一系列测试确保了系统的各部分均能正常运作。

(1)基带环回测试。基带环回测试主要对音频信号的参数进行调整。通过对音频传输特性电平、信道单元的幅频特性、数据误码率以及信噪比进行测试和调整,确保系统基带部分的良好运作,为进一步的测试提供了坚实的基础。基带环回测试示意图如图 4-29 所示。

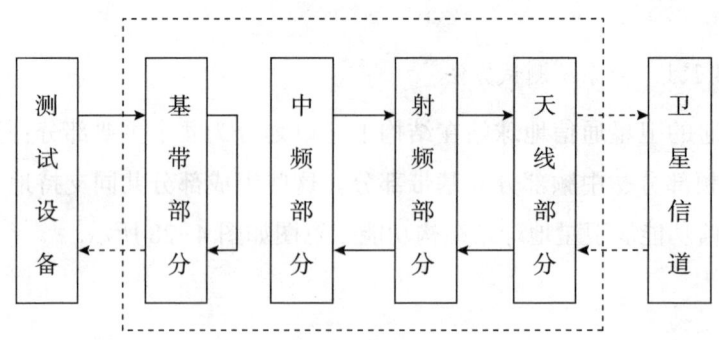

图 4-29 基带环回测试示意图

（2）中频环回测试。中频环回测试主要针对中频设备的指标进行测量和调整。在基带设备调整到良好状态的前提下，对中频设备的接口电平、增益、自动频率控制（AFC）特性以及自动增益控制（AGC）特性进行测试和调整，以确保系统的中频及以下部分运作良好。中频环回测试示意图如图4-30所示。

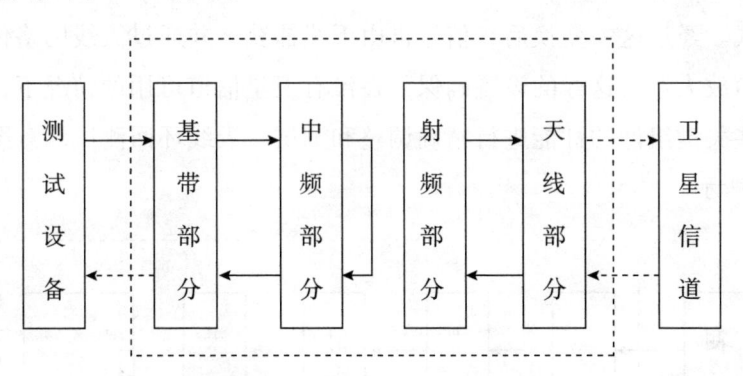

图4-30　中频环回测试示意图

（3）变频器环回测试。变频器环回测试主要对射频指标进行测量与调整。开始时，独立对上行和下行变频器的指标进行测试，包括变频增益、交调抑制度、频率准确度、杂散抑制度、增益起伏和最大输出电平。完成这些单独的测试后，建立变频器的环路测试，通过调整相关设备，确保整个系统工作在最优状态。变频器环回测试示意图如图4-31所示。

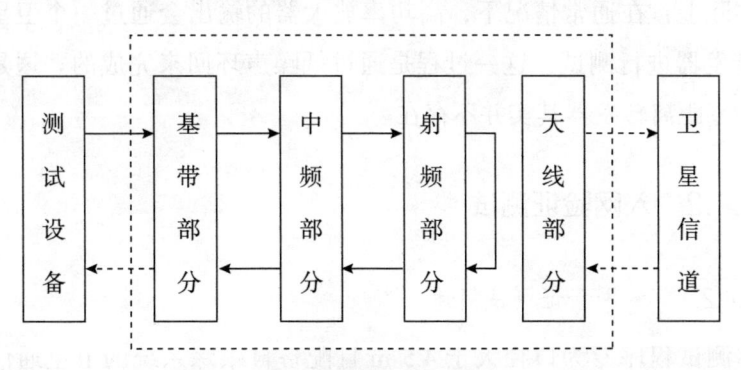

图4-31　变频器环回测试示意图

（4）天线环回测试。天线环回测试的调整主要涉及高功率放大器（HPA）、天线（ANTENNA）以及低噪声放大器（LNA）的性能。在这一过程中，因为不能利用卫星信道进行测试，所以需要使用本站天线配备的零距离转发器（ZRT）。零距离转发器的关键功能是接收天线发射的射频载波信号，对其进行变频处理，将其转换为下行链路能够接收的信号格式。经过这一变换后，信号再由天线捕获，并通过天线网络传输至低噪声放大器。这样的设置确保了在没有卫星信道可用的情况下，仍能对这些关键组件的性能进行精确调整和测试。天线环回测试示意图如图4-32所示。

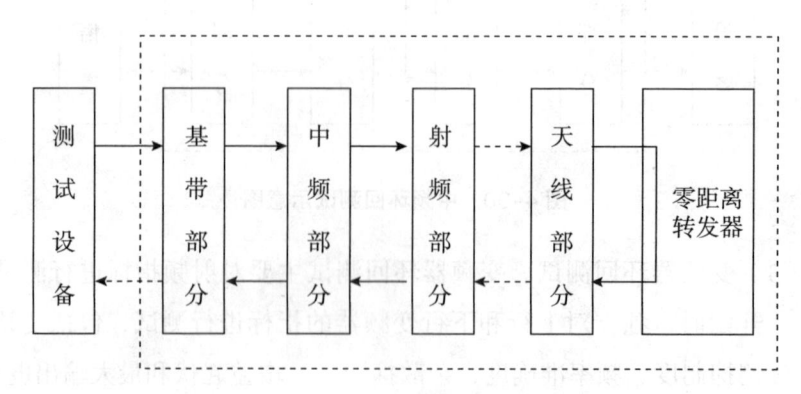

图 4-32　天线环回测试示意图

实际上，在通常情况下，高功率放大器的输出会通过一个卫星模拟测试转发器进行测试，这一过程是通过低噪声环回来完成的。这是因为所谓的零距离转发器其实并不存在。

4.4.2　入网验证测试

4.4.2.1　入网验证测试简述

本测试程序专为口径大于 4.5 m 且配备自跟踪系统的卫星通信地球站设计。对于口径小于 4.5 m 并且不具备自跟踪系统的地球站，在使用此测试程序时,需要先解决其天线系统的驱动问题,建议在天线场进行相关处理。

测试项目主要分为两部分:站内测试和天线系统测试。通常,测试过程先进行站内测试,随后才是天线系统测试,具体顺序依照测试计划确定。

在进行天线的接收系统测试时,可用卫星信标信号或用测试站发射测试载波信号两种方式,一般以测试站发射测试载波信号为主。

测试站一般是遥测遥控与通信监视系统站(T&CMS 站),或是由其指定的地球站。

用户必须严格按照测试程序中规定的测试条件、测试要求以及操作步骤进行,保证所获得的测试结果真实有效。

根据各卫星公司对地球站入网验证的要求不同,参加入网验证的卫星通信地球站的类型不同,测试项目也不同。需要进行入网验证的卫星通信地球站分为三类。

(1)一类。天线口径在 4.5 m 以上,带伺服驱动系统的卫星通信地球站(包括 VSAT 主站)。

(2)二类。天线口径在 4.5 m 以下,不带伺服驱动系统的卫星通信地球站(包括 VSAT 端站)。

(3)三类。天线口径在 4.5 m 以下,不带伺服驱动系统且天线系统已通过认证的卫星通信地球站(包括 VSAT 端站)。

各种类型的卫星通信地球站测试项目如表 4-2～表 4-3 所示。

表 4-2　一类、二类卫星通信地球站测试项目

测试类型	测试项目	备注
天线系统测试	发射天线方向图	强烈要求
	发射天线隔离度	强烈要求
	发射天线增益	强烈要求
	接收天线方向图	非强烈要求
	接收天线隔离度	非强烈要求
	接收天线性能指数	强烈要求
站内测试	杂波	强烈要求
	交调分量	强烈要求
	各种业务调制特性	强烈要求
	载波功率稳定度	强烈要求
	载波频率稳定度	强烈要求

表 4-3　三类卫星通信地球站测试项目

测试类型	测试项目	备注
站内测试	杂波	强烈要求
	交调分量	强烈要求
	各种业务调制特性	强烈要求
	载波功率稳定度	强烈要求
	载波频率稳定度	强烈要求

4.4.2.2　测试条件

（1）天线系统测试最好在晴朗天气进行，这样可以确保极化状态处于最佳条件。

（2）在测试过程中，应确保专用电话线路畅通无阻，以便被测站和测试站之间能够随时保持联系。

（3）天线的方向图和增益测试应在馈源调整完成后进行，以确保发射交叉极化隔离度处于最优状态。

（4）在测试期间，被测地球站发射的未调载波应保持幅度稳定度在 ±0.1 dB 以内，频率稳定度在 ±250 Hz 以内。

（5）在测试地球站时，频谱仪的分辨率带宽应设置为小于 1 kHz。

（6）对 C 频段或 Ku 频段的信号分别进行窄角方向图测试和宽角方向图测试。

（7）在测量波束外极化隔离度时，必须在相应的俯仰角上对天线的方位角编码器进行实际步长的修正。

4.4.3 入网验证测试程序及技术规范

4.4.3.1 入网验证测试程序

地球站的入网验证测试在监测管理中心统一组织下，按照以下程序和要求实施。

（1）在进行测试之前，被测地球站需要通过正常程序申请电路，并将其调通连接至监测管理中心的勤务专线以确保通信畅通。

（2）被测站必须对站内设备进行彻底测试，并确保所有测试指标均符合既定的规范和标准要求。

（3）被测站应使用由监测管理中心认可的精确测试仪器，如功率计、信号源、频谱仪、电平表和记录仪等。如果某些卫星通信地球站因条件限制无法满足这些要求，则可以向上级主管部门提出申请，由监测管理中心或上级业务指导站提供协助实施。

（4）在进行正式的入网验证测试之前，被测站必须向监测管理中心报告本站的收发支路馈线损耗、定向耦合和天线转速等关键参数。

（5）完成上述工作后，由监测管理中心安排测试时间，并向被测站提供天线指向参考值和所用转发器参数。之后，可实施以下项目测试。

①天线收、发方向图。

②天线收、发增益。

③地球站的品质因数。

④全向有效饱和输出功率和上行频率稳定度。

4.4.3.2 入网技术规范

（1）载波射频技术要求。载波射频技术要求涉及多个关键方面，这些要求确保无线通信系统如卫星通信能有效运行并达到预期的性能标准。在设计和实施载波射频系统时，必须综合考虑以下技术细节和其对整个通信系统的影响。

频率稳定性是射频技术中的核心要求之一，在长时间的运行中，射频载波的频率必须保持高度稳定，以避免由于频率漂移引起的信号失真和通信中断。频率的稳定性直接影响到信号的可靠传输和接收效果，特别是在卫星通信中，任何微小的频率变化都可能导致信号从卫星到地面的传输出现严重问题。频率的准确度同样重要，每个射频载波都必须精确地调制在指定的频率上，以确保其不会与其他频道发生干扰，这对于频繁拥堵的空中波段尤为关键。频率的准确设置不仅有助于避免跨频道干扰，还有助于优化频谱资源的使用效率，这对于资源有限的通信环境至关重要。输出功率的控制也是一个不可忽视的方面，射频系统的输出功率需要精确控制，以满足系统的传输需求而又不至于对其他通信系统产生干扰。在实际应用中，过高的输出功率可能会导致信号过载或干扰其他通信频道，而输出功率过低则可能导致通信链路不稳定，影响数据传输的可靠性。在射频系统中还必须考虑信号的信噪比和线性度，信噪比高意味着信号清晰度高，数据错误率低，这对于数据密集型的应用尤其重要。线性度好的系统能更有效地处理信号的动态范围，确保在整个工作频率范围内信号的传输质量。

载波射频技术的各项要求旨在确保无线通信系统的高效、稳定和可靠运行。在设计和调试阶段,对这些技术参数的严格控制是实现系统最优性能的关键。

(2)能量扩散。为了将进入其他卫星网络和地上网络的干扰电平控制在可接受的限度内,必要时,用户所发射的载波应按要求进行能量扩散,使得地球站发射的波束外辐射功率谱密度以及卫星下行功率通量密度不超过规范的标准。

①数字载波业务。使用数字载波业务的用户在地球站数字调制器的输入端应具有连续加扰功能,数字载波的功率谱密度及占用带宽不能超出相应规范的要求。

②电视、调频(TV/FM)业务。TV/FM 载波的能量扩散系统应能随着基带信号电平的变化而自动地调节,载波的功率谱密度及占用带宽不应超过已批准的传输计划中规定的要求。

③频分复用、调频(FDM/FM)业务。在 FDM/FM 电话载波系统中,能量扩散系统应设计为能自动根据基带信号电平的变化调节其性能。这种调节确保在任何基带负载条件下,每 4 kHz 的发射功率密度相对于全基带负载时每 4 kHz 的发射功率密度的差异不会超过 2 dB。此外,为了防止过频偏现象的发生,建议用户在地球站的基带设备中安装限帽器。这样的措施有助于保持传输信号的质量,避免由于频率偏移过大而导致的通信干扰。

(3)天线系统技术要求。

①天线旁瓣特性。天线旁瓣特性的技术要求关键在于控制和最小化旁瓣的强度,以提高天线的整体性能和减少对周围环境的干扰,这些要求通常集中在几个主要方面,以确保天线设计符合特定应用的需求。

旁瓣水平的控制是天线设计的一个重要方面,尤其在那些要求高方向性和信号精确度的应用中,如军事雷达和高精度通信系统。在这些应用中,旁瓣发射的信号不仅可能导致数据传输中的干扰,还可能引起安全隐患，如误导导航系统或被敌方侦测。因此，技术要求通常规定旁瓣水平必须保持在一定的分贝下降范围内，以确保主波束以外的信号强度足够低。旁瓣抑制比是衡量天线性能的一个关键参数，这一指标定义了主波束最大增益与最大旁瓣增益之间的比例，较高的旁瓣抑制比意味着旁瓣较弱。在设计高性能天线时，工程师会尽量通过使用各种技术手段，如采用特殊的馈电技术、优化天线阵列布局或利用先进的材料，来提高旁瓣抑制比。在多频段操作的天线系统中，旁瓣特性可能随频率变化而显著不同。因此，保持各个操作频带上旁瓣水平的一致性是设计时的一个挑战，所有操作频段内旁瓣水平应保持一致或在允许的变化范围内。

旁瓣的测试和评估也是技术要求的一部分，测试通常在专门的天线测试设施中进行，包括户外测试场和射频无反射室。这些测试可以精确地测量和评估天线的旁瓣特性，确保其符合设计规格。天线旁瓣特性的技术要求不仅是一个技术挑战，还是提高通信系统整体性能和可靠性的重要组成部分。精确控制和优化旁瓣特性，可以显著提高天线系统的效率和效果，减少非预期的信号干扰，从而在各种复杂的应用场景中发挥关键作用。

②极化方式、隔离度和转换能力。

a. 天线极化方式。在进行入网测试和链路开通测试时，卫星通信地球站必须确保天线的极化方式设置正确。对于能接入多个卫星系统的地球站天线，每次切换卫星后都需要核实天线的极化方式是否已经正确调整。

b. 交叉极化隔离度。发射天线的极化面应调整，使分配端口的发射主瓣增益峰值以下 1 dB 点内的交叉极化分量至少低于同极化分量 30 dB。接收天线的交叉极化隔离度也应遵循同样标准，虽然这不是强制性的要求。

c. 极化角范围。卫星通信地球站的馈源系统应设计为便于旋转以调整极化，并建议配备旋转角度指示器。对于具有 4 个端口的馈源系统（2 个用于发射，2 个用于接收），极化的旋转角度应该可以在 ±22.5° 的范围内调整。而对于 2 个端口的馈源系统，极化旋转角度至少应可在 ±45°范围内调整。

③天线控制。为了优化性能，天线的角度指向（东经方向）、俯仰角的工作范围，以及信号跟踪的方法都应该有明确的限制和规定。

第5章 天地一体化网络系统组网

5.1 卫星通信网络的拓扑结构与特征

5.1.1 单层卫星通信网络

随着人们对卫星通信需求的增加，卫星通信系统从地球同步轨道（GEO）系统进化到了非同步轨道（NGSO）系统。受地球大气层和范·艾伦辐射带的影响，适合卫星通信的轨道包括500～2 000 km的低地球卫星轨道（LEO）和约10 000 km的中地球卫星轨道（MEO）。因此，卫星通信网络分为GEO、LEO和MEO卫星通信网络。

5.1.1.1 GEO卫星通信网络

GEO卫星具有广泛的覆盖范围、固定的地面站指向关系和传播时延，在早期卫星通信系统中扮演着关键角色，便于为地球上相隔遥远的两点提供中继通信通道。

但由于轨道位置和高度的原因，其主要缺点表现如下。

（1）传输时延大。两个地面站之间的往返时延大约为550 ms，这样的延迟水平无法满足那些对时延敏感的应用需求,如语音传输和交互式视频等实时性业务。由于这种延迟超出了实时通信所需的标准,因此会影响这类业务的顺畅执行和用户体验。

(2)信号衰减严重。在卫星通信中,信号的自由空间传输损耗与星地距离的平方成正比。特别是在 GEO 系统中,信号衰减极为严重,需要发射端采用高发射功率来弥补损失,并要求接收端具有较高的接收灵敏度。这些要求使得天线尺寸必须增大,从而难以实现地面通信设备的小型化。

(3)轨位资源受限。GEO 卫星的部署位置固定在赤道上方的 35 786 km 高空,并且在轨道上的卫星之间需要维持一定的空间角度间隔以避免相互干扰。这种布局限制了可用的轨道资源,使得能够利用的空间位置非常有限。这个固定的部署高度和必要的角度间隔给卫星轨道资源的利用带来了明显的制约。

(4)不能覆盖两极地区。GEO 卫星位于赤道直上方,随着地面站纬度的升高,其通信仰角逐渐降低,导致两极地区得不到信号覆盖。

5.1.1.2 LEO 卫星通信网络

与 GEO 卫星相比,LEO 卫星的轨道高度明显降低,导致传播时延大幅减少,通常只有几十毫秒。这种短时延使得 LEO 卫星可以在不进行回音抵消处理的情况下,直接满足实时话音传输的需求。此外,LEO 卫星的传输衰减有显著降低,使地面用户能够使用手持终端进行通信。

(1)高速运动的影响。依据开普勒第三定理,一个卫星的轨道越低,它相对地面的运动速度就越快。这种快速的轨道运动不仅给卫星的精确跟踪带来了挑战,还会引起严重的多普勒频移现象,这会对卫星信号的接收质量产生负面影响。在极端情况下,这种频移甚至可能导致信号无法被地面接收站正常接收,从而影响通信系统的整体性能和可靠性。这些问题需要通过技术手段进行有效管理和补偿,以保证卫星通信的稳定性和效率。

（2）轨道高度的影响。轨道高度的降低导致单个卫星的覆盖范围减小，因此需要部署几十甚至几百颗卫星形成星座，以便实现全球性的覆盖。

（3）拓扑结构的影响。由于不断变化的卫星间和星地间拓扑结构，频繁的星间和波束切换成为必然。以铱系统为例，卫星切换平均每10 min发生一次，波束切换则每1～2 min一次。这增加了系统的建设和维护成本，也提高了技术复杂性。虽然LEO卫星的单跳时延远小于GEO卫星，但网络的动态性导致端到端时延抖动较大，对系统的服务质量造成不利影响。

5.1.1.3 MEO卫星通信网络

MEO卫星通信网络利用的是中地球轨道上的卫星，这些卫星的轨道高度通常位于2 000～35 786 km。与GEO卫星和LEO卫星相比，MEO卫星提供了一种折中的方案，具有以下特点。

（1）轨道高度和卫星数量。MEO卫星的轨道高度低于GEO卫星，但高于LEO卫星。这种中等高度意味着MEO卫星比GEO卫星具有更快的信号传输速度和较低的延迟，因此需要的卫星数量较少。

（2）覆盖范围和时延。每颗MEO卫星的覆盖范围广于LEO卫星，但小于GEO卫星。这使得MEO卫星网络能有效减少地面站与卫星间的通信时延，通常在100～150 ms，适合需要中等延迟和较大覆盖范围的应用。

（3）应用领域。MEO卫星常用于导航系统（如美国的全球定位系统、欧洲的伽利略系统、中国的北斗卫星导航系统等），能够提供宽带互联网服务和其他数据服务。

（4）技术和维护。MEO卫星通信系统的建设和维护相对复杂，需要精确的轨道控制和管理。同时，MEO卫星的运行和维护成本低于GEO，但高于LEO。

（5）多普勒效应和信号衰减。MEO卫星相对地面的移动速度介于

GEO 和 LEO 之间，因此多普勒效应和信号衰减相对适中，需要适当的技术处理以保证通信质量。

5.1.1.4 单层卫星网络存在的问题

（1）单层卫星星座的时延过高。在 LEO 卫星星座中，随着星座规模的增加，路径上 LEO 卫星节点的数量也在增多，导致即使单个 LEO 卫星的处理时延较低，整个星座的总处理时延却在上升。同时，星座规模扩大增加了星间链路（ISL）的数量，并且由于 LEO 卫星间的路由切换频繁，重路由过程可能显著增加网络的时延。对于 MEO 星座，其较高的轨道和较少的卫星数量主要导致 ISL 传输时延长。GEO 卫星由于其更远的轨道位置，具有更长的传输路径和更大的时延，存在覆盖不足的问题。

在远距离传输中，单层卫星网络因多个因素影响导致时延过高。而在多层卫星网络中，由于 MEO 卫星的可接入时间较长并且 GEO 卫星的位置相对固定，路径中的卫星节点数目减少，ISL 切换的概率也较低，这些因素共同作用使得多层卫星网络的时延得到了明显的降低。

（2）在单层卫星网络中，为实现全球无缝覆盖，通常采用极轨道或近极轨道类型的星座。在极轨道星座操作中，ISL 因星载跟瞄系统的技术限制，在经过极地时会暂时关闭，导致流量必须转移至邻近卫星。随着星座规模增加，频繁的 ISL 切换会提高单层卫星网络的路由阻塞概率，包括路由中断和重路由中断的风险。然而，在多层卫星网络中，使用高层的卫星中继网络，可以有效减少 ISL 切换次数，从而降低网络的整体阻塞概率，增强网络稳定性和可靠性，这种策略有助于优化整个卫星网络的性能。

（3）单层卫星网络抗毁性较差。在多层卫星网络中，源卫星与目标卫星的备用路由之间存在着很大的差异，当选定的路径中的某颗卫星或某条 ISL 遭遇故障时，网络能较容易地找到其他符合原始服务质量（QoS）要求（如时延）的备选路径。相反，在单层卫星网络中，虽然也存在多条备用路径，但能满足相同时延要求的路径数量有限。因此，当原始路径中的某个组件损坏时，找到一个符合原始 QoS 要求的替代路径对于单层网络来说更为困难，这影响了网络的灵活性和可靠性。

（4）单层 LEO 卫星星座的星载跟瞄系统设计困难。单层 LEO 卫星星座多数使用极轨道星座或者近极轨道星座。虽然极轨道星座简化了星座的设计过程，但其中的逆向轨道间的 ISL 设计问题，却成了提升系统性能的一个挑战。

为了实现覆盖缝两侧的实时通信，采用逆向轨道间的 ISL 会显著增加 LEO 卫星的跟瞄系统设计复杂性。即便通过增加设计复杂度来实施这种逆向轨道间 ISL，其性能保证仍具挑战性。实现这种 ISL 需引入特殊控制措施，如更复杂的差错控制和功率控制功能，这进一步增加了系统的整体复杂性。

5.1.2 多层卫星通信网络

5.1.2.1 多层卫星通信网络结构

多层卫星网络是一种新型的卫星网络拓扑，由不同轨道上的卫星组成的多层星座网络形成。根据卫星在网络中的角色，卫星网络可以划分为两个主要部分：卫星接入网和卫星骨干传输网。卫星接入网负责连接地面、空中及海上用户终端至卫星网络，实现业务的"上星"。卫星骨干传输网则由同一轨道高度的单层星座或不同轨道高度的多层星座组成，利用星间链路进行通信业务的路由、交换和传输，确保数据在空间网络部分的流通。

卫星通信网络的地面系统主要由以下几部分组成：卫星管控中心、卫星关口站、直接入户的卫星终端、远程接入的卫星终端、手持终端，以及移动车载（包括机载和舰载）终端和用于野外通信的可移动终端。关口站通过其互联功能模块将卫星网络与地面互联网连接，负责完成星地协议转换、流量控制和寻址等关键功能，并支持多种信令协议。卫星直接入户（DTH）终端是为家庭用户提供便捷接口的专用卫星终端，能直接接收卫星传输的数据。卫星远程接入终端主要用于偏远或路由稀少的地区，为小规模局域网提供远程互联网接入服务。移动终端和可移动终端，无论是前向还是反向信道，都必须通过卫星来传输。

5.1.2.2 多层卫星星座设计

多层卫星星座设计是一种先进的卫星网络架构，旨在通过利用不同轨道层次的卫星来优化覆盖范围、增强通信容量和减少信号延迟。这种设计通常包括 LEO、MEO 和 GEO 的卫星层次，每一层都有其独特的优势和应用。

LEO 卫星由于其较低的轨道高度，提供较低的通信延迟和较高的信号强度，非常适合需要快速响应和大数据传输的应用，如实时视频传输和高速互联网服务。然而，LEO 卫星的覆盖区域较小，因此需要大量卫星以实现全球覆盖。

MEO 卫星位于 LEO 和 GEO 之间的轨道，提供了较广的覆盖范围和较低的延迟。MEO 卫星常用于导航和地理位置服务，如 GPS 系统。GEO 卫星则静止于地球赤道上空，覆盖范围广阔，尤其适合广播和通信服务。由于其位置固定，GEO 卫星可以持续覆盖固定区域。多层卫星星座的设计通过结合这 3 种类型的卫星，利用各自的优点，实现复杂的服务需求。这样的网络不仅可以提供从偏远地区到全球范围的无缝覆盖，还能支持各种移动和固定终端的需求。另外，多层设计有助于提高网络的可靠性和鲁棒性，通过冗余设计减少单点故障的影响，保证通信的持续性和稳定性。

5.1.3 卫星通信网络特征

与地面网络相比，卫星通信网络主要有以下几个方面的特点。

（1）传播时间延长。由于卫星网络空间跨度大，卫星间和星地间的链路长度远大于地面网络中的链路长度，这将带来长传播时延。在地面网络中，影响端到端时延的主要因素是链路带宽瓶颈所制约的传输时延，多数情况下电磁波在链路中的传播时延可忽略不计；而在卫星通信网络中，对于 GEO 卫星，星地间单向传播时延为 115～135 ms，即使是 LEO 卫星，由于端到端的通信过程中会经过多条星间链路，带来的总传输时延也会在数十毫秒量级。

在卫星通信网络中，较长的传播时延会对性能造成显著影响，导致许多适用于地面网络的解决策略变得不可行。特别是当传统的传输控制协议（TCP）应用于长时延的卫星链路时，会面临 3 个主要问题：①拥塞窗口增长缓慢；②数据包丢失恢复耗时过长；③接收窗口大小限制。这些因素共同限制了网络的最大吞吐量。此外，需要节点间频繁交互信息的卫星路由协议在这种环境下也显得不再合适，因为长时延会严重影响其效率和响应速度。

（2）误码率高。卫星链路的一个重要特性是误码率高，这主要是因为信号在空间中传输距离长，导致较大的自由空间传输损耗，同时大气吸收和雨衰等因素会影响信号质量，使得卫星通信链路的误码率相对较高。以 TCP 为例，其最初是为具有低比特出错概率（大约为 10^{-9}）的地面链路开发的：在 TCP 中，由于通常认为数据包丢失是拥塞的迹象，所有的 TCP 拥塞控制策略都将丢包视为拥塞信号，因此每次数据包丢失时，TCP 发送端通常会将其传输速率削减至少一半。然而，当数据包丢失是由于损坏而非网络拥塞时，这种响应便成了误操作，导致不必要的传输速率降低。

（3）高动态性。在非 GEO 卫星系统中，由于空间节点持续移动，链路的状态、长度和连接关系经常发生变化。这种动态的时变拓扑结构给卫星通信网络的传输容量和服务质量带来了挑战。尽管如此，这些空间节点运行在预设的轨道上，其运动规律是可预测的，这使得它们的动态性与地面临时网络的动态性存在本质区别。

（4）资源受限。卫星通信网络作为一个资源有限的系统，主要限制包括带宽和星上功率。随着业务传输需求的不断增长，这些受限资源与需求之间的矛盾愈发严重，成为阻碍卫星通信网络扩展和应用的关键障碍。因此，在卫星通信网络的规划和设计过程中，合理分配信道带宽和星上功率，同时在确保公平性的基础上最大化系统容量和服务质量，是需要优先考虑的重要问题。

5.2 卫星地面网络融合技术

5.2.1 IP 适应性问题

经过数十年的发展，IP 技术已经广泛融入各类地面的有线和无线通信网络，并广泛应用于多个领域，成为支配地面网络构建的核心技术。

面对新兴的互联网和物联网应用，传统 IP 网络技术显示出了多种不适应性和问题，因此业界不断推动新技术的发展。这些创新包括 IPv6、多协议标签交换（MPLS）、位置/身份标识分离协议（LISP）、软件定义网络（SDN）、信息中心网络（ICN）及协议无感知转发（POF）。尽管存在这些挑战，"IP Over Everything" 和 "Everything Over IP" 的发展趋势仍然强劲。将 IP 网络技术扩展至天基并实现天地一体化组网，已成为网络技术发展的重要方向。相较于地面网络，天基网络面临着带宽资源受限、链路频繁切换、拓扑动态时变以及传输时延较长的挑战。如果在天基网络中直接应用为地面网络特性设计的 IP 网络协议栈，将遇到多项技术实施难题，这些难题可能严重影响协议的运行效率。

（1）网络编址适应性问题。编址构成了建立网络的基本和初步需求，在实施天地一体化的组网方案时，先需要解决的关键问题是编址，也就

天地一体化网络：
从概念到应用的全景探索

是如何在网络中识别和定位各个节点。确定了节点的位置后，才能进一步建立网络结构并有效地进行业务传输和数据转发。

随着互联网核心协议从 IPv4 向 IPv6 过渡，全球 IPv4 地址资源短缺的问题得到了部分解决，同时 IPv6 通过邻居发现（ND）协议等方式增强了地址自动配置功能，提供了比 IPv4 中的动态主机配置协议（DHCP）更高的灵活性和效率。然而，128 bit 的 IPv6 地址和主要适用于固定网络拓扑的地址分配机制，在资源有限且高度动态的天基网络中面临较大挑战，特别是在用户终端和网络节点频繁移动的场景中显得不太适应。在天地一体化信息网络中，不仅需要解决如何向 IPv6 发展和演进的问题，还需要对 IPv6 的编址体系进行适应性的改进或全新的创新，这是为了满足天基网络动态组网的需求并提升网络的整体性能。

（2）业务转发适应性问题。无论是地面网络还是天基网络，现有的网络通常采用的是设备与协议静态绑定的方式，意味着特定的网络设备只能支持特定的网络协议。这种模式对于技术体系的完善和网络功能的更新显得很不方便，阻碍了用户根据新兴业务需求快速定制网络协议。对于一旦部署便难以更换的天基网络设备，这一问题尤为明显。目前，为了提升底层网络设备的长期适应能力，研究者正致力开发网络数据面的可编程技术，这种技术能够增强用户对数据流的控制能力，允许在不更换硬件的情况下，快速实施现有或新的协议定制。其中，主要的技术包括可编程协议无关分组处理器（P4）和协议无感知转发（POF）。

P4 是一种高级语言，用于编程底层网络设备的数据处理行为，提出了一种分组转发抽象模型，将不同转发设备（如交换机、路由器等）上的数据包处理过程进行抽象描述。用户可以直接使用 P4 语言编写网络应用，通过该语言灵活配置转发设备的数据处理方式，实现特定的网络协议。相比之下，POF 的结构更为简洁，其报文处理过程类似于 OpenFlow。在 POF 数据平面抽象模型中，对交换机处理行为的控制均通过 POF 流转发指令集完成，控制器以 POF 特有的形式将协议及元数据存储在协议库内，直接针对硬件进行配置，不显示编译过程。对于天基网络，如何采用 P4 或 POF 技术实现星上协议的无感知转发，并提高天基网络节点卫星在轨可编程能力，将会是未来研究的热点。

（3）路由协议适应性问题。路由协议是地面互联网的关键技术，常用的路由协议有路由信息协议（RIP）和开放式最短路径优先协议（OSPF）等。RIP 采用距离矢量（Bellman-Ford）算法，其核心机制是路由器按固定时间间隔向周围的路由器发送完整的路由表。接收路由表的邻近路由器会比较这些信息与自己的路由表，并添加新的或成本较低的路由。OSPF 基于狄克斯特拉（Dijkstra）算法，每个路由器需保持一个描述网络拓扑的链路状态数据库。在初始化过程中，OSPF 广泛传播大量链路状态信息，这一步骤的资源消耗超过 RIP。但是，当路由达到稳定状态后，它只定期发送 Hello 消息来维护邻居关系。与 RIP 相比，这种做法减少了对链路资源的使用，从而提高了链路利用效率。

RIP 虽然存在慢收敛和对网络负载响应不足的问题，但其原理简单，资源开销较小，适用于简单网络环境。相反，OSPF 适用于更大规模的网络，能够确保更高的传输可靠性和更快的收敛速度。RIP 和 OSPF 等路由协议主要应用于分布式网络架构中，其中大部分机制用于维护网络拓扑和邻居关系，而实际的路由算法所占比例较小。地面网络在完成组网后，网络拓扑一般较稳定，仅在新增设备或设备故障时才需进行拓扑调整，因此这些分布式路由协议主要在网络初建时消耗较多计算资源，之后不会频繁进行路由更新。然而，当分布式路由协议应用于天基网络，特别是多轨道星座网络时，可能会造成网络稳定性问题。一方面，节点必须频繁更新拓扑信息，这会消耗大量的星上处理资源；另一方面，节点更新拓扑信息的速度可能跟不上网络的变化，结果可能导致基于过时或错误的状态信息来进行路由决策。

集中式网络架构，如软件定义网络（SDN），提供了解决天基网络路由问题的方法。在此架构中，中央网络控制器管理拓扑和邻居关系，路由算法作为应用运行在控制器上。各节点无须本地保持网络拓扑信息，这有助于节约大量的星上处理资源。此外，控制器能从整个网络的视角设计路由，决定数据的最优转发路径，从而精确优化并显著提升网络的整体性能。

集中式网络架构中路由协议的实现主要依赖两个关键因素：一是网络控制器能够获取整个网络的拓扑信息；二是采用合适的路由算法。在天基融合网络中，网络控制器面对的挑战更大，因为网络节点不仅包括地面的交换机和路由器，还有在空中飞行的卫星等。这些节点经常处于动态变化之中，控制器难以像管理地面网络那样控制固定节点。

在天基网络中，关于控制器的部署位置、数量、交互机制，以及如何确保控制器获取所有节点信息的问题还没有统一的解答，需要进一步探讨。对于路由技术，当前的发展方向是为不同级别的应用提供可靠的服务保证，这要求实现精细化的定制路由，确保选定路径在时延、带宽、误码率、安全性和特殊节点处理等方面符合应用需求。这涉及流量特征分析、服务等级保障、端到端的网络切片、网络服务编排、网络人工智能等技术的研究与完善。这些技术成熟后，集中式网络路由协议体系才能达到成熟阶段。

5.2.2 网络标识与编址

网络标识和编址构成了网络架构的基础元素，不同类型的网络使用不同的标识和编址系统，用于对网络实体、信息资源和应用服务进行命名和位置识别。这些机制支持用户注册、接入认证、路由转发、流量控制、安全管理以及运营计费等网络功能。

网络标识通常由数字、字母和符号单独或组合构成，典型的例子包括IP地址、电话号码和互联网域名。为了适应不同类型的网络，国际电信联盟（ITU）、因特网工程任务组（IETF）、第三代合作伙伴计划

（3GPP）、万维网联盟（W3C）等国际标准化机构定义了多种标识与编址体系，这些体系为互联网和移动通信网络等基础设施的运行提供了基本框架。

（1）互联网标识与编址。互联网建立在TCP/IP基础之上，形成了全球信息基础设施，其中IP地址是其标识与编址体系的核心部分，IP地址体系的演进持续地影响着互联网的各代发展。传统互联网基于IPv4协议，使用32位的IPv4地址来唯一确定网络实体的位置和身份。它建立了包含A、B、C、D、E五类的全球IPv4地址分配体系，并围绕域名解析系统（DNS）根节点构建了全球域名体系。这些基础设施在一定程度上推动了现代互联网的快速发展。然而，随着互联网应用的增多和需求的多样化，IPv4体系面临越来越多的挑战，如地址资源的匮乏、地址双重含义引发的路由扩展性和移动性问题、多宿主支持不足以及IPv4地址管理上的复杂性和矛盾。为解决这些问题，业界一直在探索改良型或革命型的解决方案。

为构建下一代互联网体系，采用IPv6替代IPv4成为一项关键举措。根据2016年11月7日互联网体系结构委员会（IAB）的公告，建议互联网工程任务组（IETF）等标准化机构在IPv6基础上发展或改进未来的新协议，支持IPv6的全球部署。IPv6使用128位地址来标识网络实体的位置和身份，极大地扩展了互联网的地址空间。此外，IPv6支持地址聚合以减少路由表条目，提供网络即插即用功能，并增强了移动性支持。在IPv6中，地址分配给网络接口或接口组，而不是单个网络节点。

IPv6地址由两个64位部分组成：全局路由前缀和网络接口标识。全局路由前缀用于识别不同的子网，并区分各种通信传输方式；网络接口标识用来确定子网内的不同接口，通常是基于接口的物理地址生成的，并扩展为64位的唯一标识（EUI-64）。IPv6地址根据通信传输方式分为三类：单播地址、多播地址和任意播地址。单播地址用于标识单一接口，数据包发送至该地址时，只会传递给该特定接口。单播地址进一步

天地一体化网络：
从概念到应用的全景探索

细分为全球单播地址、专用单播地址、单播本地地址、节点内单播地址、链路本地地址、6to4 地址及 6bone 地址等。多播地址用于标识一组接口，这些接口可跨越不同的节点，使用多播地址的数据包会被发送到所有对应的接口。任意播地址被分配给一组可能属于不同节点的接口，发送到任意播地址的数据包将根据路由协议确定的最短路径被转发到一个接口上。在 IPv6 中，任意播地址与全球单播地址共享同一地址空间，这要求在全球单播地址分配时避免使用被任意播地址预定的比特。得益于 IPv6 的庞大地址空间，众多的互联网架构创新得以实施，如清华大学就提出了一种基于 IPv6 的真实源地址认证结构（SAVA）。

为了拓展和更新现有的 IP 标识与编址体系，业界正在研究多种改进或革新性的网络协议和架构，包括位置/身份标识分离协议（LISP）、主机标识协议（HIP）以及一体化标识网络等。具体来说，LISP 是由思科公司推出的一个解决方案，该协议的关键创新是将 IP 地址空间划分为终端标识（EID）和路由标识（RLOC）两部分。其中，EID 用于确立设备的唯一身份，而 RLOC 则指示设备的实际地理位置。这种划分通过一个标识地址映射系统来实现 EID 与 RLOC 之间的关联，有效缓解了由于路由可扩展性问题引发的挑战，促进了互联网的持续发展。此外，LISP 协议支持移动性、多宿主能力、流量工程和端到端业务，从而为现代网络通信提供了更加灵活和高效的解决方案。

LISP 方案兼容 IPv4 和 IPv6，实施起来较为简便，不需要改变终端侧的协议栈，只需对网络地址空间进行重新规划和管理，并升级部分边缘网络出口设备。HIP 方案由爱立信公司提出，是一种专注于终端侧的解决策略。其核心是在终端的网络层与传输层之间加入一个新的层级——身份标识（HID）层。这个身份层主要用于标明终端的身份属性，这些终端的身份属性与上面的所有协议进行关联，从而实现了业务层面与终端位置的分离，位置属性依旧由传统的 IP 地址负责，用于在网络中进行数据包寻址。HIP 的实施需要对终端侧的协议栈进行升级，网络侧变动较小，主要是增加管理移动终端位置的服务器。一体化标识网络提出了一种全新的解决方案，定义了接入标识、交换路由标识、连接标识和服务标识4种类型的标识，并引入了接入标识解析映射、连接标识解析映射和服务标识解析映射。这种方案旨在构建一个包含基础设施和普适服务的新型网络体系，并进一步演进为智慧协同标识网络，以适应日益多样化和多元化的服务发展需求。

（2）移动通信网标识与编址。移动通信网标识与编址是确保网络运营和管理效率的关键技术要素，它允许网络识别和管理每一个连接的设备，从而实现数据传输和服务的递送。标识和编址系统在移动通信网络中扮演着至关重要的角色，主要因为它们支持设备的身份验证、服务访问、计费和网络安全等多个功能。

在移动通信网络中，每个设备通常被分配一个全球唯一的识别码，如国际移动设备身份码（IMEI），以及一个或多个网络地址（如IP地址）。此外，用户身份模块（SIM卡）中存储的国际移动用户身份码（IMSI）是另一种重要的标识，用于网络内部识别和验证用户身份。随着移动通信技术的演进，标识与编址方案也在不断发展。例如，从2G到3G，再到4G和现今的5G网络，标识与编址的复杂性和功能需求显著增加。5G网络推出了更加动态和灵活的网络切片功能，这要求网络能够管理多种类型的服务和设备的身份与地址，以支持从增强移动宽带（eMBB）到超可靠低延迟通信（URLLC）的多样化应用。

随着物联网（IoT）的兴起，越来越多类型的设备需要接入移动网络，这进一步增加了标识与编址的复杂度。IoT设备的标识和编址不仅需要考虑传统的安全和效率问题，还需要考虑到能效和成本效率，因为许多IoT设备是资源受限的。标识与编址策略必须不断适应技术进步和市场需求的变化，确保网络的高效运行和安全，同时支持新服务和应用的发展。

（3）天地一体化信息网络标识与编址。天地一体化信息网络结合了天基网络与地面互联网、移动通信网等多种异构网络，形成了规模庞大且结构复杂的网络系统,支持多样化业务。这些业务不仅包括传统的互联网和移动通信服务,还涵盖了新兴的天基中继、天基物联网和天基监视等。为了提供一致的用户体验并实现"一张网",这种网络需要一个既符合天基网络特性又与地面网络体系兼容的创新标识与编址方案。考虑到地面网络标识与编址体系的成熟性,天地一体化信息网络往往在继承这些体系的同时,根据天基网络的动态拓扑和节点能力限制进行适配性创新,如天通一号系统就是借鉴地面移动通信网技术来实现统一的标识和编址。

在网络标识编址中,可以采用身份与位置分离的方法,设定接入标识(AID)、路由标识(RID)、连接标识(CID)3种不同的标识。接入标识主要代表用户终端或网络实体的身份信息,沿用现有的命名编址体系,直接使用IP地址、电话号码或互联网域名等作为标识。路由标识用于代表网络实体的位置信息,由网络进行统一的分配和管理,这有助于数据包在网络中的路由和交换。连接标识则代表特定的网络连接,用以支持业务流的可靠分发。网络节点利用卫星路由标识(RID)来进行节点间的信息转发,而用户终端则通过自己的接入标识(如IP地址、电话号码、互联网域名)访问网络,天基节点负责将用户的接入标识转换成卫星路由标识。

在终端标识编址方面,可以参考移动通信系统的标识编址方法,这包括用户终端编址、用户身份编址和网络位置编址等多个方面。用户终端编址使用国际移动设备标识码(IMEI),这是一个由15位数字构成的全球唯一的电子串号,与每个移动设备唯一对应,主要用于系统的管理和识别。用户身份编址则采用国际移动用户标识(IMSI),这一标识最多包含15位数字。网络位置编址则采用位置区识别码(LAI),在地球同步轨道卫星移动通信系统中,移动地面站的位置识别码通常由3部分组成:SSC/MCC号码、SNC/MNC号码和LAC号码。SSC号码用于标识服务的国家,使得终端可以区分其家乡卫星系统与正在访问的卫星系统。这一编码形成MCC域,与IMS中包含的3位MCC值相同,以确保系统的全球统一和兼容性。这些标识的设计和使用能够支持终端的有效管理和网络服务的优化。

此外，有大量研究正在探索如何将地面互联网标识和编址体系扩展到天基网络，进而实现天地融合，主要技术思路如下：基于 P 协议，考虑到天基网络节点的运动特性，进行天基网络编址的设计工作，并引入 P 协议分组头部压缩技术以减少包头所占的空间，从而提高空间信道的使用效率。

结合地面网络的发展趋势，天基网络地址拟采用 IPv6 地址格式。这里主要考虑全球单播地址，因为链路本地地址和站点本地地址等无须向外通告的地址可以直接沿用现有的 IPv6 编址方式，多播地址也可以沿用现有方案。

针对空间路由器接口，可以采用图 5-1 所示的编址方式。

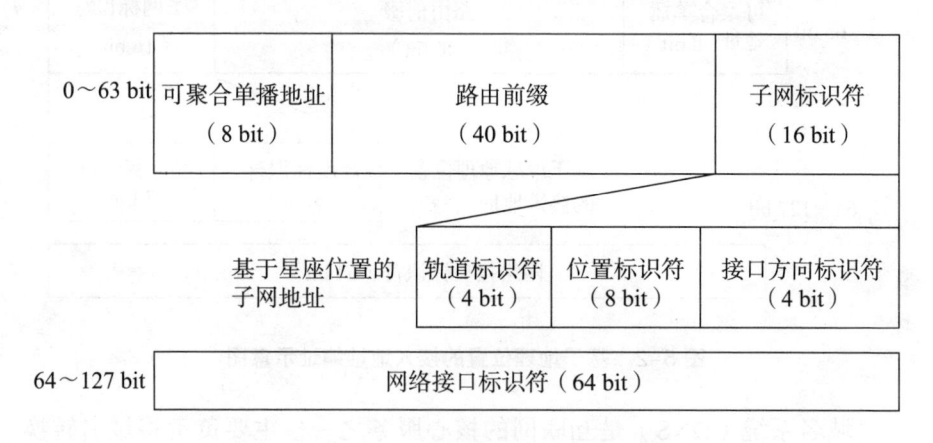

0~63 bit	可聚合单播地址（8 bit）	路由前缀（40 bit）	子网标识符（16 bit）
基于星座位置的子网地址	轨道标识符（4 bit）	位置标识符（8 bit）	接口方向标识符（4 bit）
64~127 bit	网络接口标识符（64 bit）		

图 5-1　空间路由器接口编址示意图

在天基网络节点用于用户编址的过程中，存在两种主要情况。①用户可以采用传统的互联网接入方式，其中用户的接入节点会从其所连接的网络接入点通过 DHCP 服务获取一个全球唯一的单播地址。在此模式下，用户接入节点的接口被标识为 1111。考虑到接入的卫星可能在高速运动，并且用户本身也可能处于移动状态，因此网络采用移动 IPv6 技术来保持用户的传输层连接在不同接入卫星之间切换时不中断。这样的技术实施确保了即使在移动条件下，用户的网络连接也能持续稳定。②在另一种情形下，如果用户位于地面或近地面的相对固定位置，网络可以按经纬度将地面划分为多个区域来进行用户编址。具体来说，使用两个 8 位的区域标识符分别代表经线和纬线方向的区域，即经度和纬度标识符。这种方法允许支持高达 256×256 个不同的区域，每个区域的最大边长约为 156 km。这样的划分允许网络精确地将用户定位到特定的地理区域。这样用户可以通过自己所在的地理位置，结合路由前缀，自动获取一个 IPv6 接入地址，如图 5-2 所示。即使用户接入的卫星因移动而发生变化，用户的地址也无须切换。在执行路由计算时，该方案需实时监测每颗卫星覆盖的具体地理区域，以确保数据包能够被正确地转发到合适的卫星。

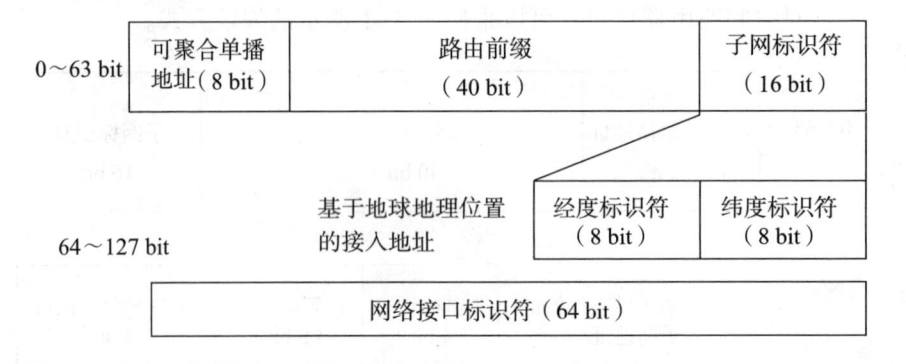

0~63 bit	可聚合单播地址（8 bit）	路由前缀（40 bit）	子网标识符（16 bit）
64~127 bit	基于地球地理位置的接入地址	经度标识符（8 bit）	纬度标识符（8 bit）
	网络接口标识符（64 bit）		

图 5-2　基于地理位置的接入地址编址示意图

域名系统（DNS）是互联网的核心服务之一，主要负责将域名转换成 IP 地址。它通过树状结构和分级授权机制来映射和管理域名，从而提高了查询和管理的效率。在天基网络中，所有的 DNS 请求需要通过地面信关站处理，这会因为传输延迟导致响应时间变慢并消耗宝贵的空间链路资源，增加天基节点的处理负担。为了改善这一问题，可以在天基节点引入 DNS 缓存，存储常用的域名和对应地址，从而加快 DNS 请求的响应速度并减轻网络负载。

天基节点 DNS 缓存策略如图 5-3 所示，具体包括以下步骤：当用户向天基节点发送 DNS 请求报文时，天基节点首先会检查其 DNS 缓存。如果在缓存中找到了对应的域名记录，节点便会直接返回响应报文给用户，完成域名解析。若缓存中没有相应记录，节点则会进行后续的处理步骤。天基节点将 DNS 请求报文转发给地基节点，地基节点检查 DNS 缓存，如果缓存中有记录则将 DNS 响应报文通过天基节点转发给用户，域名解析完成，如果缓存中找不到匹配的记录就继续下一步骤；地基节点会将未在缓存中解决的 DNS 请求报文转发至地面的各级域名解析服务器，直到找到匹配的域名记录。

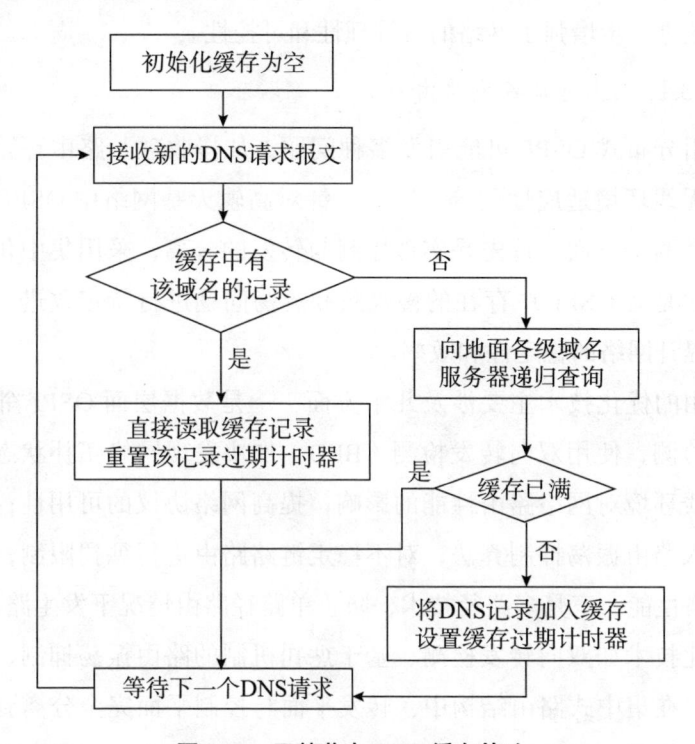

图 5-3 天基节点 DNS 缓存策略

5.2.3 天基网络路由转发

天基网络由处于不同轨道的众多卫星节点组成，这些节点支持高速数据传输和星上路由交换。由于天基网络具有动态变化的特性，以及受限于太空环境的星上资源限制，传统的分布式路由协议（如 RIP、OSPF）无法直接应用于星上。因此，天基网络通常采用集中式的网络路由架构，结合主动路由和按需路由的策略。在这种方法中，复杂的路由计算由地面信关站负责，而天基节点主要承担数据的星上交换和转发任务。这样的设计有效降低了对天基节点处理能力的需求，增强了网络的效率和可靠性。在这种网络架构中，复杂的路由计算由地面信关站执行，从而显著减少了卫星节点的资源消耗。信关站持有对天基网络全局的视图，因此进一步增强了网络的可管理性和可控性。

5.2.3.1 GEO 星座组网路由

应用分布式 OSPF 可能引发多种问题，如慢收敛、路由环路、路由振荡和无线环境适应性差等。因此，针对高轨天基网络中 OSPF 的优化主要涉及两个方面：首先是实现控制与转发的分离，采用集中化部署策略；其次是对 OSPF 中存在的慢收敛和震荡问题进行特定改进。这些改革旨在提升网络的稳定性和效率。

采用的优化技术主要涉及几个方面：一是数据层面 OSPF 邻居状态的快速检测，使用双向转发检测（BFD）加快发现网络拓扑状态，减小空间无线环境对网络路由性能的影响，提高网络协议的可用性；二是控制层引入路由振荡抑制算法，对不稳定链路路由进行惩罚限制，较好地改善网络性能；三是多路径技术，防止单路径路由情况下发生路由拥塞。具体优化技术如双向转发检测、基于惩罚机制的路由振荡抑制、多路径路由等。在集中式路由结构中，转发平面与控制平面完全分离到专用的网络节点实现。转发器用于数据转发和邻居发现，而控制器主要进行路由计算和控制。在 OSPF 操作中，邻居链路状态通告被发送至控制平面的控制器。控制器根据这些信息构建一个描述整个网络视图的链路状态数据库。完成路由计算后，控制器将路由表下发到各个转发器。这些转发器依据接收到的路由表更新自己的转发表，以便进行有效的数据转发，这个过程确保了网络的高效运作和数据的正确转发。

在此网络架构中，集中控制器拥有整个网络的全局拓扑视图，通过收集代表拓扑状态的链路状态数据库（LSDB）来集中关键网络信息。网络中检测到的故障信息通过链路状态通告（LSA）更新到 LSDB，允许路由选择过程中绕过故障区域。另外，双向转发检测（BFD）协议在转发层提供快速的故障检测，支持其他路由协议及时响应网络状态的变化，触发并加速网络的收敛过程。由于 BFD 主要对数据面的连接进行检测，不涉及控制面的功能实现，因此它特别适合用于控制与转发分离的网络结构。这种配置提高了网络的稳定性和响应速度。

5.2.3.2　NGSO 星座组网路由

由于非地球静止轨道星座的节点快速移动和拓扑周期性变化，传统地面网络路由协议不足以满足其网络路由的需求。因此，需要根据非地球静止轨道星座的特性，设计一种基于星历预测的星间路由协议，该协议涵盖路由计算、路由注入以及时间片切换 3 个核心部分。具体操作如下：天基接入网络控制器利用星历图分析星座的运动周期，将其分割为多个静态拓扑快照，并预先计算这些周期性变化的拓扑快照序列，生成静态拓扑数据库、邻居表和路由转发表。这些路由计算结果随后注入各个卫星及其星载交换机中，每个卫星按照设定的时间间隔执行时间片切换，以适应快速变化的网络条件。

在路由计算方面，根据路由表的生成方法，可以将路由协议分为两类：静态路由协议和动态路由协议。静态路由协议通过人工设置或软件预测的方法预先制订路由表，这种方法的优势在于不需要实时在线进行计算和不必传播控制报文，从而节省了大量的中央处理器（CPU）计算资源和网络带宽。然而，静态路由协议的缺点是它难以适应网络环境的动态变化。

动态路由协议需要在实时环境中计算，并在网络中传播控制报文，这使得其算法较为复杂并占用大量的 CPU 资源和网络带宽。不过，动态路由协议的主要优点是能够适应网络拓扑、业务流量以及节点和链路的各种变化。这意味着只要源节点和目的节点之间存在连通性，动态路由协议就能够找到一条可用的路径。在星座系统中，周期性的网络状态被划分为 K 个时间间隔，每个间隔 Δt 内链路代价的变化非常小，可以将其视为静态拓扑。因此，动态的网络拓扑可被视为一系列静态拓扑快照。利用这些静态拓扑快照，可以离线预先使用改进的 Dijkstra 算法计算出若干条最低耗费路径（即最优路径）。在卫星发射前，预先计算的空间路由表和转发表被加载并注入每个卫星交换节点。这些表格使得星座网络在拓扑发生变化时能够通过在线更新这些星上路由表来适应新的网络环境。这种策略有效地应对了星座网络的动态变化，确保了数据传输过程的效率和准确性。

在星座系统中，每个卫星节点在被加载了预先计算的静态路由表后，能够独立执行数据分组的转发任务，而无须与其他卫星节点交换网络状态信息。这种方法使得每个星上节点只需存储通过优化合并后的简化路由表，与原始路由表相比，这大幅度减少了存储需求。此外，为了有效管理系统的运行周期 T，可采用分时方法将其划分为若干个时间段，每个时间段都根据预设条件被选定，以确保整个星座网络的高效和稳定运行。这种分时划分方法进一步增强了网络的管理效率和操作的灵活性。

5.2.3.3 天基柔性可重构路由转发

近年来，天基网络为了增强功能和业务的扩展性，已开始研究和应用可编程转发机制与分段路由技术。在集中式组网架构中，星上的转发设备可通过多种方式进行编程，实现与控制器之间的通信。这种通信通过一个通用、开放且与硬件厂商无关的接口完成，使得在转发层面实现了目标无关性。这样的设计允许控制器轻松控制来自不同硬件和软件供应商的转发设备，从而增强了网络的灵活性和兼容性。天基网络的转发节点除了需要具备目标无关性，还必须实现协议无关性和可重配置性。这意味着转发节点不仅不依赖于任何特定的数据包格式，还可以调整已配置的数据处理方法。具备这些特性的好处是，星上转发节点可以在不更换硬件的情况下进行功能升级，增强与未来新兴网络设备的兼容性，适应综合化载荷的发展趋势，这些功能主要由 P4 技术支持和实现。

P4 抽象转发模型如图 5-4 所示，交换机使用一个可编程的解析器和一系列的"匹配-动作表"来转发数据包。这种转发模型涵盖配置和流表控制两种操作类型，配置操作定义了交换机支持的网络协议类型，并决定了交换机的数据包处理方式，这样的结构使交换机在处理数据包时具有高度的灵活性和适应性。

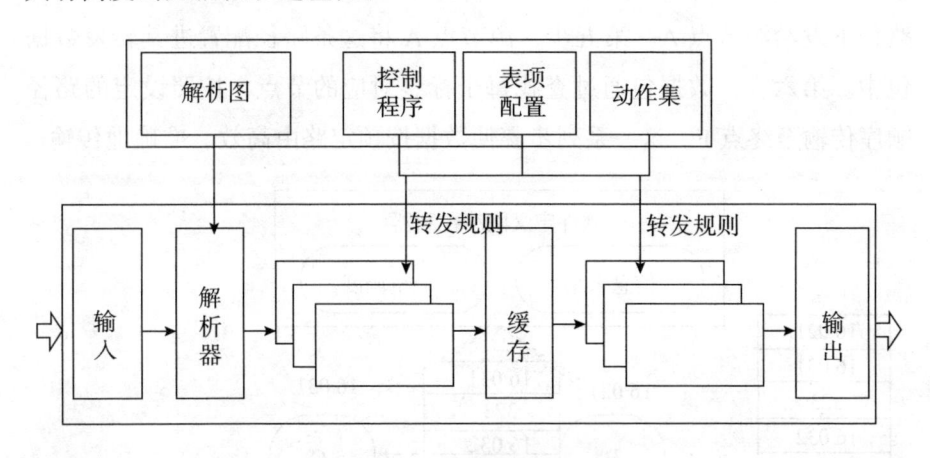

图 5-4 P4 抽象转发模型

在基于分段路由（SR）的天基网络组网中，采用集中式架构允许所有的路由计算由控制器完成，这样不仅节省了星上的计算资源，还提升了网络的利用率，展现出良好的发展潜力。然而，采用传统方法逐个下发路由表项来配置网络，一方面导致了较大的通信延迟，另一方面限制了网络的扩展规模，这种方法虽有效，但在某些方面存在局限性。采用分段路由技术可以显著减少控制器与转发节点之间的通信需求。在路径被确定之后，控制器只需将一系列顺序的段列表发送至源节点，该节点便可以指引数据包沿预定路径穿行整个网络，无须对中间转发节点进行流表配置，这种方式赋予了 SR 技术强大的流量引导能力。结合软件定义网络技术，SR可以非常便捷地对不同数据流进行精细化管理和控制，这不仅提高了网络的灵活性，还增强了其应对复杂网络需求的能力。典型的SR转发流程如图5-5所示，在SR过程的第一步中，控制器收集整个网络的拓扑和链路状态信息，并分配相应的SR标签，如节点标签16 021、16 031、16 032、16 041和链路标签323。第二步，当特定的数据流到达并且相关应用提出网络需求时，源节点A会向控制器请求路径计算。第三步，控制器使用路由算法，利用收集的拓扑、状态和标签信息，计算出满足需求的明确路径（如图中的箭头所示）。第四步，控制器将这条计算出的路径下发给源节点A。第五步，源节点A将这条路径配置进其转发数据包中。第六步，数据包通过查找每个标签对应的节点，按照设定的路径顺序传输至终点F。这一系列步骤使数据按预定路由高效、准确地传输。

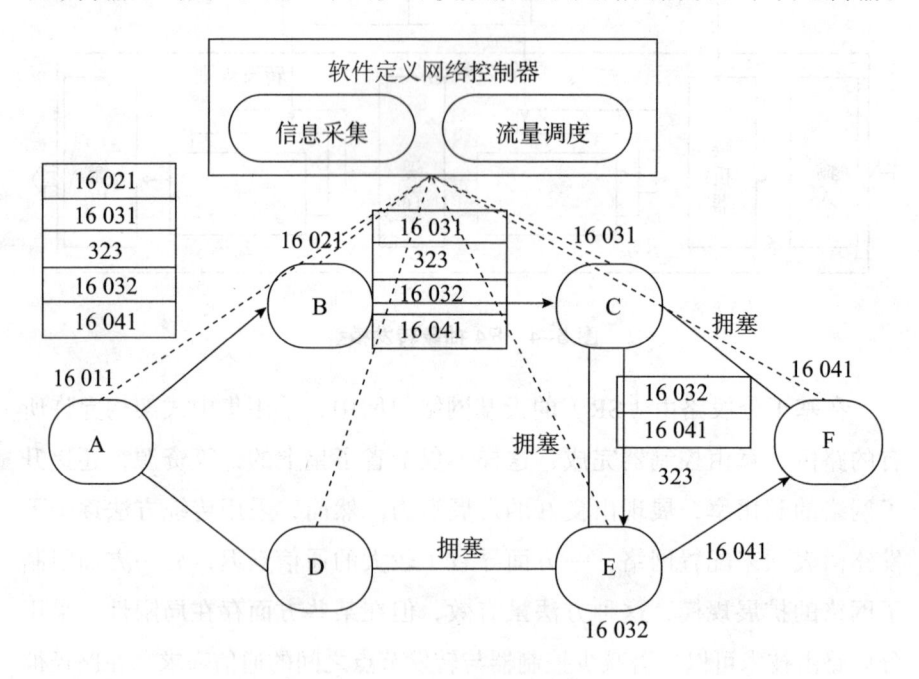

图5-5 典型的SR转发流程

5.3 天地一体化网络路由技术

5.3.1 卫星网络路由建模

在卫星地面融合网络中,卫星的高动态性导致网络拓扑经常发生变化,这给路由算法的设计带来了重大挑战。为了应对这一问题,通常采用两种策略:虚拟拓扑策略和虚拟节点策略。虚拟拓扑策略依托于卫星网络的周期性,通过设计周期性重复的拓扑结构来减少因动态变化带来的复杂性。虚拟节点策略充分利用了卫星网络的全覆盖特性,通过创建虚拟节点来简化网络管理和路由计算。这两种策略共同帮助解决了由于卫星高动态性带来的路由设计难题。

5.3.1.1 虚拟拓扑策略

虚拟拓扑策略主要是将动态变化的网络拓扑划分成多个时间片,其中每个时间片内的网络结构都是稳定的,没有链路的连接或断开。这样的时间片被定义为一个拓扑快照。在每个时间片生成静态拓扑之后,就可以运用路由算法来计算出相应的路由表。这种方法将连续变化的网络转变为一系列静态快照,使得路由计算可以在一个稳定的环境下执行,从而有效实现网络的路由管理。这样的策略极大地简化了在高动态网络环境中的路由计算问题。

虽然卫星相对于地面来说每时每刻都在移动,但将视角放置到整个卫星网络后,在某些较小的时间段内,卫星网络的拓扑是稳定的。由于卫星的轨道运动和地球自转的周期性特点,网络拓扑的快照数量会在达到一定的周期后稳定,这意味着新的拓扑快照最终会重复旧的快照。在这个基础上,可以使用路由算法计算出每个快照的网络拓扑对应的路由表，并将这些路由表存储在各节点中，从而在离线状态下实现网络的路由。这种方法有效地利用了网络拓扑的周期性，简化了路由管理的复杂性。结合卫星的周期运动特性，虚拟拓扑策略能够在不消耗计算资源的前提下实现路由计算。然而，这种方法需要使用大量的存储资源来保存这些网络拓扑的快照。这样的策略有效地节省了计算资源，但增加了存储需求。

5.3.1.2 虚拟节点策略

虚拟节点策略的核心思想是将移动的卫星节点虚拟化为一个固定的节点，这样的节点持续覆盖特定区域，从而隔离了由卫星运动引起的网络拓扑变化，便于进行稳定的路由建模。这种方法通过虚拟化技术简化了因卫星动态性带来的路由计算复杂性。

每个特定区域上方设置了一个虚拟的卫星节点，以确保区域的持续覆盖。同时，该区域上方实际存在一颗真实卫星，负责提供实际服务。只要这颗实际卫星未离开该区域，就可以保证区域内的服务连续性，证明虚拟卫星的功能是有效的。这种设置简化了由卫星移动引起的服务间断问题。

当一颗实际的卫星离开其服务区域后，另一颗卫星会移入该区域并继续提供服务。卫星运动具有周期性，因此合理划分每个区域，可以确保每个区域上方假定的虚拟卫星始终有效。这样，使用虚拟卫星节点来代替实际的卫星节点可以有效屏蔽由卫星移动带来的网络拓扑变化，简化网络管理和路由计算。在虚拟节点策略下的卫星网络被视为拥有稳定拓扑的网络，这是因为即使某个区域的覆盖卫星离开，另一颗卫星也会移入该区域以继续提供服务。从全局角度来看，卫星网络的结构因此保持稳定。这种策略确保了网络拓扑的连续性和一致性，降低了管理和操作的复杂性。

5.3.2 卫星网络路由算法

5.3.2.1 虚拟拓扑路由算法

虚拟拓扑路由算法是一种在网络中优化数据传输路径的关键技术，广泛应用于光网络、卫星网络和各类无线传感网络中。该算法的核心目标是通过创建虚拟的网络层次结构和链接，实现数据在网络中的高效、可靠传输。

在实施虚拟拓扑路由算法时，需要根据网络的实际需求和资源情况，设计一个虚拟层面的网络拓扑，这一步骤涉及对物理网络节点之间可能的虚拟连接进行规划，确保这些连接可以高效地支持网络中的数据流。例如，在光网络中，虚拟拓扑的设计需要考虑波长资源的分配和光纤的传输能力，以减少传输延迟和增加带宽的利用率。

设计完虚拟拓扑后，路由算法会根据这个拓扑结构进行数据的路由。这里的关键是如何选择数据包从源节点到目标节点的最优路径。虚拟拓扑路由算法通常采用图论中的最短路径算法，如 Dijkstra 算法，来确定最佳路由。这些算法能够考虑到节点之间的连接权重，如传输时间、成本或能耗等因素，从而选出成本最低的路径。此外，虚拟拓扑路由算法需要具备动态适应性，以应对网络状态的变化，例如，当网络拓扑因节点故障或链路断裂而发生变化时，算法应能够重新计算路由，快速适应新的网络状态。这种动态调整能力是确保网络在各种条件下都能保持高效运行的关键。

虚拟拓扑路由算法通过高效管理虚拟和物理资源，优化了数据传输路径，不仅提高了网络的传输效率和鲁棒性，还能根据实际情况灵活调整，是现代复杂网络系统不可或缺的一部分。

5.3.2.2 虚拟节点路由算法

数据报路由（datagram routing algorithm, DRA）算法首创了虚拟节

点模型，该模型将地球表面分为多个逻辑区域，每个区域上空均假设存在一个虚拟的卫星节点。依据卫星的周期性运动，DRA 算法构建了一个静态且稳定的网络拓扑，有效地忽视了卫星移动性可能引起的问题。基于虚拟节点模型的 DRA 算法目的是为每个请求寻找传播延迟最短的路径。通过采用虚拟节点策略形成的网络拓扑，算法能根据入口与出口节点的位置关系及轨道特性迅速制订出路由策略。此外，该算法考虑到极区轨道交汇可能引发的轨道间链路失效问题，优化了路由效率。

低复杂度概率路由算法（low-complexity probabilistic routing algorithm, LCPRA）是基于虚拟节点路由策略进行改进的算法，主要处理卫星节点收到包之后如何动态地选择下一跳节点的问题。LCPRA 基于虚拟节点策略，一般用 <ki，rj> 来表示第 i 个轨道的第 j 个卫星，当卫星节点收到需要转发的包时，卫星节点先从包头提取目的地址，然后对比目的地址的 <K，R>，根据比较结果做出不同的策略。同时，算法在选择下一跳节点的时候考虑了极地 LEO 链路的问题，以及链路拥塞和延时的问题。

一般情况下，以 Kc 代表入口节点（源节点）的轨道标识符，表示数据传输的起始卫星节点所在轨道的编号；Kd 代表出口节点（目标节点）的轨道标识符，表示数据传输的目的卫星节点所在轨道的编号；Rc 代表入口节点（源节点）的水平位置标识符，表示入口卫星节点在轨道上的具体位置，通常与经度、纬度等相关；Rd 代表出口节点（目标节点）的水平位置标识符，表示出口卫星节点在轨道上的具体位置。由此，将算法中路由的决策分为以下 3 种情况。

（1）Kc ≠ Kd，Rc=Rd。如图 5-6 所示，在这种情形中，入口和出口卫星节点虽然位于不同轨道上，但它们处于同一水平线，此时数据传输仅需沿水平方向进行。存在一种情况是入口和出口节点均位于极区，由于极区轨道间的链路可能失效，数据传输需先向极区外部移动。

Sc—卫星坐标；Sd—目标卫星。

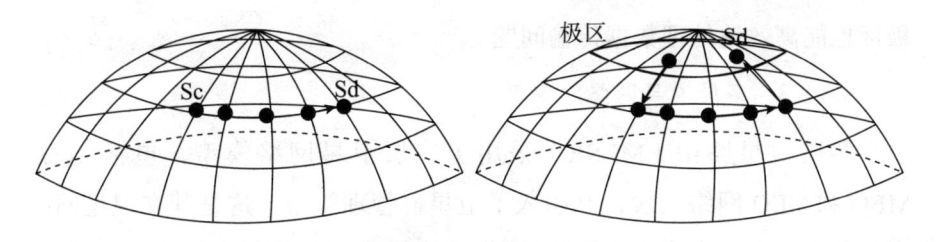

图 5-6　虚拟节点示意图

（2）Kc=Kd，Rc≠Rd。在这个场景中，入口与出口卫星节点位于同一轨道，轨道内的链路不受极区影响而失效，因此同轨道数据传输不需担心极区问题。然而，在以时延为目标的路由策略中，必须考虑是向北传输还是向南传输，因为轨道形成圆环，两点之间存在一个最短距离。通过两个卫星节点的水平身份标识（ID），便可以确定最短路径的方向。

（3）Kc≠Kd，Rc≠Rd。虚拟节点示意图如图 5-6 所示。在该情形中，入口卫星节点和出口卫星节点位于不同的轨道上，且不处于同一水平线，由于需要考虑极区的影响，因此场景被进一步区分：入口节点与出口节点均非极区，入口节点位于极区，以及出口节点位于极区。当两个节点都不在极区时，由于高纬度区域的轨道间链路较短，因此在进行水平轨道间传输前，先通过轨道内链路向高纬度区域传输，从而可以通过水平的轨道间链路实现最短路径传输。

在处理出口节点位于极区的情况时，因为极区的轨道间链路不可用，数据首先被传输到较高纬度区域，然后通过水平方向的轨道间链路移动到出口节点所在的轨道，最后通过该轨道内的链路完成到出口节点的传输，确保了最短的时延跨越极区。相似地，当入口节点处于极区时，数据传输策略包括首先在轨道内进行数据传输以离开极区，然后利用位于高纬度区域的轨道间低时延链路进行数据传输，最后通过目标轨道内的链路完成传输，从而实现整个过程的最小时延，这种方法确保了即使在极区也能高效地处理数据传输问题。

5.3.2.3 多层卫星网络路由算法

多层卫星路由（MLSR）采用了三层卫星网络模型，包括 LEO、MEO 和 GEO 网络层次，并引入了卫星群管理策略，这是其在卫星网络中的首次应用。该算法的目标是降低网络拓扑的计算复杂性和通信成本。在 MLSR 路由算法中，每个 LEO 卫星收集并报告链路延迟信息给其对应的 MEO 卫星管理器，该管理器再通过其层内的其他卫星传播这些信息。MEO 和 GEO 层重复这一过程，最终，GEO 卫星负责计算并分发路由表至各下层卫星，这种方法有效地减少了信令开销，同时保持了网络的层次结构。

在分层卫星网络架构中，高层卫星与其覆盖下的第一层卫星形成卫星群组，其中高层卫星担任群组的管理者，负责对成员卫星节点进行管理和调度。在形成卫星群组的过程中，可能会出现一个低层卫星同时被多个高层卫星覆盖的情况，此时低层卫星通常会选择距离最近的高层卫星作为其管理者。由于卫星本身具备移动性，一旦卫星移动出当前上层卫星的覆盖范围，它就会离开原有的卫星群组，并加入一个新的群组。基于上述的分层管理策略，MLSR 算法采用低层卫星向高层卫星传递链路信息，高层卫星向低层卫星反馈路由信息的方式，从而通过减少控制信令开销来完成网络的路由计算。为了进一步简化网络拓扑的复杂度，MLSR 算法将一个群组的卫星节点化，并用群组节点到其他节点的最长时延来表示组间链路信息。

MLSR 算法首先从 LEO 层卫星开始收集并上传链路信息。LEO 卫星测量与自己相连链路的时延信息并整理好后，通过层间无线链路上传至其管理者 MEO 卫星。MEO 卫星接收到从 LEO 卫星上传的链路信息后，再将这些信息转发给 MEO 层的其他节点，使得 MEO 层的管理者节点能够掌握 LEO 层的全局链路状态。

然后是 MEO 层卫星的链路信息收集与上传。与 LEO 卫星收集链路信息以及上传类似，MEO 卫星节点也会收集其邻近链路的时延信息并上传给其管理者 GEO 卫星。不同的是，MEO 在上传时需同时上传 LEO 层和 MEO 层的链路信息，接收到 MEO 上传的信息后，GEO 卫星首先在 GEO 层传递这些信息，然后对 LEO 群组进行节点化处理，以简化路由表计算的复杂度。

在收集和整理链路信息后，GEO 卫星负责计算其下属 LEO 卫星和 MEO 卫星的路由表。完成计算之后，GEO 卫星通过与上传类似的分层传递机制开始下发路由表。GEO 卫星将 MEO 和 LEO 的路由表发送至 MEO 卫星，在向 LEO 卫星下发路由表前，MEO 卫星利用之前收集的 LEO 链路信息来核实路由表的准确性，确认无误后再传递给 LEO 卫星。

卫星分组和路由协议（SGRP）是基于卫星组网理念开发的一种路由协议，旨在降低端到端延时和减轻链路拥塞，从而减少系统负载。在 SGRP 协议中，LEO 卫星会根据上层卫星的覆盖情况选择一个 MEO 卫星进行接入。被选中的 MEO 卫星负责管理其覆盖区内的 LEO 卫星，包括进行控制信令的交换和路由表的计算。

5.4 天地一体化网络切换

5.4.1 天地一体化网络切换机制

单一无线网络已不足以应对日益增长的用户需求，因此发展异构融合网络成为未来无线通信的必然趋势。在这种异构网络环境中，受用户移动性和网络资源分配的影响，必须实时为终端选择适合的接入网络。因此，网络切换技术成为星地融合网络中的一项关键技术。

5.4.1.1 网络切换分类

切换控制方式主要分为硬切换和软切换两种。硬切换会首先中断用户当前的连接，然后再接入新的网络，这种方式可能导致用户的通信服务暂时中断，从而影响使用体验。相对地，软切换可以避免中断问题，但其缺点是会消耗更多的信道资源。

同时，网络切换从接入技术上来划分可以分为水平切换和垂直切换。水平切换是指切换前后的网络使用同一个接入技术，这种切换比较简单，涉及的切换因素也比较少。垂直切换是指切换前后，网络的接入技术不同，即异构网络间的切换，这种切换方式比较复杂，切换影响因素较多。

5.4.1.2 网络切换控制方式

网络切换控制方式分为以下 3 种主要类型。①由用户终端控制的切换，其中终端定期检测如信号强度和信噪比等因素，并在条件满足时发起切换指令。②网络侧负责监控并触发切换，之后通知用户终端完成过程。③切换决策由网络进行，基于用户终端上报的环境数据。这种方式使网络能够处理更多维度的切换请求，如用户移动性、业务变动及资源分配，从而优化网络性能和提升服务质量。

5.4.1.3 网络切换判决算法

当前，关于天地一体化网络切换机制的研究还相对较少。不过天地一体化网络与传统地面系统融合网络在某些特征上是相似的，且地面网络的切换算法已有较为丰富的研究成果。因此，可以通过结合地面网络的成熟切换算法和卫星地面融合回程网络的特定特征来优化其切换判决算法的研究。

在天地一体化网络中，接收信号强度、信号干扰噪声比是最基础的切换决策因素，大部分切换算法都是从这些因素出发进行研究，也有一些切换算法会同时结合多种因素。这些算法对于切换因素的使用比较单薄，没能综合起来使用。星地融合网络的环境更加复杂，需要考虑的切换决策因素更多，切换方式也更加复杂，有因用户移动导致的卫星波束间的水平切换、地面小区之间的水平切换，还有由用户需求以及网络资源分配优化等带来的卫星网络与地面网络之间的垂直切换请求。因此，在卫星地面融合回程网络架构下，需要对用户的切换请求进行建模。另外，用户当前位置与运动、网络资源分配、负载均衡等因素都会触发切换。因此，在卫星地面融合回程网络中，对网络切换问题的研究需要综合考虑多种因素。

5.4.2 天地一体化网络切换仿真

本部分对用户服务指标达成度进行了建模，并利用模型结合用户请求和网络参数得到各网络的用户服务指标达成度，用户服务指标达成度最大的网络即为切换目标网络。切换判决流程图如图 5-7 所示。

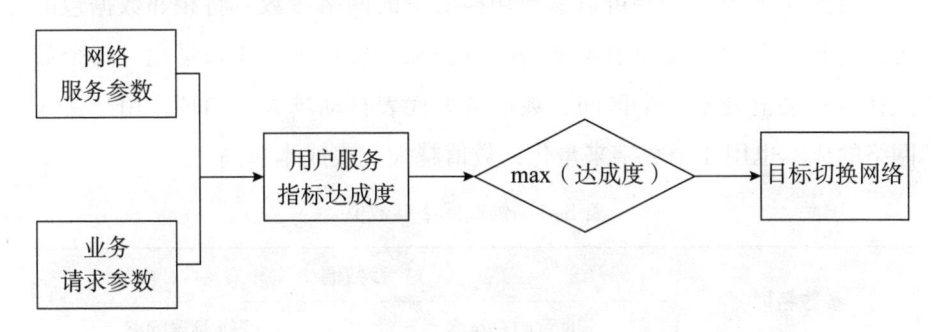

图 5-7 切换判决流程图

下面对用户服务指标达成度进行建模：

在低轨道卫星空中交通管制异构融合网络架构中，用户服务指标达成度主要体现在用户终端在各种环境中的通话质量和多业务请求的满足程度，基于这些因素，本部分对用户服务指标达成度进行了建模。

网络侧与用户终端会在固定时间进行一次交互，分别对一小段时间内的网络服务参数与用户请求参数进行采样，如系统吞吐、业务包丢包率和误码率、端对端时延和抖动等,由于各个参数的量纲并不相同,为了比较差异度,需要进行归一化处理。由于网络侧与用户侧进行一次交互得到的数据量较小并且差异较小,而且各指标的取值范围已知,因此采用 min-max 归一化方法进行归一化和取均值,得到网络服务参数 $Q_{network}$ 与用户请求参数 Q_{user},然后代入式(5-1)中:

$$USIA = \sqrt{\frac{\sum_{i=1}^{n}\left(Q_{newwork}^{i} - Q_{user}^{i}\right)^{2}}{n}} \quad (5-1)$$

式中:USIA 为用户服务指标达成度(user service indicator achievement);n 为选用的决策因素个数。如式(5-2)所示,网络选择阶段的目标就是在 M 个方案中寻找具有最小 USIA 的网络。

$$A_{UEIA} = \arg\min USIA_{i \in M} \quad (5-2)$$

表 5-1 列出了一些可以参与切换决策的网络参数。将相邻数据包的传输时延的差值的绝对值定义为时延抖动,使用 1～4 来量化,每个数值代表抖动值处于一个区间,数值越大代表抖动越大。同理,用户接入网络的成本也用 4 个数字来量化,数值越大代表成本越高。

表 5-1 候选网络参数值

参数名称	参数值	
	地面ATC网络	低轨卫星网络
小区/波束半径	50 km	344.5 km
抖动	3	2
小区用户数	200	—
小区服务容量	5 Mbit/s	20 Mbit/s
端对端时延	200 ms	300 ms
网络开销	2	4
基站数量	7	3

对于地面 ATC 网络与 LEO 卫星网络重叠覆盖用户，信道衰落模型取经验值 σ =7.5 dB，K=6 dB。最低接收信号门限为 $RSS_{threstola}$=-50 dB，当用户接收到信号强度小于接收信号门限值时，将无法通信。

在实际应用中，地面网络无法覆盖某些区域，同时卫星网络的覆盖也可能因建筑物等遮挡物而受到限制。

卫星点波束与地面网络采用频率复用技术，使得用户离开当前 7 小区后再次进入等同于原先的状态，确保用户随时随地都能获得 LEO 卫星网络和地面 ATC 网络的覆盖。

第6章　天地一体化网络通信传输

6.1　天地一体化网络传输技术

6.1.1　天地一体化网络协议

空间数据系统协商委员会（consultative committee for space data systems, CCSDS）是一个国际性的组织，致力于制订太空领域的标准等。CCSDS 成立于1982年，由国际航天界的代表组成，包括航天局、工业界和学术界的专家。其主要任务是促进全球范围内航天数据交换和信息系统的互操作性和标准化，以确保各国航天任务之间的有效协作和数据交换。

CCSDS 的工作涵盖了多个领域，包括数据格式、通信协议、安全标准和信息模型等。其制订的标准的内容不仅涉及地面与太空之间的数据传输，还涉及在太空探索过程中数据的存储、处理和传递。这些标准不仅有助于提高数据传输的效率和可靠性，还为国际航天合作提供了重要的技术基础。

总体而言，CCSDS 通过制订和推广统一的航天数据交换标准，为全球航天领域的协同工作和数据共享提供了支持，是国际航天领域中不可或缺的重要组织之一。

6.1.1.1 应用层

CFDP（connection fault tolerant data protocol）是 CCSDS 定义的文件传输协议，旨在支持在航天任务中可靠地传输文件。它采用了类似于传统数据链路层协议的设计思路，但专为满足航天系统的特殊需求而优化。CFDP 通过将文件分割成多个数据块，并引入传输确认和重传机制，确保数据的完整性和可靠性。协议中定义了发送端和接收端的角色，以及文件传输的状态机，使在不可靠的通信环境中也能有效地进行数据交换。CFDP 的主要特点包括以下几点：①数据分割和重组，即将大文件划分为小的数据块，便于传输和管理；②传输确认和重传，即接收端确认每个数据块的接收情况，并在需要时请求发送端重传丢失的数据块，保证数据的完整性；③状态管理，即定义了详细的状态机，描述了文件传输过程中各个阶段的状态转移和行为。CFDP 已被广泛应用于多个航天任务，为数据交换提供了高效的解决方案。

MDP 是 CCSDS 制订的任务数据传输协议，专门用于在航天任务中处理和传输数据。与 CFDP 不同，MDP 更侧重于实时和异步数据传输，适用于需要即时处理和反馈的任务。MDP 的设计目标是在低延迟和高吞吐量的环境中提供可靠的数据传输解决方案，并支持多种数据类型和传输模式。MDP 的主要特点包括以下几点：①实时数据处理，即支持即时处理和传输数据，适用于需要快速响应的任务；②多数据类型支持，即能够处理不同类型和格式的数据，包括图像、视频、传感器数据等；③灵活的传输模式，即支持点对点、多播和广播等多种传输模式，适应不同的任务需求。MDP 通过定义一套统一的数据传输协议，为航天任务中的数据管理和交换提供了高效、可靠的解决方案，促进了国际航天合作和数据共享。

6.1.1.2 传输层

SCPS-TP（space communications protocol standards - transport protocol）是一种专门为航天通信设计的传输层协议，旨在提升在太空环境中的数据传输效率和可靠性。由 CCSDS 定义，SCPS-TP 结合了传统的传输层协议特性，如流控制、传输确认和差错恢复机制，能适应特定的航天系统的需求。它支持多种通信链路和传输模式，包括卫星链路和地面站通信，确保数据在不同环境下的稳定传输。

SCPS-TP 的主要特点包括以下几点：①流控制和传输确认，即通过流控制和传输确认机制，确保数据传输的顺序和完整性；②差错恢复，即在丢包或错误发生时，通过重传机制和差错检测算法恢复数据完整性；③灵活性，即适应多种通信链路和传输模式，包括高延迟、高误码率的卫星链路。SCPS-TP 的设计考虑了航天任务中的特殊需求，为航天数据传输提供了高度可靠的解决方案。

TCP（transmission control protocol）是互联网通信常用的传输层协议，负责在通信的两端建立可靠的数据传输连接。TCP 提供了面向连接的、可靠的数据传输服务，通过序号和确认机制保证数据传输的顺序和完整性。它支持流控制、拥塞控制和错误检测与恢复，适用于各种场景，如网页浏览、文件传输等。TCP 的特点包括以下几点：①可靠性，即通过确认和重传机制，保证数据传输的可靠性；②流控制和拥塞控制，即根据网络状况动态调整数据发送速率，避免网络拥塞；③面向连接，即在通信的两端建立连接，通信前需要三次握手建立连接，通信结束后需要四次握手释放连接。TCP 在互联网和局域网中被广泛使用，是大多数应用程序首选的传输层协议。

UDP（user datagram protocol）是一种简单的面向数据报的传输层协议。与 TCP 相比，UDP 不保证数据的可靠性和顺序传输，也不提供流控制和拥塞控制。UDP 适用于那些对实时性要求较高、能够容忍少量数据丢失的应用场景，如语音通信、视频流传输等。UDP 的主要特点包括以下几点：①无连接性，即通信双方不需要建立连接，直接发送数据报；②低延迟，即由于不需要确认机制和重传，数据传输延迟较低；③适用于实时应用，即对数据传输的实时性要求高，能够快速发送数据。UDP在需要快速传输和简单实现的应用中得到广泛应用，但需要应用层自行确保数据的顺序和完整性。

6.1.1.3 网络层

RIP（routing information protocol）是一种老旧但仍广泛使用的距离向量路由协议，用于在小型和中型网络中动态计算路由信息。RIP 基于 Bellman-Ford 算法，通过在网络中定期交换路由更新信息来确定最佳路径。每个路由器在更新中发送其已知的所有路由信息，包括目的网络的跳数和下一跳路由器。RIP 对路由表的更新频率和网络大小有限制，通常在大型网络中性能较差。RIP 的主要特点包括以下几点：①距离向量算法，即将距离（通常是跳数）作为路由选择的标准；②定期更新，即每隔一段时间发送完整的路由表信息，以保持网络状态的一致性；③最大跳数限制，即限制了网络的规模，适用于小型和中型网络。尽管 RIP 在大型网络中的效率有限，但它易于实现和配置，适用于简单的网络环境。

开放式最短路由优先（open shortest path first, OSPF）是一种高级别的链路状态路由协议，用于动态计算和维护路由信息。与 RIP 不同，OSPF 使用 Dijkstra 算法来计算最短路径，并通过链路状态更新（LSA）来交换网络中每个路由器的拓扑信息。OSPF 支持 VLSM（可变长度子网掩码）和 CIDR（无类域间路由），适用于复杂的大型企业网络和互联网核心路由器。

OSPF 的主要特点包括以下几点：①链路状态算法，即计算最短路径，并通过更新链路状态信息来动态调整路由表；②分层设计，即支持多区域设计，减少了路由器之间的信息交换，增强了网络的扩展性和可管理性；③快速收敛，即对网络拓扑变化有快速响应能力，减少了对网络性能的影响。OSPF 由于具有灵活性和高效性，被广泛应用于大型企业网络和互联网核心路由器，是现代网络中最常见的路由协议之一。

6.1.1.4 MAC 接入模型

ALOHA 是一种经典的多路访问协议，旨在解决多个终端设备通过共享传输介质进行数据传输时可能发生的冲突和碰撞问题。AOS（ALOHA operating system）是对 ALOHA 协议的一种改进和扩展，特别是在处理卫星通信等高延迟链路时更为有效。AOS 引入了随机访问和重传机制，通过随机选择传输时机和处理碰撞来提高传输效率和可靠性。AOS 的主要特点包括以下几点：①随机访问，即终端设备可以在任意时间点发送数据，而不需要等待特定的时间窗口；②碰撞检测和重传，即若发生数据碰撞，设备将重新发送数据，以确保传输的成功；③适应性，即适用于各种通信环境，包括低带宽和高延迟的卫星通信。AOS 虽然已经有了现代更高效的替代方案，但其基本的多路访问原理对理解多路访问协议的基础仍然具有重要意义。

高级数据链路控制（high-level data link control, HDLC）是一种数据链路层协议，常用于同步串行数据通信，提供了高效的数据传输和错误控制功能。HDLC 支持点对点和多点配置，并定义了三种基本的操作模式：正常响应模式（normal responses mode, NRM）、异步响应模式（ARM）和异步传输模式（ABM）。它通过使用帧结构、序号控制和确认机制来保证数据的可靠传输。HDLC 的主要特点包括以下几点：①帧结构，即定义了传输数据的帧格式，包括地址字段、控制字段、信息字段和校验字段等；②流量控制，即通过窗口控制和确认机制，控制发送和接收数据的速率，避免数据丢失和重传；③多点连接，即支持多个终端设备通过单个链路进行通信。HDLC 作为一种通用的数据链路层协议，在各种通信设备和网络中广泛使用，尤其是在传统的数据通信领域和一些特定的工业控制系统中。

TC（telecommand）是一种用于控制卫星和航天器的数据传输协议，

属于卫星通信中的一部分。TC 负责从地面站向卫星发送命令和控制信息，如操作指令、参数设置等。TC 定义了数据传输的格式、错误检测和确认机制，确保命令的安全、可靠传输。在卫星运行过程中，TC 扮演了关键的角色，其支持实时的遥控操作和指令传递。TC 的主要特点包括以下几点：①命令传输，即向卫星发送各种操作和控制命令，如启动、停止、调整参数等；②安全性和可靠性，即通过错误检测和重传机制，保证命令传输的完整性和正确性；③卫星通信标准，即遵循国际航天界的标准和推荐做法，确保在不同卫星和地面系统之间的兼容性。TC 在航天任务中具有重要意义，为地面操作人员提供了远程控制卫星和航天器的重要手段，有利于航天任务的顺利执行和对航天任务的操作管理。

6.1.2　基于网络编码的传输方法

6.1.2.1　网络编码方法介绍

在网络编码中，将一个原始数据包视为大小为 q 的有限域 F_q 上的向量，令 p_k 为源端发送的第 k 个包。当窗口移动使源端允许发送一个新包时，它发送一个由多个原始数据包组合而成的编码后的包来代替某一个原始数据包。组合方式可以采用各种运算符，如有限域上的加法操作、乘法操作、异或操作等。本章采用比较简单的线性随机编码方式：在有限域范围内随机选取一组整数系数向量，与待编码的一组数据包进行向量乘法运算，得到的结果就是编码后的数据包。通常，为了方便计算机编程和存取，有限域大小 q 取值为 8，即以 1 B 为计算单位。例如，两个 16 bit 的待编码数据包 3A47H 和 5F33H（十六进制），每个数据包可以看成长度为 2 的向量，随机选取 2 个十进制系数 4、30（系数取值范围为 0 ~ 255），那么编码后的包应该为 4×3A47H+30×5F33H=E91CH+27FAH=1 116H。另一种常用的编码方式是在大小为 2 的有限域上对所有包进行异或操作。

在传统传输中,数据包的重传通常发生在接收到三次重复确认或超时之后,并且针对的是特定的数据包。相比之下,网络编码方式不针对特定包进行重传,而是发送任意一个随机的线性组合。这种方法通过时间和内容上的混合,提高了传输的鲁棒性和效率。

6.1.2.2 用于网络编码的 ARQ

自动重复请求（automatic repeat request, ARQ）是一种错误控制方法,用于确保数据包在网络中可靠传输,特别是在错误率较高的环境下。在网络编码的应用中,ARQ 可以被特别设计来提升编码过程的效率和效果。

在传统的 ARQ 系统中,接收端如果检测到某个数据包有错误或丢失,会请求发送端重传该数据包。这个过程在网络编码环境中会有所不同,因为单个数据包的重传可能不足以恢复所有原始信息,尤其在使用了线性网络编码的场景中。网络编码结合 ARQ 的方法通常称为编码自动重复请求（coded ARQ）。在这种机制中,发送端不是简单地重传原先那些因错误需要重新传输的数据包,而是发送一些新的编码数据包。这些编码数据包是原始数据包的线性组合,可以提供更多的编码冗余度,帮助接收端解码并恢复全部原始数据。

使用编码 ARQ 的优点包括以下几点:

（1）提高带宽利用率:通过发送额外的编码包而非原始数据包的重复,减少了需要的总传输量。

（2）增强错误恢复能力:编码包提供了额外的信息,有助于在更广泛的错误情况下恢复数据。

（3）降低延迟:在一些场景中,编码 ARQ 可以减少等待单个特定数据包重传的需要,从而降低总体传输延迟。

假设一个发送端需要发送四个数据包,如果使用传统 ARQ,每个丢失的包都需要单独重传;而在编码 ARQ 中,如果第一个和第三个包丢失了,发送端可能会发送一个包含这两个包的信息的新编码包,这样接收端就有可能只通过接收这一个额外的编码包，恢复所有数据。

6.1.2.3 用于 TCP 的网络编码

网络编码在 TCP 协议中的应用旨在提升数据通信的效率和可靠性。TCP 是一种面向连接的协议，广泛用于互联网数据传输，确保数据包的正确传达。然而，在传统 TCP 实现中，如遇到数据包丢失，通常需要重新传输整个数据包，这在高误码率或高延迟的网络环境下尤其低效。引入用于 TCP 的网络编码可以显著改善这一状况，网络编码通过允许发送端对多个数据包进行编码处理后再发送，创造了冗余数据，使在某些数据包丢失的情况下，接收端也能通过剩余的接收到的编码数据包恢复原始信息。这种方法不仅减少了重传需求，还优化了带宽的使用，特别是在丢包率高的网络环境中表现突出。

网络编码还可以对 TCP 的拥塞控制机制产生积极影响。在传统 TCP 中，丢包经常被解释为网络拥塞的信号，导致拥塞窗口减小，从而降低数据传输速度。网络编码通过减少因丢包导致的重传，可以在一定程度上"隐藏"丢包现象，防止过度的拥塞控制反应，保持更稳定的传输速率。这一点在无线网络和卫星通信等高延迟通信环境中尤为重要，可以显著提高数据传输的稳定性和效率。

6.1.2.4 动态重传的网络编码传输方法

动态重传的网络编码传输方法是一种先进的数据传输技术，主要用于提高网络通信的可靠性和效率。这种方法结合了网络编码的优势与自动重传请求的机制，特别适用于高延迟或高丢包率的网络环境，如卫星通信和无线网络。

网络编码的核心思想是在发送端将多个数据包编码成一个或多个编码包，而不是单独发送每个原始数据包。这样，即使在传输过程中部分包丢失，接收端仍然可以从接收到的编码包中恢复原始数据。这一过程依赖于编码策略，如线性网络编码，其中发送的每个包是原始数据包的线性组合。动态重传机制在此基础上发挥作用,在传统的 ARQ 系统中,如发现数据丢失或错误,接收端会请求发送端重传特定的数据包。而在结合了网络编码的系统中,重传不再依赖于特定的数据包,而是基于当前网络状态和接收端已接收到的数据动态生成新的编码包。例如,如果接收端通过解码过程发现缺失了某些数据,它可以请求发送端进行重传。这些编码包是基于当时网络状况和接收端已有的数据计算得到的。

这种动态重传的方法显著增加了网络的容错性,因为它允许发送端根据接收端的反馈灵活调整编码策略。此外,它优化了带宽的使用,减少了不必要的重传,因为每次重传都是针对性地解决解码失败的问题,而不是简单地重传原始数据包。动态重传的网络编码传输方法提高了数据传输的效率和可靠性,而且通过减少重传次数和优化带宽使用,在网络质量不佳的情况下尤其有效。这使得该方法在现代网络通信技术中越来越受到重视,尤其是在对高效率和高可靠性有极高需求的应用场景中。

6.1.2.5 与网络编码结合的拥塞控制算法

现有的拥塞控制算法主要分为两类,即端到端的机制和显式的跨层反馈机制。端到端机制主要通过监测数据丢包或延时来识别网络中的拥塞情况,这类机制的典型代表有 TCP Reno 和 TCP Vegas 等算法。

TCP Reno 通过丢包来判断网络拥塞,并相应调整拥塞窗口。在出现两种情况时,发送方会减少窗口大小,即重传定时器超时或连续收到四个相同序号的 ACK 时。当与网络编码结合使用时,由于不产生重复的确认包,只能依赖超时重传机制。这种结合会使发送方对拥塞的应对速度变慢,同时会增加解码时间,无法利用快速重传和快速恢复机制。

TCP Vegas 通过比较实际传输速率和期望传输速率之间的差异来调整拥塞窗口和发送速率,该方法基于对 RTT 的估计。与 TCP Reno 相比,TCP Vegas 更适合与网络编码结合使用。在 TCP/NC 中,改进后的 RTT 估算算法被应用于 TCP Vegas,以适应网络编码的结合。然而,这种改进可能导致不必要的拥塞窗口下降。在传统 RTT 算法中,只有网络拥塞导致数据包排队时 RTT 才会增加，错误丢包并不会影响 RTT 或发送窗口的调整。但在修改后的算法中，错误丢包会使拥塞窗口调整。

众多研究指出，单靠丢包或延迟来判断网络拥塞往往限制了传输性能，这样的协议难以同时实现低队列长度、少拥塞丢包与高利用率及公平性。因此，出现了利用显式网络反馈机制来突破端到端传输限制的方法，可以结合 TCP+AQM/ECN 以及显式控制协议（XCP）。现在，结构拥塞控制协议和多级反馈拥塞控制协议等新的拥塞控制技术已经引入了负载因子（需求与总容量的比例）来管理网络拥塞。这些方法通过非常少的数据位，如利用现有的 2 位 ECN 标志，就能实现接近最优的带宽利用和快速收敛，非常适合在实际系统中应用。

尽管某些算法能够使拥塞窗口足够大，以最大化带宽利用率，消除拥塞丢包，但未考虑传输中的错误丢包情况。错误丢包发生时，会导致吞吐量显著下降，因此高带宽利用率并不总是等同于高传输性能。网络编码的传输方法能有效解决这一问题。此外，由于负载因子的方法不是基于丢包猜测来标识拥塞，它与网络编码完全兼容，合并使用时不需修改且不会引起性能损失。这种结合在无线网络中能实现性能的最优化，同时实现零拥塞丢包和"零"错误丢包（错误得到掩盖）。

6.1.3 跳到跳的传输控制方法

6.1.3.1 卫星链路特性对传输的影响

卫星链路为无线连接，当卫星与地面之间的直达信号存在时，接收端的信号强度表现为莱斯分布的特性。这种情况下，随机误码成为主导。一般情况下，卫星链路的随机误码率在 10^{-6} 左右。然而，在天气条件恶劣或直达信号受阻的情况下，卫星信号通常表现为瑞利分布特征，信号衰减明显。在这种情况下，卫星信号不仅可能产生随机误码，还可能产生突发误码，即出现连续多个数据包的丢失。因此，卫星链路的这些特性使传统的端到端传输模式并不适宜。

（1）延迟时间较长，反馈信息的获取不够及时，导致发送方无法迅速调整其发送策略。

（2）动态的拓扑变化导致端到端的连接经常需要重建，而这种频繁的切换可能会引起大量数据的连续丢失。

（3）链路的误码率较高，因此不能简单地将丢包归咎于拥塞。

（4）移动性导致 RTT 不稳定并且波动较大，难以有效设定重传定时器。

因此，探究如何通过调整端到端的传输策略来满足卫星传输的需求，成为一个值得深入探讨的问题。

6.1.3.2 理论分析

（1）吞吐量性能分析。在传统的端到端错误恢复机制中，仅最终目的节点负责检测丢包并请求重传。这种机制面临的主要挑战来自传输介质的物理特性：在恶劣的无线通信环境中，误码率显著高于有线网络，并且错误在多跳传输后会指数级增加。设包长为 L 字节，误码率为 p，数据发送速率为 r，那么经过一跳，该包通过一跳成功的可能性为 $P_{SH} = (1-p)^{L \times 8}$，而该包通过 n 跳成功到达的可能性却迅速减少为 $(P_{SH})^n$，呈指数衰减。在有线网络中，因为误码率 p 非常低，数据包成功抵达目的地的概率很高；然而，在无线网络环境中，因为误码率大幅提高，丢包和错误发生的频率不能被忽略，所以数据包正确到达目的端的可能性远不如有线网络。下面再来分析一下平均丢包时间，设数据发送速率 $r = 1 \text{ Mbit/s}$，一个报文平均有 $L = 1\,000 \text{ B}$，链路误码率 BER 为 $p = 10^{-5}$，不考虑多跳的影响，平均 $\bar{t}$ 时间内一个包出错，则 $\bar{t} = \left[1/(1-P_{SH}) \times L \times 8\right]/r \approx 0.104 \text{ s}$，如果在一个平均往返时间内丢失 5 个报文，并且数据传输需经过多跳，则误码率将进一步增加。因此，在卫星网络中，错误发生的频率较高，说明在这种环境下，使用传统的错误恢复机制效率低下。这说明在设计卫星网络系统时，需要考虑更合适的错误处理策略。

在采用基于逐跳错误恢复的方法中，每个中间节点不仅负责转发数据，还负责检测和恢复错误。这种策略将整个数据传输过程分解为多个单跳传输，每一跳都独立处理错误。由于每个节点在数据转发前先进行错误恢复，有效避免了错误的累积，确保了后续跳数在转发数据时的错误率不会因前面的转发错误而增高。因此，这种逐跳恢复机制提高了整体网络的可靠性和数据传输的准确性。

在考虑逐跳错误恢复的方法时，如果忽略每一跳的错误恢复成本，可以认为通过多跳交换信息的成功率大致等同于单跳的成功率，即 $1-P_{SH}$。这意味着在逐跳传输方式中，即使信息经过多个跳点，包出错的概率不会随网络规模的增大而指数下降，这与传统的端到端传输方式不同。因此，逐跳方法能够更有效地扩展网络容量，对错误的容忍度也更高。这种方式提供了更强的网络可靠性，特别适用于网络规模不断扩大的情况。

设投递经过 H 跳，最多重传 $L-1$ 次。令 P^{ete} 为端到端确认方式下一个包成功到达接收端的可能性，则：

$$P^{ete} = 1-(1-q^H)^L \tag{6-1}$$

在跳到跳的传输模式下，包投递成功率 P^{hbh} 为：

$$P^{hbh} = (1-(1-q)^L)^H \tag{6-2}$$

（2）传输时间分析。在 TCP/IP 网络模型中，只有端到端之间的传输被确保可靠，而中间节点不负责确认数据包的正确传输。这意味着如果一个包在传输过程中丢失，目的端需花费时间来侦测这一丢包事件后才能通知发送端进行重传。特别是在卫星网络中，由于往返延时非常长，如果数据包在前几跳，甚至在第一跳就失败了，将会导致大量时间被浪费在等待发送端的重传上。相比之下，采用跳到跳的确认方法不仅可以提高网络传输性能，还能显著减少数据包的传输时间，因为任何传输错误都会在较早的阶段被快速发现和处理。

设 n 个节点到下一个节点的传播时延分别为 $T_1,T_2,...,T_n$，发送端到第一颗中间卫星节点的传播时延为 T_0。不考虑重传因素，端到端的确认中，一个数据包从发送到源端收到确认的往返时间为 $2\sum_{i=0}^{n}T_i$，而采用跳到跳确认的方法，在每一跳中，节点在正确接收数据包后会立即转发，并且在转发的同时向前一跳发送确认信息。因此，确认信息的发送实际上是与向目的端的数据传输同时进行的。整个包的传输和确认只需要 $\sum_{i=0}^{n}T_i+T_n$ 的时间，必定小于端到端的传输时间。考虑到重传的因素，逐跳确认方法的优势变得更为突出，卫星网络的一个主要特征是延迟较长，如果数据需要通过多颗卫星转发，端到端的延迟会进一步增加。

由于往返时间（RTT）过长，一旦发生数据丢包，信息的重传和恢复会变得非常困难。在极端情况下，错误可能在第一跳就发生，但要等多跳传输后目的端才能侦测到丢包，然后再通过多跳发送确认信息回传。目的端至少要经过 3 倍的单向延迟 $3\sum_{i=0}^{n}T_i$，才能正确收到这段数据，而且第二次重传同样要经过不可靠的多跳传输产生累积错误，只要一跳出错就会导致传输延迟增加 $2\sum_{i=0}^{n}T_i$。而如果采用逐跳确认方式，一个包的传输过程中，即使每跳都发生错误需要超时重传，传输时间也不过是 $3T_0+3T_1+\cdots+3T_n=3\sum_{i=0}^{n}T_i$，每一跳出错只会使传输时间增加 $2T_i$。不但大大提高了包到达目的端的成功率，而且减少了不必要的超时等待。

在伯努利丢包模型下分析平均传输次数。令 $E(M)$ 为一个包成功投递的传输次数的期望，那么有：

$$E(M) = \sum_{x=1}^{L} P(X=x) E(M \mid X=x) \qquad (6-3)$$

对端到端确认方式而言有：

$$P(X=x) = \begin{cases} \left(1-q^H\right)^{x-1} q^H, & 1 \leqslant x < H \\ \left(1-q^H\right)^{L-1}, & x = H \end{cases} \qquad (6-4)$$

$E(M \mid X=x)$ 表示在给定 $X=x$ 次端到端重传条件下，一个包成功投递的期望投递次数，其中 x 的范围为 $1 \sim L$。定义 U_i 为第 i 次两端节点传输中经过链路层的传输次数。由观察可知，所有不成功的传输尝试的链路层传输次数期望值是相等的；将一次成功传输所需要的链路层传输次数记为随机变量 U，在给定 $X=x$ 的情况下（例如"第几次传输成功"之类），它的期望 H 是：

$$E(U \mid X=x) = H \qquad (6-5)$$

若把每一次传输的链路层传输次数记为 $U_1, U_2, \ldots, U_x$，在给定 $X = x$ 的条件下，也可写为：

$$E(U_x \mid X=x) = H \qquad (6-6)$$

总的链路层传输次数（记为 M）则是所有这些传输次数之和。给定 $X=x$，便有：

$$M = U_1 + U_2 + \cdots + U_x \qquad (6-7)$$

因此，

$$E(M \mid X=x) = E(U_1 + U_2 + \cdots + U_x \mid X=x) \qquad (6-8)$$

将式（6-4）和式（6-8）的结果代入式（6-3），即可得到端到端确认方式下的传输次数的期望。

再来分析跳到跳确认的情况。令 X 为一次端到端传输（不管最终是否成功到达另一端）中一个包所经历的跳数（包括重传），一个包在每跳上最多重传 L 次，则：

$$P(X=x) = \begin{cases} \left(1-(1-q)^L\right)^{x-1}(1-q)^H, & 1 \leqslant x < H \\ \left(1-(1-q)^L\right)^{x-1}, & x = H \end{cases} \qquad (6-9)$$

而 U_i 表示在第 i 跳上传输的次数。剩余分析与端到端的情况类似，可得到跳到跳确认方式下的传输次数的期望 $E(M)$。

6.1.3.3 跳到跳传输协议

（1）跳到跳的确认。在 HbH-STP 中，将生成业务流的端点定义为发送端或源端，将数据最终到达的位置称为接收端或目的端。在此过程中，将负责中继数据的节点称为发送方，将其直接传输的下一个节点称为接收方。跳到跳确认的核心思想在于，当接收方成功接收并校验一个数据包后，在将其转发之前，必须向发送方返回一个确认信息。发送方在接收到确认信息后，才会从缓冲区中移除该数据段。接下来将详细说明这一协议的内容及其设计理念。

首先需考虑的是中间节点转发数据包的顺序问题，即是采用类似 IP 的乱序发送方式，由目的端节点进行重组，还是如大多数跳到跳协议所采用的中间节点按顺序投递数据包方式。特别是在卫星通信中，由于卫星，尤其是低轨卫星具有移动性，网络拓扑经常发生动态变化。如果中间节点在转发数据包时采用顺序投递的方法，那么每个节点必须严格按照顺序转发，所有的数据包将通过单一的传输路径进行传输。在这种情况下，如果网络中的路由发生变化，数据传输只能暂停，等待路径重新连接，或者需要采用一种复杂的分段传输算法。这种算法将在传输开始前估算出通信期间可以发送的数据段大小，从而实现数据的有效传输，这对于动态变化的网络环境（如卫星通信网络环境）尤为重要，以保证数据传输的连续性和稳定性。卫星网络的一个显著特点是较高的延迟带宽乘积。如果采用顺序传输，一旦前面的数据包出现错误，需重传，那么即使后续包已正确接收，也必须等待错误包正确传输后才能继续转发，这样不仅浪费了带宽，还增加了节点缓冲区的压力，并降低了链路的利用率。因此，对于卫星网络，采用类似 TCP/IP 的方式，允许数据包通过不同路径传输，可能更为合适，这样可以提高网络效率和资源利用率。

其次要考虑的是确认方式的问题。传统的 TCP 采用 ACK 的确认方式，现今已衍生出多种确认方式，如延迟累积确认、SACK、NACK 和 SNACK 等。由于本书采用的是非顺序投递，不适宜采用任何累积确认的方式，这需要在每个队列里都对 IP 包重新编号，会增加传输过程和实现的复杂性，那么可选择的方式只有 ACK 和 NACK。

对于两跳间正确传输的数据，仍采用 ACK 确认方式；对于没能正确传输的数据，根据其未能正确传输的原因，将其分为三类：第一类是网络拥塞造成接收方丢包，第二类是传输错误导致校验和出错，第三类是传输过程中路由发生变化导致接收方未能收到。传统的 TCP 一律采用超时重传策略，假设地面传输误码率很低的情况下，丢包原因可以认为全部是拥塞造成的。此时接收方只需要简单地丢弃包，如果发回其他确认信息反而会增加网络负荷。

但是，在卫星传输中，由于噪声或天气等，传输误码率较高，校验和不正确的可能性很大，并且较大的传输带宽使得性能提升的瓶颈在传输错误，而不是拥塞。如果每次出错都不让发送方知道，只等待超时重传，降低网络传输性能。因此，在本节设计的协议中，需要对三种错误情况区别处理。这里仍会在发送方发出包后设置一个重传定时器，如果由于网络拥塞或路由变化等问题，发送方在规定时间内没有正确地收到相应的确认信息，就会重传这个数据包。而如果由于传输错误导致校验和不正确，那么接收方在丢弃该包的同时会立即发送一个否定确认信息（NACK）给发送方，发送方收到后立即重发该数据包并重新设置重定时器。因此，这种确认方式解决了传统端到端传输中无法区分丢包原因的问题，如果收到NACK，则代表丢包是由链路错误造成的，否则认为是网络拥塞造成的。其中，路由变化也会导致短暂的网络拥塞。

（2）端到端可靠性。在一个包含不可靠节点的网络环境中，确保端到端的可靠性成为一项挑战。每个节点的不稳定性都可能导致数据传输过程中的信息丢失或错误，从而影响整体网络的性能和信任度。为了提高端到端的可靠性，通常需要采用复杂的错误检测和恢复技术，如自动重传请求（ARQ）和前向错误纠正（FEC）等技术。此外，还可以通过冗余数据路径和增强的数据校验方法来提高数据的完整性和可靠性。这些方法不仅需要在设计时考虑每个节点的功能和限制，还要根据网络的特定需求来优化，以确保在节点出现故障时，数据能够安全、准确地传输到目的地。

（3）拥塞控制算法。拥塞控制算法是计算机网络中用于确保网络资源有效分配并避免过度拥挤，从而提高整体网络性能的一种关键技术。在数据传输过程中，网络拥塞会导致数据包延迟增加、丢包率上升，最终影响用户体验和应用性能。为了避免出现这种状况，拥塞控制算法在网络设计中发挥着至关重要的作用。

基本的拥塞控制算法可分为几类：窗口控制算法、速率控制算法和优先级队列算法等。最广泛使用的是窗口控制算法，如TCP的拥塞控制，包括四个主要的阶段：慢启动、拥塞避免、快速重传和快速恢复。

①慢启动：当连接开始时，TCP使用慢启动算法，快速增加数据传输速率，以便尽快利用可用带宽。慢启动初始设置一个较小的拥塞窗口，每收到一个ACK响应，窗口就加倍，增长呈指数级，直到达到一个阈值（ssthresh）。

②拥塞避免：达到阈值后，为避免造成拥塞，窗口的增长转为线性增长，即每经过一个RTT（往返时间），窗口仅增加一个最大段大小（MSS）。

③快速重传和快速恢复：当发送方连续收到三个重复的确认报文

（ACK）时，会认为一个包被丢失，立即重传该包，而不是等待重传计时器到期。此时，算法还会减少拥塞窗口大小，快速恢复到阈值上方，然后继续拥塞避免阶段。

此外，还有基于队列的拥塞控制机制，如随机早期检测（RED）和显式拥塞通知（ECN），它们通过在早期识别网络中的拥塞迹象，并通过丢包或标记数据包来通知发送方降低发送速率，从而控制拥塞。

6.2 天地一体化传输网络协议体系

传输控制协议（transmission control protocol, TCP）协议和网际互连协议（internet protocol, IP）协议是构成 TCP/IP 协议栈的两个主要协议。IP 协议工作于 TCP/IP 协议栈的网络层，提供的是一种简单的被称为"尽力交付"的数据包传输服务，"尽力交付"的含义是 IP 协议总是尽最大努力将数据包传送至目的地，但这是一种不可靠的数据包传输服务，数据包在传输的过程中可能出现丢失、错序和重复的现象。

为了向应用程序提供统一的可靠数据传输服务，因特网早期的设计者开发了 TCP 协议来解决传输可靠性的问题。TCP 协议工作于 TCP/IP 协议栈的传输层。它在 IP 协议提供的不可靠、无连接的数据包传输服务的基础上，向应用程序提供端到端的、有连接的、可靠的数据流传输服务。

早期的 TCP 协议是以低速的地面网络为参考进行设计的，很好地适应了当时的网络条件。随着通信技术的发展，一些新的数据传输技术被因特网所采用。这些新的数据传输技术展现出了新的链路特性（如长延时、高误码率和信道不对称等）。当 TCP 协议在这些链路上应用时，其性能会受到一定影响。

6.2.1 TCP 协议概述及其分类

TCP 协议是一个支持面向连接的、端到端的、可靠的传输层通信协议。

所谓面向连接，指连接的实现除了要求在通信链路的一端有数据发送方，另一端有数据接收方，还要求提供一种用来确定发送的数据是什么以及以何种顺序接收数据并进行译码的机制。

所谓端到端，指应用程序要求网络按数据发送方提交的原始数据格式传递到接收方。

所谓可靠的传输，指客户可以接收网络用户发送给它的全部数据，客户端发送的所有数据都可以由服务器端接收。这要求在协议中构造可靠性的保证机制，还需要保证进程之间传输的所有数据一旦到达接收方，就会立即得到应答，否则必须重发。

现在应用最广的标准 TCP 协议（TCP Reno）包括慢启动（slow-start）、拥塞避免（congestion avoidance）、快速重传（fast retransmit）和快速恢复（fast recovery）。流程图如图 6-1 所示。

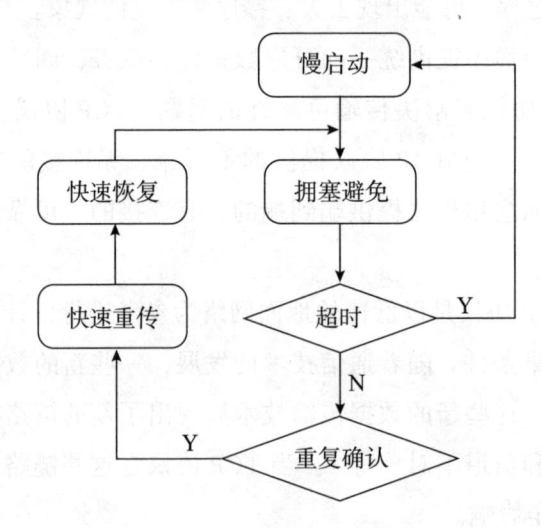

图 6-1 TCP Reno 流程图

慢启动算法和拥塞避免算法是两个目的不同、独立的算法，但是当拥塞发生时，要调用慢启动来降低报文进入网络的传输速率，在实际中这两个算法通常在一起实现。拥塞避免算法和慢启动算法需要对每个连接维持两个变量：一个拥塞窗口（cwnd）和一个慢启动门限（ssthresh）。cwnd 代表当前允许的报文发送量，在达到 ssthresh 后，将进入拥塞避免阶段。这样得到的算法的工作过程如下：

（1）对一个给定的连接，初始化 cwnd 为 1 个报文段，ssthresh 为 65 535 个字节。

（2）TCP 输出例程的输出不能超过 cwnd 和接收方通告窗口的大小。拥塞避免是发送方进行的流量控制，而通告窗口则是接收方进行的流量控制。前者是发送方感受到的网络拥塞的估计，而后者则与接收方在该连接上的可用缓存大小有关。

（3）当拥塞发生时（超时或收到重复确认），ssthresh 被设置为当前窗口大小的一半（cwnd 和接收方通告窗口大小的最小值，但最少为 2 个报文段）。此外，如果是超时引起了拥塞，则 cwnd 被设置为 1 个报文段（这就是慢启动）。

（4）当新的数据被对方确认时，就增加 cwnd，但增加的方法依赖于是否正在进行慢启动或拥塞避免。如果 cwnd 小于或等于 ssthresh，则正在进行慢启动，否则正在进行拥塞避免。慢启动算法初始设置 cwnd 为 1 个报文段，此后每收到一个确认就加 1。这会使窗口按指数方式增长：送 1 个报文段，然后是 2 个，接着是 4 个，依次类推。拥塞避免算法要求每次收到一个确认时将 cwnd 增加 1/cwnd，这种增加方式是一种加性增长（additive increase）。慢启动和拥塞避免的可视化描述如图 6-2 所示。

193

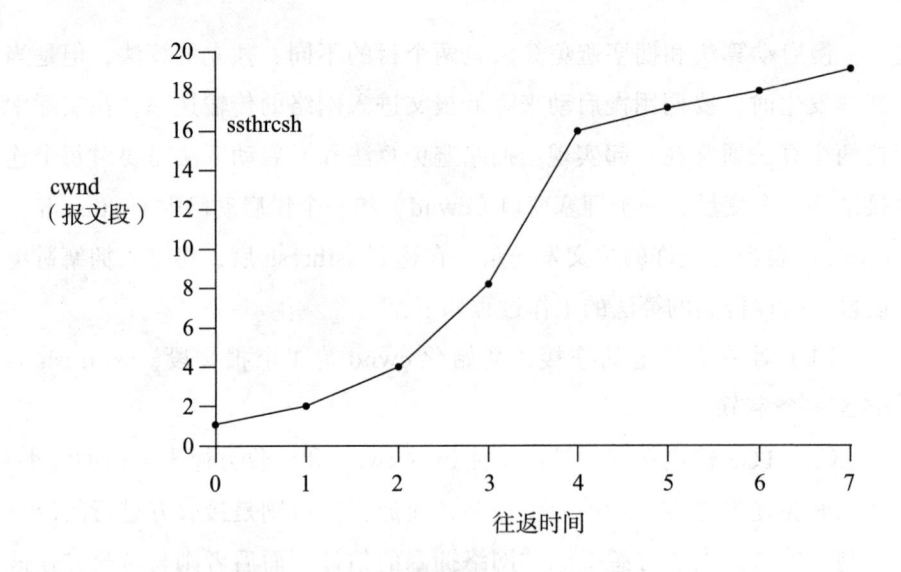

图 6-2 慢启动和拥塞避免可视化描述

在收到一个失序的报文时，TCP 立即需要产生一个 ACK（一个重复的 ACK）。这个重复的 ACK 不应该被延迟。该重复的 ACK 的目的在于让对方知道收到一个失序的报文，并告诉对方自己希望收到的序号。由于人们不知道一个重复的 ACK 是由一个丢失的报文引起的，还是由几个报文的重新排序引起的，因此要等待少量重复的 ACK 到来。假如这只是一些报文的重新排序，则在重新排序的报文被处理并产生一个新的 ACK 之前，只可能产生 1～2 个重复的 ACK。如果一连串收到 3 个或 3 个以上的重复 ACK，就很可能是丢失了一个报文，人们要重传丢失的数据报文，而无须等待超时，这就是快速重传算法。

快速恢复是对快速重传的一个后续处理，当收到第 3 个重复的 ACK 时，将 ssthresh 设置为当前拥塞窗口的一半，重传丢失的报文。设置 cwnd 为 ssthresh 加上 3 倍的报文大小。每次收到另一个重复的 ACK 时，cwnd 增加 1 个报文并发送（如果新的 cwnd 允许发送）。

慢启动算法每收到一个 ACK 拥塞窗口就增加 1，从而实现指数式增长，可以较快地打开拥塞窗口，探测网络情况；当达到慢启动门限时，进入拥塞避免阶段，窗口的增长变为加性增长，这样就减缓了 cwnd 的增长速度，避免网络过快地发生拥塞及在发生拥塞的时候产生大量的报文丢失。在有报文丢失的情况出现的时候，如果是由于超时，那么 cwnd 就设置为 1，开始慢启动，而如果收到 3 个重复的 ACK，那么就可以认为这个报文丢失了，开始进行快速重传。快速重传避免了不必要的将 cwnd 减为 1 的情况出现；快速恢复提出了收到 3 个重复的 ACK 后再收到 ACK 时的处理方法，使 cwnd 在快速重传后能继续增长，加快了数据的传输。

6.2.2 TCP 协议的分类

6.2.2.1 TCP 协议不同分类

TCP 协议的发展已经比较完善，有多种版本的 TCP 协议。从不同的角度，可以对 TCP 协议进行不同的分类。

（1）针对地面网络的 TCP 协议和针对卫星网络的 TCP 协议。TCP 协议最早是针对地面有线网络设计的，现在大多数的 TCP 协议（如 TCP Reno、TCP Vegas 等）面向的也都是地面网络。但由于近年来卫星网络迅速发展，出现了一些针对无线网络的 TCP 协议（如 STP、TCP-Peach 等）。

卫星网络有一些地面网络不具备的特性，如高误码率、信道不对称、长时延、大带宽时延积等。这些特性对传统的 TCP 有不同的影响，在不同程度上降低了 TCP 协议的性能。针对卫星网络的 TCP 协议希望能消除或降低卫星网络特性对 TCP 协议的影响。在后面会详细描述典型的针对卫星网络的 TCP 协议及这些协议针对卫星网络的特性做出的改进。

（2）低速网络的 TCP 协议和高速网络的 TCP 协议。传统的 TCP 协议（如 TCP Reno、TCP SACK 等）在低速网络中的性能表现比较好，但是在当今网络向大规模、高速、应用多元化方向发展的情况下，传统的 TCP 协议已经难以满足要求，于是出现了以 TCP FAST 为代表的针对高速网络的 TCP 协议。

针对传统 TCP 协议在高速网络中的缺陷，TCP FAST 改进了拥塞控制的算法，采用排队延时（queuing delay）和报文丢弃一起作为拥塞信号，从而能更好地根据网络状态来调整 cwnd，同时使 cwnd 的变化更平滑，减小网络抖动，满足高速网络的性能要求。

（3）基于速率控制的 TCP 协议依靠主机或者网络的反馈直接控制传输速率。现在最普遍使用的拥塞控制方法是基于窗口控制的，但在大时延带宽积的链路条件下基于速率控制的 TCP 协议显示出更好的性能。基于速率控制的 TCP 协议使网络流中数据流更平滑，保持一个较低的报文丢失率。这些特点使基于速率控制的 TCP 协议更符合空间链路大时延带宽的条件。

（4）基于端到端的 TCP 协议和基于中间路由器的 TCP 协议。基于端到端符合许多 TCP 协议的设计要求，发送端根据接收端反馈回来的信息进行 cwnd 的控制，从而进行拥塞控制。这类协议中典型的协议有 TCP Friendly 等。在 TCP Friendly 协议的工作流程中，接收端测量报文丢失率，将信息反馈给发送端，发送端利用这些信息测量往返时延（RTT），最后利用报文丢失率和 RTT 计算出新的发送率。基于中间路由器的 TCP 协议指在中间路由器利用已知信息，采用主动队列管（active queue management）等方法，计算出所需参数，从而进行拥塞控制。

6.2.2.2 卫星链路的特性及其对 TCP 性能的影响

卫星网络链路具有长时延、大带宽、链路差错率高以及链路不对称等特殊性，给 TCP 的性能带来一定的影响。

（1）长传播时延。TCP 通过使用反馈机制实现速率控制和可靠传输。卫星链路较长的传播时延，导致 TCP 端到端往返时延较大，从而导致响应较迟缓。使用 GEO 卫星通信时，往返时间（RTT）大约为 500 ms。TCP 发送端要接收到 ACK 确认必须等待一个 RTT，只有接收到 ACK 之后才能发送新的包。此外，发送端的重传定时器超时值也是基于 RTT 的。

迟缓的反馈将削弱TCP速率调节控制的效果,降低回避网络拥塞的能力,从而导致吞吐量的降低。

(2)LEO/MEO卫星网络中时延变化。在LEO/MEO卫星网络中,还存在随着网络拓扑动态变化,端到端传输路径切换改变,导致时延变化的问题。由于卫星链路本身距离远,传播时延长,所以这种时延变化较明显,有可能引起TCP发生虚假超时和包失序的情况。一旦在TCP发送端发生超时或因失序而收到多个重复的确认的现象,TCP将这些现象解释为网络拥塞,将缩减窗口,降低发送速率。对于某些根据RTT的波动来判断网络状况的TCP版本,如Vegas和Veno,时延变化的影响更大。

(3)高带宽时延积。BDP(bandwidth delay product)定义为链路的最大有效带宽与连接的往返时间的乘积。BDP反映了一个TCP链路在一个RTT内的最大吞吐量。对于宽带卫星网络,其由于时延长,带宽较大,是一种典型的"长肥管道",具有较高的BDP。BDP的大小反映了传输中未被确认的总数据量。在静止轨道系统(GEO)中,往返时间约为540 ms。卫星传输信道的长时延特性使TCP协议的综合性能受到影响。主要表现在2个方面:最大数据传输速率(吞吐量)受限和TCP拥塞控制协议性能下降。

6.2.2.3 TCP协议中的最大接收窗口在长延时卫星通信网中成为通信瓶颈

(1)TCP传输最大速率。最大速率=最大接收窗口/RTT,其中RTT为信道往返时间。在最大接收窗口为64 Kbytes,RTT为540 ms(GEO系统时),最大速率仅为64 kbit/×8/540 ms=0.95 Mbit/s。

这表明,即使卫星信道的发送速率为2 Mbit/s,超过0.95 Mbit/s,它实际的最大传输速率也被限制在0.95 Mbit/s。

(2)流量和拥塞控制协议性能下降。TCP协议的基本拥塞控制协议是慢启动和拥塞避免,它们在长时延的通信环境中效率很低。根据TCP协议,连接建立后,首先根据慢启动算法对流量进行控制。按照慢启动策略初始发送窗口大小为 1 个基本数据包，然后按指数增大接收窗口。这样，从开始到恢复到最大发送窗口所需的时间为：

$$慢启动时间 = RTT \times \log_2 (win_{max} / MSS)$$

式中：RTT 为往返时延，win_{max} 为 TCP 最大窗口，MSS 为每个数据报文段的长度。

若 RTT = 0.54 s，win_{max} = 64 kbyte，MSS =512 bytes，则启动时间为 3.76 s。这说明在前 3.76 s 内，TCP 传输不可能达到峰值传输速率，这对数据量的传输影响很大。一旦由于拥塞或信道错误，发生报文丢失的现象，就会触发相应的窗口控制机制，这时将在很长时间内低于峰值发送速率；如果发生了多个丢失，则需要更长的时间来达到峰值传输速率。由于很长时间都不能以峰值传输速率传输，而只能保持一个较小的报文发送率，这很大程度上浪费了网络资源，影响了数据的传输。

（3）高卫星链路误码率。卫星链路由于传播距离远和空间环境的影响，会受到干扰、衰落、阴影和雨衰等不利作用而降低信号质量，可能出现较高的误码率。虽然可以通过改进调制技术、编码技术和采用前向纠错来降低误码率，但在某些情况下，仍然会因链路错误而在传输层出现较高的丢包率。如使用自适应编码技术，在信道条件变差时，编码方式的变化有一个滞后的反应时段，在这期间容易出现丢包现象。TCP 一般不能分辨数据包丢失的原因是链路传输错误还是网络中发生拥塞，而将丢包现象都视为拥塞的信号。所以，当有数据包因为传输中出错而丢弃（未能解调或部分损坏而无法通过校验）时，即使没有发生拥塞，TCP 也会缩减发送窗口。而且，在卫星链路上出现的传输错误往往具有突发性，如果在一个 RTT 内出现突发错误，导致多个数据包连续丢失，会严重降低吞吐量。

（4）不对称的链路带宽。将 TCP 连接中发送端到接收端的链路定义为前向链路，而将接收端到发送端的链路定义为反向链路。在前向链路中传输数据包，反向链路中传输确认包。与地面网络不同，卫星网络中

TCP 的前向链路和反向链路在带宽上通常有着很大的不对称性，即前向链路的有效带宽远大于反向链路的带宽，这主要是受到某些卫星终端能力的限制。反向链路带宽不足会导致 ACK 确认包的拥塞和丢失，并使对 TCP 发送端的确认具有突发特性。这会导致发送的数据流变得更具突发性，并且降低窗口增大的速率，延误新的数据包的发送。

6.2.3 卫星网络中的传输协议

近年来，国内外针对卫星网络的特点，对于 TCP 窗口调节和拥塞控制机制和算法提出的改进方法有很多，下面介绍几种最典型，具有代表性的改进方案。

6.2.3.1 SCPS-TP 协议

SCPS 是由美国航空航天局喷气推进实验室（NASA JPL）和 CCSDS 组织设计开发的专门用于解决一系列空间信道的问题，并提供可靠空间数据通信的协议簇。现已收录到国际标准化组织（international organization for standardization, ISO）中。空间通信协议规范（space communication protocol specification, SCPS）协议簇包括 SCPS-NP、SCPS-SP、SCPS-TP 以及 SCPS-FP 协议。SCPS 协议基于 TCP/IP 协议，并针对空间任务的特定需求，对 TCP/IP 协议进行了修改和扩展，可支持文件、图像等空间数据通信。

在 SCPS 协议簇中，SCPS-FP 面向对航天器控制命令、软件加载和控制信息下载的优化处理；SCPS-TP 在这些命令和数据跨越一个或多个不可靠空间链路时提供端到端的可靠传输；SCPS-SP 为命令和信息提供端到端的保密性和完整性；SCPS-NP 支持信息经过空间数据链路是无连接和面向连接的路由。其中，SCPS-TP 针对标准的 TCP 协议在空间通信中存在的问题进行了一系列的扩展和改进，同时保持了与 IP 协议的完整互操作性。

SCPS-TP 协议针对空间通信的高误码率、长往返时延、非对称信道、间歇性链路中断等问题,采取的主要技术除了前面介绍的增强机制,如时间戳、窗口扩展、序列号重用等,还在标准的 TCP 协议的基础上进行了一些扩展和改进,为航天器控制命令和数据跨越一个或多个不可靠空间链路,提供端到端的可靠传输。SCPS-TP 针对空间通信的问题对 TCP 进行的主要改进是可以区分丢包原因是否为误码丢包,并采用 SNACK 机制和导头压缩功能来提高其在高误码环境下的吞吐量,同时采用 TCP Vegas 的拥塞控制机制来避免出现数据包周期性丢失的问题。SCPS-TP 采用的 TCP Vegas、导头压缩及延时的 ACK 机制等能够有效地改善传输协议在非对称链路中的性能。最重要的改进还是在于它的拥塞控制算法方面。SCPS-TP 可以根据应用的实际情况,选择不采用拥塞控制,即在外部提供拥塞避免保证,如为传输业务连接保留带宽的情况下,使用指定的发送速率,将丢包解释为链路错误造成的,不因为丢包而降低发送速率。

当 SCPS-TP 使用拥塞控制时,可以选择使用标准的 TCP 拥塞控制策略或 TCP Vegas 的低丢失拥塞控制策略。标准的 TCP 采用 Reno 拥塞控制策略,Reno 采用加性增加、乘性减少(AIMD)算法来调整拥塞窗口。每收到一个确认,cwnd 增加 1/cwnd 个包,呈线性增长;当发生包丢失,cwnd 减少到原来的一半。Reno 算法使 Reno 发送数据周期地超出瓶颈链路的缓存,而产生丢包。研究表明,这种周期性丢包可能会导致整体网络性能的下降。而 TCP Vegas 可以检测网络的有效带宽,不会重复出现"溢出性"丢失。TCP Vegas 不会连续地增大拥塞窗口,而试图通过比较测定吞吐率和期望吞吐率来检测拥塞程度。当测定吞吐率和期望吞吐率之间的差值很大时,意味着如果不采取适当的措施,网络将会发生拥塞。当差值超过设定的门限,TCP Vegas 会减小传输速率;如果差值是可接收的,则按常规方式增大传输速率。因此,TCP Vegas 的传输速率在最佳速率附近变化,而不会大幅度升降,反复震荡。在卫星网络时延长、误码率高的条件下，TCP Vegas 具有比一般 TCP 拥塞控制策略更好的性能。

6.2.3.2 卫星传输协议 STP

与 TCP 类似，卫星传输协议 STP 为各种应用提供了可靠的、面向字节流的数据传输服务。STP 使用选择性否定确认（SNACK），而不是 TCP 中采用的肯定确认（ACK），因此只有接收端明确要求的包被重传。STP 与 TCP 不同的是，STP 没有重传计时器。

确认数据的方式是 STP 与 TCP 最大的区别，同时是使 STP 能够在非对称网络中提供优良性能的特征。TCP 的确认是数据驱动的。典型的 TCP 接收端每收到 1～2 个数据包，发送 1 个确认信号。这种方式虽然在连接建立后有助于加速窗口的增长，但当窗口较大时，也会带来大量的确认业务量。在 STP 中，发送端周期性地要求接收端确认已成功接收的所有数据，接收端检测到的包丢失后发出否定确认明确告知发送端。这两种策略的结合使包丢失很少时反向链路的带宽需求量较低，并能加快丢失发生时的恢复速率。

STP 是卫星专用的协议，只能用于 TCP 分割结构，在性能增强代理 PEP 之间使用。

6.2.3.3 TCP-Peach

TCP-Peach 是针对卫星网络提出的一种新的拥塞控制方案，在卫星网络的传输控制研究领域，TCP-Peach 是常常被提起的经典方法。TCP-Peach 使用了 2 个新的算法，即突发启动（sudden start）和高速恢复（rapid recovery），分别取代了 TCP 中的慢启动和快速恢复算法。

该算法的思想是为减小长时延对传输效率的影响，快速发送较多的冗余包，来更快更多地获得反馈，从而加快 TCP 启动和丢包后窗口减小之后进行恢复时的速率。

冗余包是由发送端产生的低优先级的包，对接收端而言，冗余包不包含任何新的信息。发送端使用冗余包来探查有效网络资源。如果 TCP 连接路径上的某个路由器发生了拥塞，它会首先丢弃携带冗余包的 IP 分组。因此，冗余包的传输并不会使数据包的传输吞吐率下降。如果路由器没有发生拥塞，冗余包可以到达接收端。发送端将接收到的冗余包的确认信号解释为网络中存在未使用的资源并相应地增加传输速率。

TCP-Peach+ 算法是在 TCP-Peach 的基础上发展而来的，进一步加快了慢启动和恢复阶段拥塞窗口增大速率，提高了链路差错率较大情况下卫星网络的吞吐率。

TCP-Swift 也是在 TCP-Peach 的基础上改进而来的。TCP-Swift 使用未确认的包（outstanding segment）代替 TCP-Peach 中的冗余包。未确认包与冗余包差别仅在于最后一个发送包的拷贝不同，未确认包是从已发送而未收到确认的数据包中随机选择出来的。因此，它可以作为已发送数据包的备份，在已发送的数据包出现丢失时保证接收端仍能接收到。

关于卫星网络 TCP 控制机制和算法的改进方法有很多，基本上都是针对卫星网络时延长、链路不如地面有线网络可靠等进行改进。从基本原理上看，都是为了能更恰当地估计判断卫星网络状况，改变原有的不适应卫星通信特殊应用条件的机制和方法。这些改进方法可以分为两类：一类是改变在卫星通信环境下显得"保守"和"迟缓"的策略机制，更加积极（aggressive），以避免在高带宽时延积条件下效率降低；另一类是改进对网络拥塞的发现和判断，区分丢包的原因，避免将链路错误引起的丢包误判为拥塞引起的丢包。

一些原本不是专门为卫星网络设计的 TCP 改进方法，由于符合上述原则，用于卫星网络中，也可以有效提高 TCP 的性能，如明确拥塞通告（ECN）和明确丢失通告（ELN）等。

6.3 卫星通信传输多址技术

6.3.1 卫星通信传输多址技术概述

6.3.1.1 多址方式的分类

（1）频分多址（frequency division multiple access，FDMA）。频分多址（FDMA）是一种将卫星使用的总频带根据频率高低分配给不同地面站的多址技术。在这种模式下，每个地球站在被分配的频段内发送自己的信号，而接收端通过带通滤波器从混合的接收信号中提取与本站相关的信号。这种方式允许多个地面站同时使用同一卫星资源进行通信，各不干扰。

（2）时分多址（time division multiple access，TDMA）。在这种模式下，时隙被预先分配给各个地球站，所有共用卫星转发器的地球站都使用同一频率载波，并且只在分配给它们的特定时隙内发送信号。这种方法允许多个地球站在不同的时间内使用相同的频带，从而避免了信号干扰。

（3）码分多址（code division multiple access，CDMA）。码分多址（CDMA）允许多个用户同时在同一频率上通信，每个用户通过唯一的一个码序列来编码其信号。在接收端，使用与发送时相同的码序列来解码特定用户的数据。这使得CDMA具有高度的抗干扰性和隐私保护性能，同时提高了频谱的使用效率。

（4）空分多址（space division multiple access，SDMA）。空分多址（SDMA）是一种利用天线阵列和空间分离技术来区分不同用户信号的多址方法。通过对天线的定向发送和接收，SDMA能够同时服务多个用户，每个用户的信号通过不同的空间路径传输。这种技术有效提高了频谱利用率，减少了用户间的干扰，适用于高密度用户环境。

（5）极分多址（polarization division multiple access, PDMA）。通过发送和接收不同极化方向的信号（如水平极化和垂直极化），PDMA允许在相同的频率和时间上传输多个数据流。这种技术可以有效提升频谱的使用效率，减少信号间的干扰，常用于卫星和无线通信系统。

6.3.1.2 信道分配技术

在信道分配技术中，不同的系统的信道的含义各有不同。在FDMA系统中，信道指每个地球站所占用的转发器频段；在TDMA系统中，信道是指各地球站分配到的时间时隙；而在CDMA系统中，信道则是指地球站使用的特定码型。目前的信道分配方法主要包括预分配、按需分配和随机分配等。

（1）预分配方式。预分配方式是一种信道分配策略，运用这种方法，卫星信道被预先分配给各个地球站并固定使用。这种方法可以细分为固定预分配方法和动态预分配方法。固定预分配指一旦信道分配给特定地球站，就不会再变动，而动态预分配则会根据地球站每日的通信需求变化进行调整。预分配的主要优点是简化了连接控制，适用于业务量大的情况。

（2）按需分配方式。按需分配方式根据实时的通信需求动态分配信道资源。在这种模式下，地球站在需要传输数据时请求信道，一旦数据传输完成，信道便被释放，并可供其他用户使用。这种方法使信道的使用效率最大化，能适应业务量的波动，优化资源分配。尤其在用户数量多且通信需求不确定的环境中，按需分配能够有效避免资源浪费，能灵活、即时响应用户需求。

（3）随机分配方式。随机分配方式允许用户在需要发送数据时随机选择信道，如果所选信道已被占用，用户则需要选择另一个信道或等待，直到信道变为空闲。这种方式的优点是实现简单，对系统的控制和管理要求较低；缺点是可能导致冲突和信道访问延迟，特别是在用户量多和通信需求高的情况下。因此，随机分配方式通常适用于用户量不大或数据传输不频繁的通信环境，能够在一定程度上提高信道的利用率。

6.3.2 FDMA方式

6.3.2.1 FDMA工作原理

频分多址（FDMA）是一种基本的多址通信技术，其工作原理是将总的可用频谱划分成多个较小的频带，每个频带专门分配给一个用户进行通信。这种分配允许每个用户在其指定的频带内独立地发送和接收信号，而不会与其他用户的信号相互干扰。在FDMA系统中，频谱的分配通常是静态的，即一旦分配给用户一个频带，该用户便持续拥有该频带的使用权，直到通信结束。这种方式的主要优势是简化了系统的信号处理，因为每个信道的频带都是固定的，用户的信号处理设备只需针对特定的频率范围进行优化。

FDMA系统需要在相邻的频带之间设置保护带，以避免相邻频道干扰（adjacent channel interference, ACI）。这意味着部分频谱资源被用来确保通信质量，而非直接传输数据，这就影响了频谱的整体使用效率。FDMA尽管频谱利用率不如时分多址或码分多址等更高级的多址技术，但其在实现上的简单性和稳定性使其在特定应用中仍然非常有用。例如，它广泛应用于无线广播和早期的模拟移动电话系统，这类通信需求相对固定，并且用户数目有限。FDMA是一个在技术成熟度和实用性之间取得平衡的通信技术，它通过物理隔离的频带为用户提供了稳定可靠的通信方式，虽然牺牲了一部分频谱效率，但在许多传统通信系统中仍然具有不可替代的地位。

6.3.2.2 非线性放大器

（1）放大器的非线性模型。在卫星通信系统中，高功率放大器

(high-power amplifier, HPA)通常展现出非线性的特性。这意味着HPA的输出信号幅度不会与输入信号幅度保持线性关系，当输入信号达到一定强度后会进入饱和状态，这个过程称为调幅/调幅（AM/AM）变换。同时，随着输入信号幅度的变化，输出信号还会经历附加的相位失真，这种现象称为调幅/调相（AM/PM）变换。这些非线性特性对系统的整体性能有显著影响，特别是在信号的传输质量和效率方面。

非线性模型可以通过一系列数学表达式来定量描述，这些表达式通常涉及多项式、幂级数或其他复杂函数。下面介绍两种常见的非线性模型：调幅/调幅（AM/AM）和调幅/调相（AM/PM）转换模型。

①调幅/调幅（AM/AM）转换。调幅/调幅（AM/AM）转换描述了放大器输出信号幅度（A_{out}）与输入信号幅度（A_{in}）之间的关系，其关系可以表示为：

$$A_{\text{out}} = A_{\text{in}}(1 - \frac{A_{\text{in}}^2}{A_{\text{sat}}^2}) \tag{6-10}$$

式中：A_{sat}为放大器的饱和幅度。

当输入信号的幅度接近饱和点时，输出幅度不再增加，表明放大器进入饱和状态。

②调幅/调相（AM/PM）转换。调幅/调相转换描述了放大器输出信号的相位偏移（Φ_{out}）与输入信号幅度（A_{in}）之间的关系。这种变化通常可以用式（6-11）表示：

$$\Phi_{\text{out}} = k\left(\frac{A_{\text{in}}}{A_{\text{sat}}}\right)^2 \tag{6-11}$$

式中：k是一个常数，表明随着输入幅度的增加，输出信号的相位偏移越来越大，特别是接近饱和点时。

（2）非线性放大器的影响。在FDMA方式中，卫星转发器的行波管功率放大器（traveling-wave tube amplifier, TWTA）同时放大多个不同频率的载波时，会对系统性能产生以下不利影响：

①交调干扰。交调干扰是当多个信号在非线性设备（如放大器）中同时被放大时，由于信号间的相互作用，产生新的频率成分。这些非期望的频率成分可能与原有信号重叠，导致信号质量降低，影响通信效果。

②频谱扩展。频谱扩展指在信号通过非线性设备（如放大器）放大过程中，原有频谱之外出现额外的频率成分的现象。这些额外的频率成分可能会侵占相邻信道，从而对其他通信系统造成干扰。

③信号抑制。信号抑制指在通信系统中故意或非故意地减弱或消除某些信号成分的过程。信号抑制通常发生在信号处理阶段，目的是改善信号的质量或提高系统性能。例如，在接收机中，可能会运用滤波器来抑制噪声或干扰信号，以便更清晰地接收目标信号。

④调制变换。调制变换是一种信号处理技术，通过改变载波的幅度、频率或相位来传输信息。这一过程允许基带信号（如语音或数据）适配于特定的传输介质，如光纤，从而有效地进行长距离通信。

（3）减少交调干扰的方法。为了减少交调干扰，当下可以运用的方法有以下几种：

①使用线性放大器：选择具有更高线性度的放大器可以减少交调产物。例如，使用高线性度放大器，如 A 或 AB 类放大器，可以在增加成本和功耗的同时显著减少交调干扰。

②降低输入功率：通过减少放大器的输入功率，可以降低非线性效应的程度，从而减少交调干扰。这需要在系统性能和功率效率之间进行权衡。

③频谱预留与频率计划：通过合理的频谱分配和频率使用计划，避免频率组合可能产生的强烈交调干扰。

④运用数字预失真技术：在信号进入放大器之前，对其进行预处理，以补偿或逆向模拟放大器的非线性特性。这种方法可以在数字域内有效抑制交调干扰。

⑤使用滤波器：在放大器的输入端或输出端使用滤波器，可以有效阻止不在工作频带内的交调频率。

⑥背离频率选择：选择物理层的参数，如载波间隔和符号率，以最小化交调干扰出现的可能性。

6.3.3 TDMA方式

6.3.3.1 TDMA方式的工作原理

TDMA（时分多址）是一种通信多路复用技术，通过精确分配时间段使多个用户共享同一频率信道，实现数据传输的高效性与经济性。在TDMA系统中，时间被划分为连续的帧，每帧又被分割为若干个等长的时隙。这种划分允许每个用户或终端在其指定的时隙内独占信道，进行数据传送，而在其他时间则保持静默状态，从而避免了来自不同用户的信号之间的直接干扰。

TDMA的关键在于其需要对时间同步进行严格控制，系统中的所有用户设备必须与基站的时钟同步，以确保每个用户的信号在正确的时隙内发送和接收。这种同步确保了数据的有序传输和接收，避免了信号的重叠和数据包的碰撞。时间同步的精度直接影响到系统的整体性能和通信质量；TDMA技术在设计时考虑到了能源效率，用户设备在非分配时隙内可以转入低功耗模式或完全关闭其发射机，从而显著降低能源消耗。

6.3.3.2 TDMA系统的帧结构

TDMA系统的帧结构主要包括基准分帧（也称同步分帧）和若干业务分帧（或称数据分帧）。同时，为避免各分帧因同步不准确，时间上互相重叠，分帧间设有保护间隔。

基准分帧作为一帧的首个分帧，由基准站发出，主要包含载波和时钟恢复码、帧同步码及站址识别码。这个分帧通常不携带通信信息。

业务分帧在TDMA系统中用于传递通信信息，每帧中的业务分帧数量直接决定了系统能够支持的地球站数或地址数量。这些分帧的长度根据各地球站的通信需求的不同而不同，因此长度可变。每个业务分帧由前置码和信息码组成，其中前置码包含载波和时钟恢复码、帧同步码、站址识别码和勤务联络信号，位于分帧前部；而信息码则由多个通信通道构成。

基准分帧和业务分帧包含的载波和时钟恢复码、帧同步码、站址识别码的作用和原理如下：

（1）载波和时钟恢复码的主要功能是在接收端恢复相干载波和精确的位定时信号，以便进行有效的相位调制解调。在载波和时钟恢复码序列的初期，它提供一个未调制的载波信号。该信号在接收器的检测器中用作本地振荡的同步信号，以生成与原始载波相关的输出信号。在载波和时钟恢复码序列的后续部分，载波被一个相位变化已知的序列调制，从中可以提取精确的比特定时，实现信号的抽样和保持功能。载波和时钟恢复码的长度通常取决于解调器的输入载噪比和所需的载波频率稳定性范围。

（2）独特码是每个地球站都存储的一种二进制码字，其长度为30～40 bit。在接收过程中，输入的脉冲比特流会不断与存储的帧同步码进行比较。当接收到的比特流与帧同步码完全匹配时，接收机会确认已检测到帧同步码，从而触发帧同步。帧同步码在帧结构中的作用至关重要，因为它为各站提供了帧中位置的准确基准时间。在基准分帧中，帧同步码用于提供帧定时，帮助业务站确定各自的业务分帧在整个帧中的准确位置；在业务分帧中，帧同步码标志着业务分帧的具体出现时间，并为接收分帧定时提供参考，这使业务站能够精确地提取其所需的包含在消息分帧中的子脉冲序列。通过这种方式，帧同步码不仅增强了数据传输的准确性，还优化了资源的分配和利用。

（3）站址识别码是一种专用编码，用于验证和识别特定发送地球站的信号源和身份。

6.3.3.3 帧长的选择

帧长的选择是通信系统设计中的一个关键决策，它影响到系统的多方面性能，包括数据传输效率、系统响应时间和错误恢复能力。选择适当的帧长需要在传输效率和系统复杂度之间找到平衡。较长的帧可以提高数据传输的效率，因为它减少了相对于数据量的控制信息比例，如帧头和校验序列。这意味着在每个帧中有更多的空间被用于实际的数据载荷，从而提高了通信的有效性。然而，长帧也可能导致延迟时间增加，特别是在需要等待完整帧传输完成的实时通信应用中。短帧可以减少传输延迟时间，使系统能够更快地响应。短帧的错误恢复也更为高效，因为当帧受损时，需要重传的数据量较小。但是，较短的帧意味着用于帧头和尾部的开销相对较高，这会降低通信的总体效率。选择帧长时必须考虑网络的具体需求，包括数据类型、用户的延迟敏感性以及网络的错误率。在实际应用中，可能需要通过试验和性能评估来确定最佳帧长。

6.3.3.4 转发器利用率

转发器利用率是衡量转发器效能和性能的关键指标，特别是在通信卫星和网络基础设施中。这一指标反映了转发器在其总可用容量中实际被使用的比例。转发器利用率高意味着转发设备的资源被充分使用，而利用率低则可能表明资源浪费或未被充分利用。

转发器利用率的高低受多个因素影响，包括系统的设计、信号的调制方式、信号功率、带宽分配和网络的交通负载。例如，在卫星通信系统中，卫星转发器（通常称为转发器）的利用率受到其等效全向辐射功率（equivalent isotropic radiated power, EIRP）的影响，这影响信号的覆盖范围和强度。同时，地球站的接收能力（G/T）直接影响信号的接收质量和因此对转发器利用的需求。调制方案的效率也是一个重要因素，高效的调制技术可以在有限的带宽内传输更多数据，从而提高转发器的使用效率。例如，在同一带宽条件下，使用更高级的调制技术（如16-

QAM）可以比简单的二进制相移键控（binary phase shift keying, BPSK）传输更多的信息，这样可以更有效地利用转发器的容量。

在实际应用中，转发器利用率的提高需要综合考虑技术、经济和操作上的因素，通过合理的资源分配、技术选择和系统维护，确保通信网络的性能和经济效益达到最佳。通过监控和调整转发器的使用，可以有效管理网络负载，优化性能，减少延迟，提高用户满意度。

6.3.3.5　TDMA 终端

（1）终端功能。TDMA 地面终端由发射部分、接收部分、TDMA 终端设备及地面接口设备组成。地面接口设备，连接 TDMA 终端和地面通信网络，分为模拟接口和数字接口两种。随着网络数字化的增长，模拟接口的使用逐渐减少。TDMA 终端设备包括发射部分、接收部分、控制部分以及监控和维护设施，而信道终端设备则负责射频信号的发送和接收。

TDMA 地面终端设备的主要功能包括以下几个方面。

①完成帧发送和接收：地面接口发来的信号首先被分帧，接着通过多路复用形成完整的帧，然后通过上行链路发送到卫星转发器，地球站接收从卫星转发器传来的分帧信号，进行分路处理后送回地面接口。

②实现网络同步：这个过程实现了系统的初步捕获和帧同步，确保通信系统能在启动时迅速并准确地同步数据帧。

③该过程负责实现对卫星链路资源的分配和控制，确保有效管理通信链路，以提升系统整体性能和资源利用率。

④该功能涉及监测链路的通信质量，并在质量下降时自动切换到备用设备，以确保通信的连续性和可靠性。

（2）系统的定时与同步。

① TDMA 系统定时。由于卫星在空间的自然漂移、天体引力影响以及大气折射的影响，卫星与地球站间的距离和时间会发生变化。这使得即便基准站发出精确的基准分帧信号，在通过卫星转发器的过程中，帧

周期也会发生变化。为了使卫星转发器上接收到的帧周期保持一致，基准站需要不断调整其发射时刻和时钟频率，以与卫星上的帧周期同步。

② DMA 系统同步。TDMA 系统的同步过程包括载波同步、时钟同步和分帧同步。系统需要在极短的时间内从接收到的分帧报头中提取基准载波和时钟信号，分帧同步确保每个分帧与其他分帧保持正确的时间关系，避免重叠。这包括如何在初始捕获阶段将发射数据正确地放入指定的时隙，以及如何维持分帧与其他分帧之间正确的时间对齐。

6.3.4 SDMA 方式

6.3.4.1 工作原理

SDMA（空分多址）是一种高级无线通信技术，利用空间分离的原理来增加通信系统的容量，提高通信系统的效率。SDMA 通过使用多天线技术，即多输入多输出（multiple-input multiple-output, MIMO）技术，区分物理上处于同一频率但不同空间位置的用户。这种技术允许一个通信系统以相同的时间和频率资源服务多个用户，而这些用户的信号是通过它们的空间位置来区分的。SDMA 系统中的基站或接入点配备了多个天线，这些天线能够形成指向不同方向的多个波束，通过定向波束形成技术，系统能够将信号精确地发送到各个用户的位置，同时减少对其他用户的干扰。接收端同样使用多个天线来分辨来自不同空间方向的信号，提高信号接收质量并降低干扰。

SDMA 的主要优势是能够显著提高频谱利用率和系统容量。在密集的用户环境中，SDMA 通过空间复用来支持更多的用户连接，这在传统的单天线系统中是难以实现的。通过有效的空间分离，SDMA 可以增强系统的安全性，因为定向的信号传输更难被非目标接收器捕获。

（1）控制电路部分。动态交换矩阵的作用是将地球站发向卫星的 TDMA 分帧信号导向正确的目的波束，以便目标站点接收。切换控制电路负责执行动态变换矩阵的切换控制功能。控制切换控制电路的操作包括存储信息、收发信息以及动态变换矩阵的切换信息等任务，均由遥测遥控指令站负责执行。为保证通信的同步性，卫星交换式时分多址（satellite switched TDMA，SS-TDMA）通信系统中的 TDMA 帧周期需要与动态变换矩阵的切换顺序保持一致。

（2）信号收、发电路部分。在一个三波束 SS-TDMA 卫星系统中，卫星装备了三副窄波束天线，这些天线负责接收和转发其覆盖区域内地球站的信号。每个波束区域可能包含一个或多个按 TDMA 方式工作的地球站，这些站点的信号在每个波束的时间帧内通过不同的分帧进行组织。卫星的每个时间帧内的分帧分配和编排任务可以通过预分配（pre-allocation，PA）方式或按需分配（demand assignment，DA）方式来完成。在预分配模式下，每一时间帧中的分帧分配和排列顺序是根据系统设计预先确定的。

6.3.4.2 分帧排列

（1）帧交换矩阵。帧交换矩阵是通信网络中用于处理和转发数据帧的关键组件，它按照预定的路由策略，将接收到的数据帧从一个端口转发到另一个端口。这种设备利用矩阵结构，能够在短时间内完成大量的帧排序和分配任务，确保数据在网络中的高效流动。帧交换矩阵的操作依赖于内部的逻辑和算法，可以基于静态配置或动态决策来优化数据流的路径，从而减少延迟时间，提高网络的整体性能和可靠性。这种技术广泛应用于数据中心、大型企业网络及通信卫星系统。

（2）分帧编排。分帧编排是在通信系统中对数据进行结构化处理的一种方法，它涉及将数据按照特定的格式划分成多个帧。这些帧包含了发送数据所需的所有信息元素，如头部信息、有效载荷和尾部校验。通过分帧编排，可以有效管理数据的发送和接收，确保数据在复杂网络中的正确传输和同步。此外，合理的分帧编排有助于提高数据传输的效率和系统的整体性能。

6.3.4.3 帧同步

在 SDMA/SS-TDMA 系统中，要求通信卫星能够提供定时切换功能，因此它与普通 TDMA 系统不同，要求地面上能够检测出卫星切换器的切换定时，从而使动态变换矩阵能够按分帧编排顺序进行切换。为保证准确的切换操作，必须在各地球站间建立帧同步，以便调节本站发送分帧的发送定时，以保证该分帧按照预定的时间通过交换矩阵。

控制帧同步的方法有两种，具体如下。

（1）星载定时。星载定时是以卫星上切换电路提供的定时为基准的一种帧同步方法。此方法要求地球站与卫星上的基准分帧保持同步，并且卫星需配置调制器来生成这些帧，从而增加了卫星的复杂性。

（2）地球定时。地球定时是由基准地球站控制卫星上的切换电路及其他地球站来实现帧同步的方法。这种同步机制要求在卫星的切换电路中集成指令解调器，以处理同步指令，这一配置同样导致卫星设备的复杂性增加。

第 7 章 天地一体化网络管理控制

7.1 天地一体化网络管控体系

7.1.1 地面网络管理技术体系

地面网络的管理控制系统在建设和演进过程中主要遵循国际电信联盟（ITU-T）提出的技术体系，包括 ITU-T TMN、NGOSS、eTOM 等电信网络管理标准。这些标准引导管理系统朝开放性、分布式、智能化、综合化和多层次融合的方向发展，以应对日益复杂的网络管理需求。

7.1.1.1 TMN 管理技术体系

电信管理网（telecommunication management network，TMN）是由 ITU-T 在 1988 年提出的一个标准化框架，主要用于电信网络的管理和操作。TMN 提供了一套完整的体系结构和管理模型，用于规范电信网络管理功能和信息交换。

TMN 体系包括业务管理层、网络管理层、元素管理层、网络元素层等多层结构。这样的分层设计使从商业层面的决策管理到具体网络元素的操作和维护都得以明确区分和有效控制。例如，业务管理层涉及与商业相关的管理任务，如服务管理和收费；网络管理层聚焦整个网络的运行和维护，确保网络服务的质量和效率；元素管理层进一步关注单个网络元素的管理，直接管理具体的设备和技术操作；网络元素层包含实际的网络硬件和软件，是整个管理框架的基础。

TMN还定义了管理功能域，这是对管理活动的另一种划分方式。它包括性能管理、配置管理、故障管理等多个方面，每个功能域都有其具体的职责和执行标准，这有助于提高管理的具体性和执行的针对性。通过这样的技术体系，TMN不仅提高了电信网络管理的效率，还提升了网络服务的质量和用户的满意度。这种系统化的管理方式为电信网络的可持续发展和技术创新提供了坚实的基础。

7.1.1.2 TOM/eTOM 管理技术体系

在深入研究ITU-T的TMN管理层次模型后，电信管理论坛（telecommunication management forum，TMF）提出了面向业务管理的电信运营图（telecommunication operation map，TOM）。这个模型提供了电信运营处理的通用流程，定义了一系列抽象的、公共的、可重复使用的业务处理过程，并建立了电信运营处理的基础框架。

TOM关注电信运营管理，基于TMN的分层思想，采用自顶向下的方法研究端到端的业务过程，丰富和发展了TMN的核心理念。它提供了一个自顶向下的、面向客户的、端到端的电信运营过程高层视图，是包括业务实现、业务保障和业务计费等基本过程及其子过程的高层模型。

遵循TMN的逻辑分层原则，TOM对电信业务处理框架进行了层次划分，共分为五个层次：客户接口管理层，负责直接与客户的互动和接口管理；客户服务层，处理客户服务问题，加强客户服务管理；业务开发和运营层，关注业务策略的制订与执行；网络与系统管理层，涉及网络整体运作和系统管理；网元管理层，负责具体网络元素的管理。这种分层方法明确了各层的功能和责任，可以优化电信业务的整体运营。

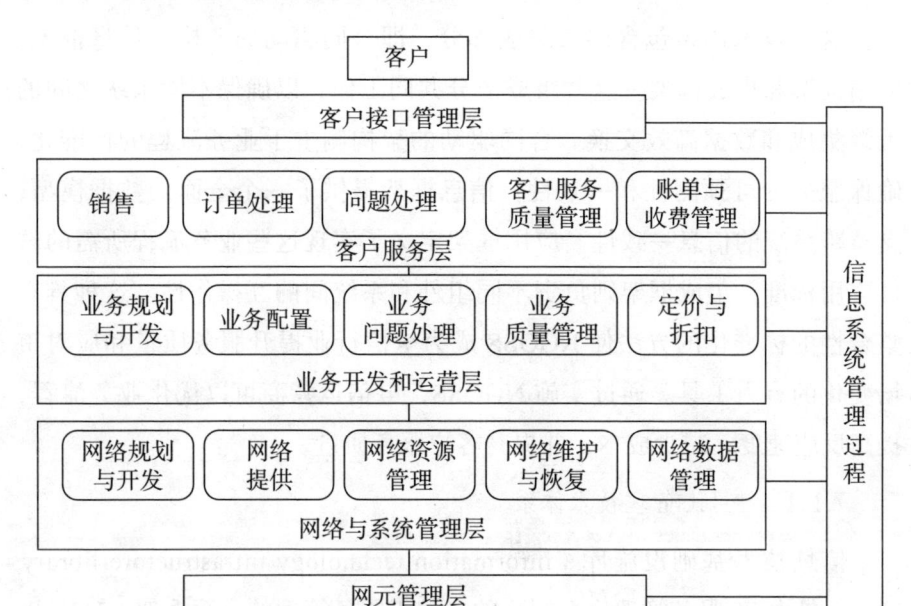

TOM 的基本业务处理框架结构如图 7-1 所示。

图 7-1 TOM 的基本业务处理框架

eTOM 基于 TOM 发展而来，它将 TOM 扩展为一个完整的企业框架。它是一个面向整个企业过程的增强型电信运营图，专为电子商务环境设计，全面涵盖了企业业务活动。

7.1.1.3 NGOSS 管理技术体系

下一代运营软件和系统（next generation operations systems and software, NGOSS）是一个全面的管理技术框架，旨在指导电信行业中业务支撑系统（business support system, BSS）和运营支持系统（operations support systems, OSS）的发展。该框架由电信管理论坛（TM Forum）提出，其核心目标是提升服务提供商的业务敏捷性和运营效率。

NGOSS 结合了现代软件架构原则，包括服务导向架构（service

oriented architecture，SOA）和 Web 服务，支持更灵活、可扩展的解决方案。这一技术体系包含四大组成部分，即合同驱动的架构、信息框架、应用框架和集成框架。这些组成部分共同工作，以确保不同系统之间的无缝集成和数据高效交换。合同驱动的架构侧重于业务流程的标准化，确保服务的可预测性和一致性；信息框架提供了一个全面的数据模型，支持跨系统的信息一致性。应用框架定义了实现这些业务流程所需的软件应用标准；集成框架则负责不同组件和系统间的互操作性。这种具有整合性的标准化的方法使 NGOSS 成为电信行业提升服务质量和应对市场变化的有力工具。通过实施 NGOSS，电信运营商可以优化业务流程，提高反应速度，减少成本，并提升客户服务质量。

7.1.1.4 ITIL 管理技术体系

信息技术基础设施库（information technology infrastructure library，ITIL）是由 IT 服务管理论坛制订的专注于服务管理的全面框架。ITIL 以服务战略为核心，构建了一套详细的、面向 IT 服务的流程框架，涵盖服务设计、服务转换和服务运营等关键阶段，旨在使 IT 服务管理流程更加系统化和条理化。它提供了一系列在 IT 服务管理领域内的最佳实践，帮助企业通过有效的 IT 管理提升运营效率和服务质量，确保企业能够在 IT 领域实现更好的业务支持和持续改进。

随着网络技术的持续进步，未来的电信网络设备将趋于智能化，IT 技术与通信技术的融合将加深，推动泛在网和泛在计算成为主流。因此，未来的网络管理系统必须融合 ITIL 等计算机管理的实践方法，以有效管理这些先进设备和技术。NGOSS5.0 系列文档的 GB921V 已对 eTOM 的第三层和 ITIL 的事件管理流程进行映射，但在服务支持与服务配置流程方面的详细映射仍需深入研究。

7.1.1.5 典型运营商管控系统

随着网络管理需求的增加，运营商的管控系统已从多个独立的业务网络管理系统逐步整合为一个对多业务平台进行综合网络管理的系统。这个系统能够实现对所有业务平台的集中化、集约化和高效化管理，有效进行综合监控、综合维护和综合运行分析。它具备快速发现、定位和解决故障的能力，能实现业务运行情况的统计和多维度考核分析。通过这种方式，形成了一个规范化和体系化的业务平台运维管理体系及标准。该综合网络管理系统至少应具备以下核心功能：对关键业务平台进行数据采集、综合监控、综合维护以及综合运行分析。这些功能确保了管理的全面性和深入性，帮助运营商有效优化资源配置，提升服务质量，同时降低运营成本，提高系统的整体性能和可靠性。

业务平台综合网络管理系统的管理对象包括所有业务平台涉及的硬件设备、软件设备等，管理内容包括业务运行情况的运行监控、业务运行质量分析与考核。业务平台综合网络管理系统管理对象分为以下两类。

（1）设备层对象：资源信息、运行状态、运行性能和告警信息，涵盖了主机、数据库、网络设备、存储设备及其他可管理设备的关键监控指标。

（2）业务层对象：关键业务应用进程、应用端口、业务日志和话单文件的生成情况以及双机状态、业务配置资源、业务性能指标和业务告警都是重要的监控内容。

运营商使用独立的业务运营支撑系统（bussiness operation support system, BOSS）为网络运营提供基础支持。BOSS系统与业务网络管理系统没有直接的交互，而是直接与相关的业务系统相连，实现对计费、结算、账务、业务管理及客户服务等功能的集中和统一规划整合。这使得BOSS成为一个集成的支撑系统，使信息资源得以充分共享。未来BOSS系统旨在构建一个统一的服务网络体系，并从技术角度确保系统的一致性、完整性和先进性，以保证系统间的互联互通、协调运营和统一管理。

7.1.2 卫星网络控制体系

随着技术的进步，全球已经建立了许多成熟的卫星网络管理控制系统，应用于海事等多个关键领域。这些系统与传统地面系统相比，因其对安全性、实时响应性以及管理控制的精细化程度要求较高，其建设和发展具有较高的独立性和特殊性。卫星系统的管理控制不仅涉及复杂的技术，如信号处理、轨道调整和故障诊断，还需要完善的安全措施，以防止数据泄露和系统入侵，同时必须保证几乎实时执行操作，以应对快速变化的空间环境。因此，各个卫星网络管理控制系统都发展出了具有特定功能的专业的操作标准和流程，以满足各自应用场景下的独特需求和严格的标准的要求。这些系统的设计和实施展现了很高的技术成熟度和专业化水平。

7.1.2.1 海事卫星管控系统

海事卫星通信系统主要由海事卫星、信关站和终端构成，用以实现海上与陆地之间的无线电通信。以第四代海事卫星系统为例，该系统配置了四颗同步轨道卫星（三颗主用和一颗备用），覆盖范围涵盖太平洋、印度洋和大西洋东部地区，能够为南北纬75°以内的区域提供全面的通信业务服务。这一系统保证了广阔海域内船只与陆地之间的稳定联系，支持各类海上通信需求。

海事卫星管控系统的结构主要由两级构成，第一级是位于伦敦的网络操作中心（network operations center, NOC），负责整个海事卫星系统的平台与载荷管理，以及地面站的频率分配工作，实施对全网资源的统一维护和调度；第二级由分布在各地的信关站组成，这些信关站通过光纤网络与NOC相连，主要负责具体卫星的通信管理、运行维护和业务支持。信关站处理用户终端的业务申请，以及交换和分配用户资源和容量，确保用户管理、资源分配和业务保障的实施，同时为用户提供电路交换和分组交换业务。

7.1.2.2　Ka-SAT 卫星管控系统

Ka-SAT 是一颗利用 Ka 波段频率进行通信的高通量卫星，它主要服务于欧洲及部分中东地区，提供宽带互联网和数据传输服务。作为 Eutelsat 公司运营的一部分，Ka-SAT 的出现标志着卫星通信技术实现了一大飞跃，尤其在提升数据传输速率和优化频谱使用效率方面。

Ka-SAT 采用了多个集束技术，通过设计超过 80 个集束，能够覆盖广泛的地区，同时重用频率，极大地提升了频谱的使用效率。这些集束能够直接指向地面上不同的接收站，减少信号干扰并提高信号质量。在地面控制系统方面，Ka-SAT 通过包括主控制站、网关站和备份控制站在内的复杂网络进行运营。主控制站承担着卫星操作的核心管理职责，包括轨道调整、系统健康监测和通信载荷的管理；网关站负责处理卫星与地面网络之间的大量数据传输，包括数据的上行和下行传输，保证数据传输的高速度和低延迟。在用户终端方面，Ka-SAT 通过一个小型卫星天线和一个调制解调器，使终端用户能够轻松接入高速的宽带互联网服务。Ka-SAT 还支持多种企业级应用，如 VPN 连接、远程教育和紧急响应通信，展示了其在不同领域的应用潜力。它的高通量能力也使其成为广播服务和数据中心之间进行大数据传输的理想选择。

7.1.2.3　铱星卫星管控系统

铱星系统（Iridium）是一个全球通信网络，最初由美国摩托罗拉公司于 1987 年提出，并于 1998 年完成了第一代系统的建设，整个项目耗资达 57 亿美元。第一代系统主要旨在为手持移动电话用户提供全球范围内的无缝个人通信服务。

系统由 72 颗通信卫星组成，其中 66 颗为主要组网卫星，另外 6 颗则为在轨备用卫星。这些卫星分布在地球低轨道上，高度约为 780 km，分别位于 6 个轨道面上，提供基本传输速率为 2.4 kbit/s 的服务。

铱星地面系统的核心组成包括两个网络控制中心、12个信关站以及3个测控站。其主网络控制中心设在美国弗吉尼亚州华盛顿附近，另外一个备用控制中心设在意大利罗马，这两个中心负责卫星网络的日常运行控制和技术支持服务。它们的主要职责包括监控和控制在轨卫星的运行位置和星体状态，以及管理所有卫星的平台和载荷，确保卫星间和卫星与地面之间的通信正常进行。信关站的作用是实现卫星与地面通信网络之间的中继连接，处理呼叫的建立和连接到地面的公共交换电话网络（public switched telephone network，PSTN）。此外，信关站还负责管理系统内部的网络节点和链路。地面的测控站分别位于夏威夷、意大利和加拿大，这些测控站与控制中心直接连接，主要负责完成对卫星的遥测、跟踪和控制任务，包括调整卫星的发射定位和对后续轨道位置的精确控制。

通过这样的高度组织化结构，铱星系统能够有效地提供覆盖全球的通信服务，支持无缝的全球个人通信，从而满足现代社会对快速、可靠通信的需求。

7.2 管理控制协议

7.2.1 卫星遥测遥控协议

7.2.1.1 空间数据系统咨询委员会协议模型

空间数据系统咨询委员会（consultative committee for space data systems，CCSDS）基于OSI 7层模型，开发了专用于空间通信的协议模型。该模型包含5层，与大部分地面网络的实践相似，它省略了OSI模型中的会话层和表示层。这种设计是为了适应空间通信的特殊需求和简化协议结构，以提高效率和可靠性。

CCSDS协议模型主要包括物理层与数据链路层，这两层的设计考虑了空间环境的独特挑战，如极端温差、辐射以及信号延迟等因素。下面介绍一下这两层的主要功能。

（1）物理层。物理层的主要职责是确保数据可以在空间中的物理媒介上进行传输。这包括定义信号的电气、机械、时间特性等，物理层确保所传输的信号能够适应宇宙空间的恶劣环境并抵达接收设备。为此，它可能包括对信号的调制和解调、信号的发射及接收等技术规范，在空间环境中，物理层需要高度的可靠性和健壮性，以适应远距离通信和尽可能清除干扰。

（2）数据链路层。数据链路层负责确保从一个节点到另一个节点的有效数据传输。在空间通信协议模型中，数据链路层具有特殊的设计，以处理数据的帧同步、错误检测和纠正、流量控制及分帧等功能。数据链路层通常会实现一种或多种形式的链路控制协议，这些协议能够有效管理从卫星到地面站或从卫星到卫星的数据传输。特别是在高误码环境下，数据链路层的设计尤为关键，需要高效的错误控制和恢复机制来确保数据的完整性和可靠性。

这两层的结合不仅支持数据的物理传送，还确保了传输过程的可靠性和效率，满足了空间任务对数据通信极端稳定性和精确性的需求。通过这样的设计，CCSDS协议模型能够为各种空间任务提供坚实的数据传输支撑。

7.2.1.2 分包遥测空间数据链路协议

随着新一代航天器星上自主能力的加强，星上产生的数据包呈现出自主性、随机性和异步性等特点，这些特性对传统遥测系统提出了更高的要求。为了应对由此带来的大数据量和高效传输的需求，遥测系统必须进行创新和改进，这就催生了分包遥测的概念，这一概念至今仍被广泛使用。

分包遥测技术能够有效地管理和传输由各种应用过程产生的多种类型的数据源包，如航天器健康数据包、故障诊断数据包等。这些数据包根据类型被分配到不同的虚拟信道上，每种类型的数据包都占用一个与之相应的虚拟信道，通过这种方式可以形成所需的信道传输帧。这些虚拟信道进一步被复用到一条主信道上，并经过相关业务处理后，最终形成用于星地传输的物理信道。

在分包遥测中，虚拟信道是一个核心概念。它不仅仅是一种信道动态管理机制，实际上其允许多个信源以动态时分的方式独占物理信道。这种机制使得多数据流能够通过同一物理信道进行数据传输，从而显著提高了信道的利用率。与传统遥测系统相比，分包遥测因其虚拟信道的独立管理功能和动态复用能力，表现出明显的优越性；分包遥测中的每个虚拟信道可以独立管理，并可以根据数据的重要性和紧急性，赋予数据不同的优先级，使系统能够为不同类型的数据提供相应等级的服务。这种灵活性是分包遥测的一大优势，它允许系统兼容各信源的广泛特性和不同的实时性要求。

由于分包遥测提供了虚拟信道机制，各应用过程能够根据自身的具体需求独立生成不同长度的源包，从而不再受到固定采样率的限制。这种设计不仅增加了信源的自主性，而且确保了数据传输的高效性和灵活性，极大地支持了各应用过程对不同数据需求的满足。

7.2.2 高级在轨系统协议

高级在轨系统协议（advanced onboard system protocols）是现代航天工程中的一项关键技术，旨在提高航天器在轨运行时的数据处理能力和通信效率。随着空间任务复杂性的增加，航天器需要更高级的系统来处理和交换大量数据，高级在轨系统协议因此成为提升任务效率和安全性的核心工具。

在航天器设计和运行中，数据交换协议尤为关键，因为它直接影响到指令的发送、接收以及执行的速度和准确性。高级在轨系统协议优化了数据的编码、解码、传输和接收过程，确保了信息在航天器各系统间传递的高效性和安全性。这些协议支持复杂的数据操作，如遥测数据的实时分析、指令的即时下达和处理以及状态的动态监控；高级在轨系统协议能够对通信链路进行优化。在深空任务中，通信延迟和信号衰减是常见问题，高级协议能通过智能路由和错误纠正机制，显著提高数据传输的可靠性。这种优化不仅减少了数据包的丢失率，还减轻了地面控制中心的负担，使航天器能更自主地执行任务。高级在轨系统协议还强调模块化和可扩展性，使航天器能够适应未来技术的发展，以及不断变化的任务需求。这种灵活性是通过设计兼容多种硬件和软件平台的协议来实现的，从而使航天器能够轻松升级和适配新的科技或任务需求。

高级在轨系统协议通过优化数据处理和通信流程，不仅提高了完成航天任务的效率和安全性，还使航天器保持了必要的灵活性和可扩展性，确保了航天器能在不断变化的技术和任务环境中保持最佳性能。

7.2.3　简单网络管理协议（SNMP）

简单网络管理协议（simple network management protocol, SNMP）是在TCP/IP网络中广泛使用的一个网络管理协议，由三个互相关联的标准组成：① RFC1065，定义了管理信息结构；② RFC1066，定义了管理信息库（MIB）；③ RFC1067，定义了SNMP本身。SNMP的核心概念在于将网络中的资源抽象化为被管理对象，并存储于MIB中。这些被管理对象在MIB中表现为变量。

在网络管理框架中，每个网络节点都有一个管理代理（agent），该代理负责维护节点上的MIB。网络管理系统（network management system, NMS）则在网管中心的主机上作为软件运行，负责与各节点的管理代理进行交互，通过这种方式实现对网络各个部分的集中管理。网络管理系统和管理代理之间的交互是通过 SNMP 协议完成的，这使管理操作可以跨越不同网络设备，实现高效的网络资源和设备管理。这种结构不仅优化了网络的监控和管理流程，还增强了网络的可维护性和可扩展性。

SNMP 网络管理模型主要包括四个关键组成部分：网络管理系统（NMS）、管控代理（Agent）、管理信息库（management information base, MIB）以及简单网络管理协议（SNMP）。其中，NMS 作为管理者与网络之间的桥梁，通常配备一个用户友好的图形界面，展示网络的拓扑结构、子网配置以及各种网络设备的类型和连接方式。NMS 不仅能以图形化界面展示设备信息，还具备收发 SNMP 数据包的底层通信能力，可以从网络设备上获取管理信息并存储、分析这些数据，从而支持网络的计划性监控和长期管理。

在网络的每一个主机、路由器或交换机上存在一个管理代理，这是一种特定的软件，由设备供应商提供，并普遍存在于市场上的主流网络产品中。管理代理的主要职责是响应来自 NMS 的查询和命令，以及主动向 NMS 发送警告或通知，即 Trap 信息，这使 NMS 能够有效地管理网络，实现实时监控与维护，确保网络的稳定运行。这种结构化的管理模型通过集成 NMS、Agent、MIB 和 SNMP，为网络管理员提供了一个强大的工具，以视觉化的方式进行复杂网络的管理和优化，这不仅增强了网络的可管理性，还提升了网络系统的整体性能和可靠性。

7.2.4 其他网管协议

7.2.4.1 NETCONF 协议

网络配置协议（network configuration protocol, NETCONF）是一种网络管理协议，主要用于网络设备上的配置管理。它通过提供一个从管理系统到设备的标准机制，允许操作员查询和修改网络设备的配置信息。NETCONF 的使用基于 XML 的数据编码，以结构化的方式提供对配置数据的访问。协议支持一系列配置操作，如获取配置、编辑配置、提交/回滚更改以及监视设备状态等操作。NETCONF 的一个关键特点是其能够确保配置的原子性交易，即配置更改要么完全应用，要么完全不应用，从而提高了网络操作的准确性和可靠性。

7.2.4.2 远程网络监视协议（RMON）

远程网络监视协议（remote network monitoring, RMON）是一种网络监控标准，用于网络管理系统（NMS）对网络设备进行远程监控和分析。RMON 可以收集各种网络统计数据，包括流量、错误、网络拥堵情况等，从而帮助网络管理员理解网络的运行状态并采取适当的管理行动。

RMON 工作在数据链路层，支持从基础的物理介质开始监控，到更高层面的网络协议交互。RMON 的数据是由网络设备中的 RMON 代理收集的，这些代理可以独立运行，实时监控网络交通，捕获和分析数据包，生成警报，以及执行其他诊断任务。RMON 数据通常存储在管理信息库（MIB）中，NMS 可以通过标准的网络管理协议（如 SNMP）进行访问。RMON 标准包括多个版本，如 RMON1 专注于基础的统计信息收集，而 RMON2 则提供了对网络层和应用层数据的支持，使管理员能够深入了解网络通信的各个层面。通过这些功能，RMON 强化了网络的可视化管理，提高了故障诊断和网络性能分析的效率。

7.2.4.3 公共管理信息协议/公用管理信息服务(CMIP/CMIS)

公共管理信息协议（common management information protocol, CMIP）和公用管理信息服务（common management information service, CMIS）是一组为网络设备和服务管理设计的标准协议和服务框架，它们由国际电信联盟（ITU）开发，主要用于电信网络的管理。CMIS 提供了一组服务，这些服务定义了如何获取、设置、删除和管理网络管理信息，而 CMIP 则是这些服务的实现协议，允许网络管理员执行这些操作。

CMIP/CMIS 被设计用来支持复杂的网络管理任务，包括配置管理、故障管理、性能管理和安全管理等。与简单网络管理协议（SNMP）相比，CMIP 支持更复杂的交互，具有更强的功能，如同步和异步消息处理能力、强大的错误处理和查询能力，这使得 CMIP/CMIS 在处理大规模数据信息和高要求的网络管理环境中尤为有效。尽管 CMIP/CMIS 提供了广泛的管理功能和高级功能，但它们的实现和运行成本相对较高，这在一定程度上限制了它们在实际网络环境中的普及。然而，在需要高度结构化和可扩展性的管理操作的场景中，CMIP/CMIS 仍然是重要的工具。

7.2.4.4 TCP/IP 上的公共管理信息协议（CMOT）

公共管理信息协议（CMOT）基于 TCP/IP，是在 TCP/IP 网络环境中实现公共管理信息协议（CMIP）功能的一种方法。CMOT 允许网络管理员在使用 TCP/IP 网络时，使用 CMIP 的强大功能进行网络管理，包括网络设备和服务的监控、配置、故障处理和性能管理。

CMOT 的设计目的是利用 TCP/IP 网络的普遍性，将 CMIP 的管理能力引入基于 TCP/IP 的网络。这种结合允许 CMIP 通过 TCP/IP 网络实现更强可接入性和更高的网络效率，而不需要额外的网络协议栈或重构现有的网络架构。

7.3 天地一体的管控中心技术实现

7.3.1 管控中心软件架构的实现

为满足天地网络应用需求的演变和网络规模的增长，网络管控中心

第 7 章　天地一体化网络管理控制

需确保技术可迭代、功能可扩展、性能可升级。因此，应构建一个开放通用的软件架构，以便支持网络的后期升级。管控中心软件架构如图7-2 所示。由于管控中心软件规模庞大、流程复杂、结构高度复杂，必须制订统一的开发和集成标准，促进软件的标准化，解决异构系统间的互操作性问题和复杂系统的协同开发问题。鉴于对高可靠性、可扩展性和可维护性的需求，中心软件还应具备动态重构、在线自检和错误隔离功能。

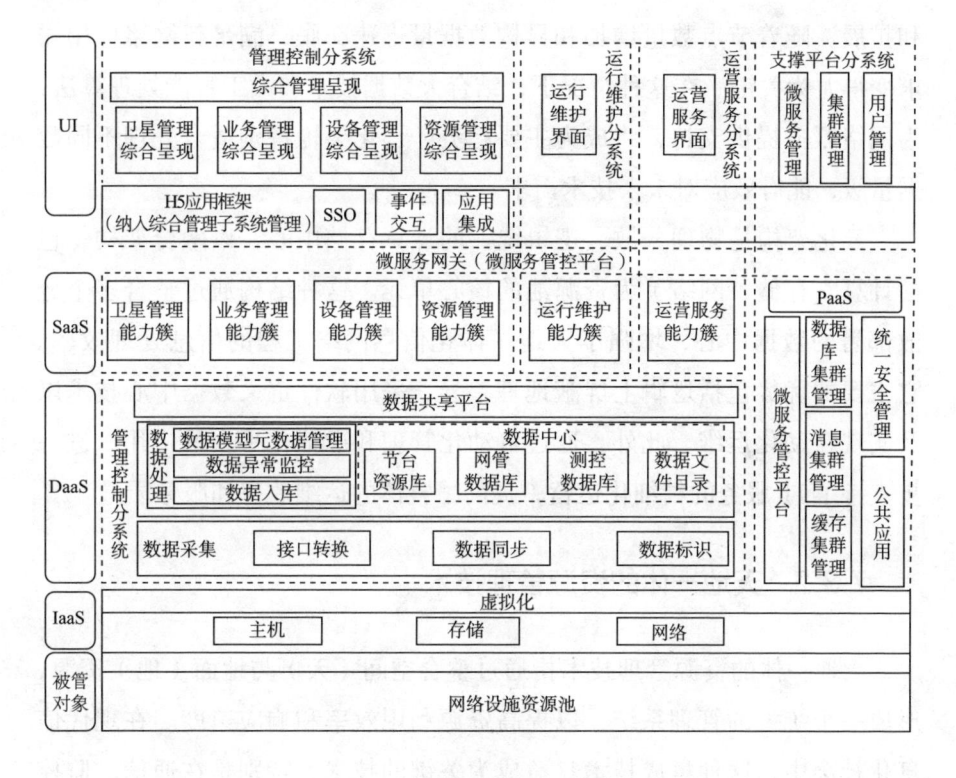

图 7-2　管控中心软件架构

为了适应网络长期演进的需要，如软件定义网络（software defined network，SDN）和网络功能虚拟化（network functions virtualization，NFV），整体架构在设计时考虑如下 3 点，以满足需求。

（1）对被管对象变化的适应。核心数据模型采用元数据定义，当被管对象的类型或属性发生变化时，可以通过更新元数据来迅速进行调整。这种方式提高了数据模型的灵活性和适应性。

（2）对系统功能变化的适应。采用微服务架构后，网络可以通过增加网络编排和业务编排等，实现 SDN 化和 NFV 化，而无须对现有服务功能进行大幅度调整，这样确保了系统的灵活性和扩展性。

（3）对处理能力变化的适应。采用云化架构，可适应系统持续迭代和扩展。随着节点数量增加和异构数据量迅速膨胀，满足新网络应用需求变得尤为关键。在这种情况下，结合大数据技术和人工智能处理算法，为网络服务提供支持，将成为主要趋势。云化架构特别适合处理不同数据量级，能有效应对未来技术需求。

云化架构是物理分散、逻辑统一的计算存储中心，以融合架构（包括计算、存储、网络）为资源池的核心单元。这种结构通过整合多个分散部署的数据中心，增强了天地一体化信息网络工程的信息处理效率。它主要的优势包括逻辑上屏蔽地理差异、采用软件定义数据中心技术以及实现自动化运维。此外，通过自动化管理和虚拟化平台的应用，进一步支持了 IT 服务的精细化运营，提高了整体的运维效率和服务质量。

7.3.2 天地一体的资源管理技术

天地一体的资源管理技术指通过整合空间（天）与地面（地）资源，形成一个统一的管理系统，以提高资源利用效率和响应速度。在现代信息化社会中，这种集成技术日益成为关键的技术，特别是在通信、监控和资源调配领域。

天地一体化资源管理技术的核心功能是高效的信息集成和处理能力，通过卫星、飞机等空间平台与地面基站、数据中心的紧密协作，可以实时收集和处理大量的地理、环境和社会活动数据。例如，遥感卫星收集的数据可以用于农业监控，帮助农民根据土壤湿度和作物生长情况调整灌溉和施肥计划。同时，遥感卫星收集的数据能在自然灾害发生时，如发生洪水灾害或森林火灾的，快速提供灾区的实时信息，优化救援资源的分配和调度。天地一体化技术还可以优化通信网络，通过将空中和地面的网络节点整合，可以形成更广的网络覆盖范围，尤其在偏远地区或复杂地形中，能够确保通信不受地面条件限制，提升远程地区的信息接入能力，从而支持电子教育、远程医疗等社会服务的普及。另外，天地一体化技术在安全监控领域的应用也不容忽视。通过空中和地面的传感器网络，可以构建一个全方位的监控系统，实时监控城市安全、交通流量等关键信息。在有需要时，相关部门可以迅速响应，如调整交通信号灯，以缓解交通拥堵，或在重大公共事件中进行有效的人群控制和管理。

7.3.3 天地一体的管理新技术

7.3.3.1 分布式大规模管控数据存储技术

在天地一体化信息网络中，节点功能的复杂性和管控能力的增强导致数据量的激增。传统集中式存储技术面临诸多挑战，如性能不足、成本增加和单点故障等问题。针对这些问题，可以采用分布式文件系统技术，如 Hadoop 分布式文件系统（hadoop distributed file system, HDFS）是一种高度容错的分布式文件系统，设计用于在通用硬件上运行，能够提供高吞吐量的数据访问，适合处理大规模数据集。

HDFS 架构包括三个主要组件：NameNode、DataNode 和 Client。NameNode 作为系统的中心节点，负责管理文件系统的命名空间和客户端访问权限；DataNode 则负责存储实际数据；Client 提供了文件系统的访问接口。这种架构使 HDFS 在处理海量数据时，不仅能够保证数据的高可靠性和高可用性，还能有效地分散风险，避免出现单点故障问题，显著提升存储系统的性能。

7.3.3.2 跨域故障特征识别和关联性挖掘技术

天地一体化网络具有故障告警与性能告警海量性、跨域性等特点。跨域故障特征识别和关联性挖掘技术是一种高效的分析技术，用于监测和管理复杂网络环境中的故障。这项技术主要通过收集各个域内的故障数据，利用先进的数据分析技术来识别可能的故障模式和原因，从而实现对故障的快速响应和有效处理。

在实际应用中，故障数据首先被采集并分类，然后通过算法模型进行分析。这些模型能够识别故障的特征，并将其与历史数据进行对比，以确定是否存在已知的故障模式。关联性挖掘技术则用于发现不同数据点之间的潜在联系，比如在多个网络节点之间发现共同的故障影响因素，这有助于揭示故障的根本原因和传播路径。这种技术的核心优势在于其能够跨越不同网络和服务域，对故障信息进行整合和深入分析。通过这种方式，可以有效地提高故障处理的准确性和效率。例如，当网络中某个节点发生故障时，通过关联性挖掘，可以迅速识别与该节点相连接的其他节点是否会受到影响，从而提前采取措施，防止故障扩散。

7.3.3.3 基于深度学习神经网络的跨域故障定位技术

基于深度学习神经网络的跨域故障定位技术是一种先进的技术，这种技术能够在多个网络域中有效地识别和解决故障问题。深度学习神经网络，特别是卷积神经网络（convolutional neural networks, CNN）和递归神经网络（recursive neural network, RNN），因在图像识别、语音处理和时间序列数据分析中的出色表现而被广泛应用于故障定位。这些网络通过学习大量网络运行数据，可以捕捉到网络行为的复杂模式和依赖关系，从而在故障发生时迅速准确地识别故障源。

在天地一体化网络中，基于深度学习神经网络的跨域故障定位系统需要对网络各域的数据进行收集，包括流量数据、设备状态信息、用户反馈信息等。然后这些数据被用作训练神经网络模型的输入，模型在训练过程中学习如何从复杂数据中识别故障的特征和模式。一旦模型训练完成，它就可以实时分析新的网络数据，快速定位故障发生的具体位置和可能的原因。

这种技术还可以通过持续学习和自我优化来适应网络的变化，提高故障定位的精度。随着网络环境和故障类型的不断变化，模型可以定期更新，从新的故障事件中学习，保持其识别能力的前瞻性和准确性。使用基于深度学习神经网络的跨域故障定位技术，网络管理员能够大幅度提升故障处理的效率。这不仅减少了网络停机的时间，还优化了资源配置，提高了用户的服务质量。总之，这种技术为现代网络管理提供了一个强大的工具，特别是在复杂的网络系统中，展现出了巨大的潜力和价值。

7.3.3.4　基于机器学习的多根源告警分析技术

为了使系统正确地输出根源告警，可以借助神经网络的模糊匹配和归纳能力。神经网络算法的容错性较强，能有效解决告警数据的不完整性和延迟问题，从而保证诊断过程的准确性和可靠性。

天地一体化信息网络中的告警通常具有海量性，单一节点的故障可能引起多个告警，甚至可能在多个节点上产生级联告警，形成所谓的"多根源告警"。在这种情况下，传统基于分类和预测的神经网络难以处理，因为它们通常只能识别单一故障源的特征，基于聚类思想的自组织映射神经网络（self-organizing map, SOM）显示出了优势。SOM通过分析告警之间的相互关系进行聚类，从而揭示不同告警间的联系和模式，有效地反映出多根源告警的结构。

自组织映射神经网络利用无监督学习算法，通过网络自我组织的方式，能够动态地将大量的告警数据分到不同的类别中。这不仅有助于识别与单一故障相关的告警，还有助于识别由多个故障源引起的复杂告警模式。通过这种方式，自组织映射神经网络为处理大规模复杂网络中的告警提供了一种有效的技术手段。

第 8 章 天地一体化网络架构仿真设计

8.1 仿真软件介绍

在网络技术领域，仿真工具在设计、测试和优化各种网络架构和协议方面起着至关重要的作用。广泛使用的网络通信仿真工具有 OPNET、NS、GNS3、NetSim、QualNet，以下是对这些工具的介绍：

OPNET 网络仿真软件采用三层建模机制对网络进行仿真建模，分别是进程级、节点级和网络级模型。网络模型中以节点为单位，建立宏观的网络场景，设定统计量，记录各节点在网络运行中的性能表现；节点模型中以进程为单位，各协议层进程通过 OPNET 中提供的包流线相连，协同完成网络节点功能；OPNET 中协议的实现是在进程级建模时完成的，OPNET 应用状态机的形式完成协议进程框架的搭建，开发者需要设计合理的状态转移表来完成协议框架，同时 OPNET 提供丰富的变量和函数，以配合状态机协同完成协议功能。

NS2 作为一个开源的网络模拟软件，因具有强大的可扩展性和丰富的模块库而受到学术界的广泛青睐。这些模块几乎覆盖了网络技术的各个方面，包括但不限于路由协议、传输协议、无线通信、移动网络等。

由于其开源特性，研究人员可以根据自己的需求添加新的模块或修改现有模块，从而适应不断发展的网络技术。在学术研究领域，NS2 已经成为一种重要的工具，用于验证新的网络协议、算法和理论。每年，国内外发表的关于网络技术的学术论文中，有大量文章利用 NS2 进行模拟实验，并根据其模拟结果得出研究结论。这些通过 NS2 模拟得出的研究结果，因提供了翔实的数据和可重复的实验过程，被学术界普遍认可和接受。

GNS3（graphical network simulator-3）是一款开源的、功能强大的网络仿真平台，专注于对虚拟和物理网络设备进行高度逼真的模拟。它被广泛应用于学习、实验和测试复杂的网络环境，并且支持与真实的硬件设备和虚拟机进行集成，从而提供更加真实和全面的网络模拟体验。通过使用 GNS3，用户可以轻松创建和配置各种网络拓扑结构，模拟不同类型的网络设备，如路由器、交换机、服务器等，这使得学习网络技术、进行实验和测试变得更加直观和高效。同时，GNS3 提供了丰富的功能和工具，可以帮助用户深入了解网络协议、故障排查以及性能优化等方面的知识。

NetSim 是一款专业的商业网络仿真软件，具备广泛的网络协议模型和模块化的仿真环境。这款软件在学术研究、产品开发以及网络设计评估等领域都得到了广泛应用，能够支持各种通信技术和协议的建模。NetSim 的模块化设计使得用户能够灵活地构建和定制仿真场景，满足不同的研究和开发需求。它提供了丰富的协议模型和参数配置选项，使用户能够准确地模拟实际的网络环境。

QualNet 是一种广泛用于网络性能评估和仿真的商业软件。它提供了高度精确的网络模型和强大的仿真工具，可用于研究、开发和测试复杂的通信网络系统。通过使用 QualNet，用户可以对各种通信网络进行建模和仿真，包括无线网络、有线网络和混合网络等。它能够准确地模拟网络拓扑结构、协议行为、流量模式和设备性能等关键因素，帮助用户评估网络的性能、可靠性和安全性。

以上这些网络通信仿真工具各有其独特的优势和适用场景。根据具体的研究或项目需求，选择合适的仿真工具，能够提高网络设计的效率和质量，并帮助解决实际的网络问题。

OPNET Modeler 采用面向对象建模方法和图形化的编辑器，反映实际网络和网络组件的结构，提供全面支持通信系统和分布式系统的开发环境。OPNET Modeler 灵活的建模方式能支持所有网络相关通信、设备与协议。

作为广泛应用的系统开发平台，OPNET Modeler 的主要特点如下：

（1）层次化、模块化的建模机制。OPNET Modeler 中，采用与实际系统相类似的层次化结构建模。最下层是进程域模型，用有限状态机、C 或 C++ 以及 OPNET 自带的核心函数实现各种协议算法；中间层是节点域，由能实现不同功能的模块组成，反映设备的硬件和软件特性；最上层利用各种网络设备模型映射现实网络。

（2）面向对象的建模方式。OPNET Modeler 采用面向对象的建模方式，每类节点用相同的节点模型，再针对不同的对象设置特定参数。

（3）丰富的模型库。OPNET Modeler 提供标准模型库，包括 x.25、ATM、FDDI、Frame Relay、Ethernet（10 M、100 M、1 000 M）、Token Ring、TCP/IP、UDP、RIP、OSPF、LAPB 等现有设备的标准模型库，同时有 3COM、Cisco、Sun 等多个厂家现有设备。

（4）图形化建模方式。不论是网络域、进程域，还是传输链路、网络中流动的包等，OPNET Modeler 均采用图形化的编辑器来完成模型的建构。

（5）灵活的建模机制。在进程域中，采用有限状态机和 C/C++ 以及 OPNET Modeler 自己所提供的 400 多个核心函数可以实现自定义设备，或者根据协议、算法展开协议研究等。OPNET Modeler 中的源代码完全开放，用户可以根据需要添加、修改源代码。

（6）自动生成仿真。完成模型构建后，OPNET Modeler 可以在 C 语言的环境下实现编译，自动生成可执行的仿真文件。

（7）统计数据的生成。仿真期间，用户能够自定义要收集的统计数据。仿真后统计数据以标量或矢量的方式表示，OPNET Modeler 自带的统计工具提供信息分析汇总的方法。

（8）综合分析工具。在 OPNET Modeler 中，包含网络医生、流分析等多个数据分析工具。这些工具为网络仿真设计的准确性、可信性提供网络诊断，同时可以进行详细的网络性能分析。

（9）动画。OPNET Modeler 可以在仿真中或仿真后对诸如网络中的数据流的传输过程进行生动演示，生动地展示模型的动态过程。

8.2　天地一体化网络仿真环境

8.2.1　OPNET 仿真说明

OPNET Modeler 是一款功能强大而复杂的系统级网络仿真软件平台，其基于 C/C++ 语言和有限状态机（finite state machine, FSM）工具，提供了目前主流的网络仿真模型。该软件采用层次化的建模方式，从协议层次看，节点模型建模完全符合 OSI 标准；从网络层次看，提供了三层建模机制，分别是网络模型、节点模型和进程模型。三层模型和实际网络、设备、协议完全对应，全面反映了网络的相关特性，如图 8-1 所示。

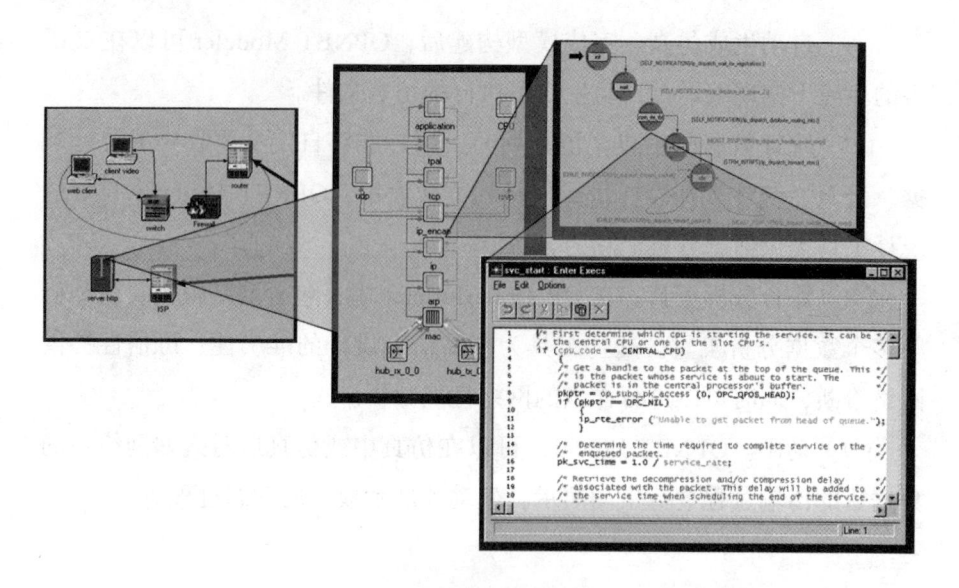

图 8-1　OPNET Modeler 的仿真建模层次

OPNET Modeler 采用基于包的建模机制，模拟实际物理网络中包的流动，包括在网络设备间的流动和网络设备内部的处理过程，模拟实际网络协议中的组包和拆包的过程，可以生成、编辑任何标准的或自定义的包格式；利用调试功能，还可以在模拟过程中察看任何特定包的包头和负载的内容。在 Modeler 中，网络模型是最高层次的模型，由网络节点、连接网络节点的通信链路以及嵌套的子网组成。由该层模型可直接建立仿真网络的拓扑结构，用以仿真通信网络。

8.2.2 OPNET 核心函数介绍

OPNET 模型中的核心函数包括分布类函数、事件类函数、接口控制类函数、标识类函数、内部模型访问类函数、中断类函数以及包类函数。这些函数在 OPNET 建模和仿真中起到关键作用，帮助实现随机数生成、事件处理、信息传递、对象访问和包操作等功能。主要函数及作用如表 8-1 所示。

表 8-1　OPNET 核心函数

函数	作用
op_intrpt_schedule_self(op_sim_time()+ 仿真推进的时间 T，中断码)	为调用进程调度一个自中断
double op_sim_time ()	获得当前的仿真时间
op_ev_cancel(Evhandle env)	取消前面已经被调度过的一个事件
op_ev_current ()	获得当前执行事件的句柄
op_ev_type (evhandle)	获得当前执行事件的类型
op_dist_uniform (double limit)	产生 [0.0-limit) 的随机数
op_dist_outcome(Distribution* dist_ptr)	由指定分布产生一个浮点数
op_pk_create(OpT_Packet_Sizebulk_size)	创建一个无格式的数据包，大小为 bulk_size
op_pk_create_fmt(constchar*format_name)	新建一个先前定义好的格式数据包
op_pk_destroy (Packet* pkptr)	销毁包，释放内存空间
op_pk_format (Packet* pkptr, char* fmt_name)	获得 pkptr 所指向的数据包的包格式类型

续 表

函数	作用
op_pk_nfd_get (Packet* pkptr, const char* fd_name,void* value_ptr)	将 pkptr 所指向的包的 fd_name 域的值读入 value_ptr
op_pk_send(Packet*pkptr,intoutstrm_index)	将 pkptr 所指向的包发送到 outstrm_index 所指向的输出流中
op_pk_get (int instrm_index)	从 instrm_index 所指向的输入流中读入数据包，返回指向包的指针
op_pk_copy (Packet* pkptr)	将 pkptr 所指向的数据包复制一份，并返回指向新数据包的指针
op_pk_fd_set (Packet* pkptr, int fd_index, int type, void* value, int/double/OpT_Int64 size)	设定 pkptr 所指向的数据包的字段索引、字段数据类型、字段值及大小
op_pk_nfd_set (Packet* pkptr,const char* fd_name, void* value)	将 pkptr 所指向的包中域名为 fd_name 域赋值为 value
op_pk_send_forced (Packet* pkptr, int outstrm_index)	立即将指定的数据包发送到指定的输入输出索引
op_pk_creation_time_get (Packet* pkptr)	获得指定包创建的时间
op_stat_write (Stathandle stat_handle, double value)	将（time,value）写入统计量；其中 time 指当前时间，而 value 为刚刚由统计量 stat_handle 所指的值
op_stat_reg (const char* stat_name, int stat_index, int type)	返回一个可以被用来指向一个进程/模型的节点或模块的统计量（局部或全局）句柄
op_intrpt_code ()	返回与调用进程当前中断相关的中断/事件码
op_intrpt_strm ()	返回与调用进程当前中断相关的流索引
op_intrpt_type ()	返回调用进程当前中断的类型
op_prg_mem_alloc (size)	分配指定大小的内存

8.3 卫星通信仿真平台示例

卫星通信仿真是基于 OPNET 通信仿真软件开发的卫星网络通信协议及通信性能的仿真模型和模块组，可以支撑星间组网、路由分析、业务性能分析等；支持网络构建和部署、业务建模和传输、通信网络仿真结果统计分析和评估。通信仿真内容包括网络协议设计、设备模型库设计、网络拓扑设计。

8.3.1 网络协议设计

卫星通信网络协议模型库包含应用层、传输层、网络层、链路层。

基于 CCSDS 协议框架实现相关重要功能：虚拟信道（链路层）、可靠传输（传输层子进程的 receive 状态及 retrans 函数）、广播传输（应用层及路由层）、滑动窗口（传输层子进程的 send 及 receive 状态及 cwnd 函数）、选择重传（传输层子进程的 receive 状态及 snack 函数）、传输窗口控制（传输层子进程的 send 及 receive 状态）、缓存排队（网络层 idle 及 congestion 函数）、时分体制处理（链路层）。

8.3.1.1 应用层

应用层应按照配置的规律进行报文的创建及发送，设定不同的优先级；提供针对不同业务的传输性能指标统计和输出；星地段和星间段业务协议存在差异，即数据格式和发包间隔不同；分别处理星地和星间的数据收发，实现星地帧和星间帧业务建模。

（1）应用层进程模型介绍。应用层进程程序开始后进入 init 状态，读取协议参数配置，初始化后进入 idle 状态等待命令；当收到发送业务命令时进入 send 状态，完成数据包创建及发送任务后，立即返回 idle 状态等待命令；当收到数据包时进入 pk_arrival 状态，处理收到的数据包统计相关数据完成后，立即返回 idle 状态，等待命令。当收到进行数据周期发送的自中断任务时，由 idle 状态转移到 period 状态进行业务的周期发送，完成后回到 idle 状态。

在 pk_arrival 状态需进行以下处理：

①接收到数据包后，获取数据包中相关信息，计算时延、抖动及接收数据包个数等统计量。

②判断本卫星是否为中转卫星，若为中转卫星则需进行下面两步，否则接收任务结束。

③若为点到点传输，查看数据包中的第二目的地址是否存在，如存在，则更改数据包目的地址为第二目的地址，并发送到传输层进行传输。

④若为广播传输，直接发送数据包到传输层进行传输。

（2）应用层协议参数配置如图 8-2 所示，主要包括以下内容。

① Number of Rows：当前节点业务个数。

② App Id：业务标志号。（App Id 在全网仿真中必须唯一不能相同）

③ Priority：业务优先级。

④ Transport Protocol：传输层协议 UDP/TCP。

⑤ Sending Begin Time(s)：业务传输开始时间。

⑥ File Size(s)：数据大小。

⑦ File Send Period：数据产生周期。

⑧ Sending speed：数据发向下层的速率。

⑨ Sending End Time(s)：业务结束时间。

⑩ Pkformat：数据包格式选择目前有 app0、app1、app2 三种选择。

⑪ Pksize：数据包大小（bits）。

⑫ Whole Network APP：是否为全网分发业务。

⑬ The First Dest Address：目的地址。

⑭ The Second Dest：可设置多个，在点到点传输中可能需要设置，

由中转卫星传输到第二目的地址。

⑮Broadcast：是否为广播传输。Broadcast 为 TRUE 时，相应的 Transport Protocol 为 UDP。

⑯Hop Num：广播传输跳数。

图 8-2　应用层参数配置

（3）应用层数据包格式如图 8-3 所示。

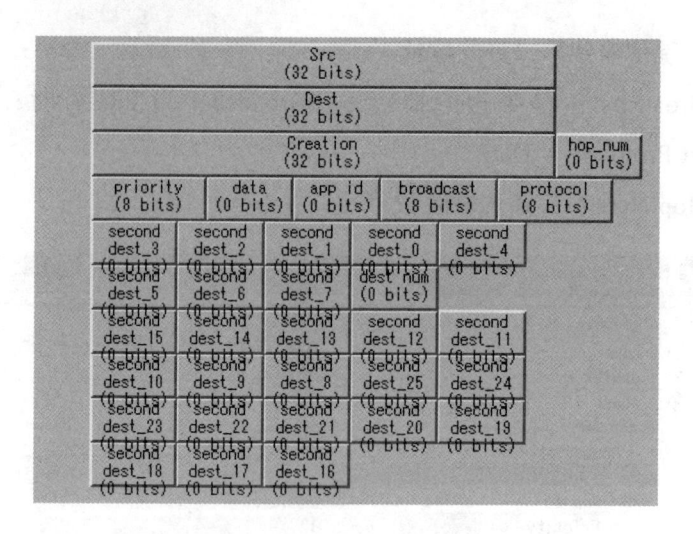

图 8-3 应用层数据包格式

（4）统计量设置如图 8-4 所示。共设置 14 个统计量，分别为接收数据包个数（receive packet number）、发送数据包个数（send packet number）、传输时延（delay）、时延抖动（delay jitter）等相关参数。

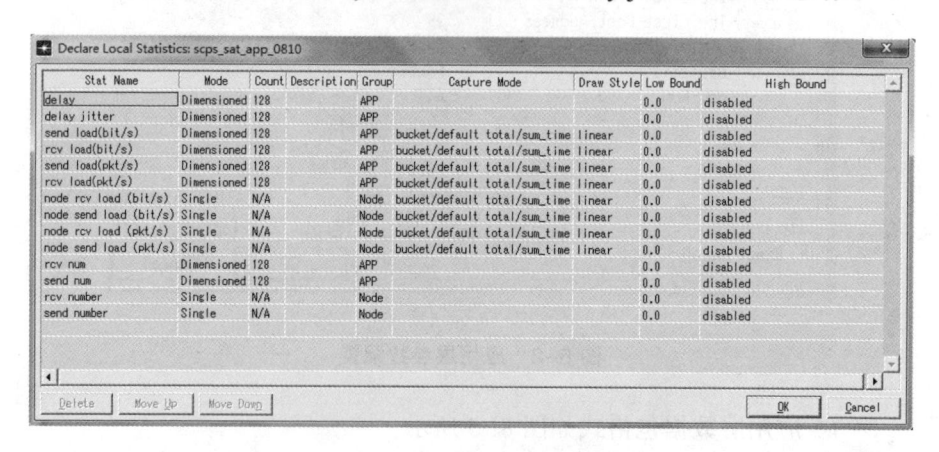

图 8-4 应用层统计量设置

8.3.1.2 传输层

传输层支持可靠/不可靠数据传输之间的切换；在可靠传输协议

（仿照 TCP 协议）中，实现滑动窗口、流量控制功能，选择确认重传 SACK；支持多个连接，需使用父子进程模型来实现。其中，父进程主要负责将信息传递给子进程及子进程的创建、销毁等维护工作；子进程完成数据包的传输及 TCP 的相关功能。

（1）根据要求，传输层的设计使用父子进程的方式，如图 8-5 所示。

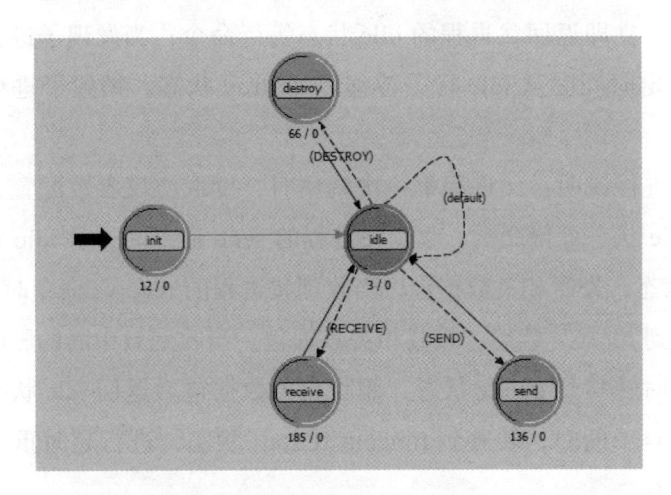

（a）传输层父进程模型

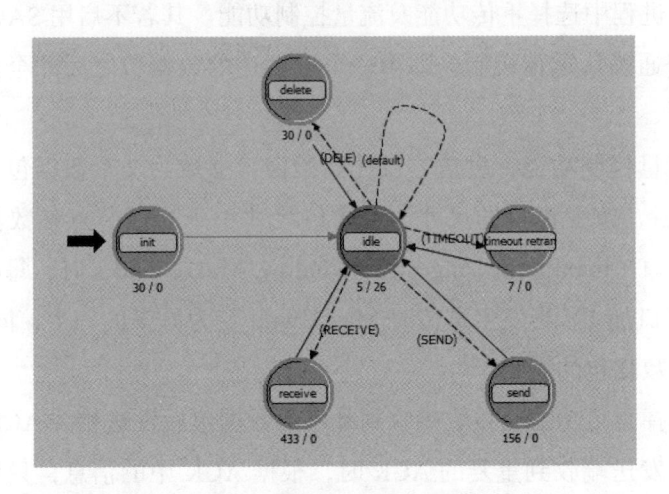

（b）传输层子进程模型

图 8-5 父子进程的方式

①父进程说明：程序开始后进入父进程的 init 状态，读取协议参数配置，初始化后进入 idle 状态等待命令；当收到应用层发来的数据包时进入 send 状态，根据接口参数决定调用相关子进程发送数据包，完成后立即返回父进程的 idle 状态等待命令；当收到 ip 层发来的数据包时进入 receive 状态，根据接口参数决定调用相关调用子进程处理接收到的数据包，完成后立即返回父进程的 idle 状态等待命令；当发现子进程空闲状态超过一定时间时从 idle 状态转移到 destroy 状态，销毁子进程后返回 idle 状态。

②子进程说明：父进程第一次调用时，读取协议参数配置，初始化后进入 idle 状态等待命令；收到父进程的 send 命令时，从 idle 状态转移到 send 状态，发送相关数据包；当收到父进程的 receive 命令时，从 idle 状态转移到 receive 状态，接收相关数据包。当收到自中断的删除未确认的数据包时转移到 delete 状态，删除相关数据包后返回 idle 状态；当收到超时的自中断时，转移到 timeout retrans 状态，进行超时重传后返回 idle 状态。

在子进程中选择重传功能及流量控制功能。其若不启用 SACK 功能，则采取普通确认重传机制，即第一个未到达的数据包之后的全部数据都需要重传。

a. 流量控制功能：发送方设计初始窗口参数为 2 个数据包大小，收到 ACK 后，改变窗口的尺寸。若窗口尺寸小于通过节点参数获得的最大拥塞窗口（maximum congestion window, Max Cwnd）时，每收到一个 ACK，窗口加 1。当发生重传时 Max Cwnd 变为原来的一半，同时 cwnd 变为 1 个数据包的大小。

b. 选择重传功能：接收端收到乱序的数据包后发送相关 ACK 信息到发送端。发送端收到重复的 ACK 时，根据 ACK 中的信息，只重传丢失的数据包（ACK 中未确认的数据包）。如一定时间内无法收到 ACK 确认，则取消重传并删除该数据帧。

（2）传输层协议参数配置如图 8-6 所示，当应用层业务中传输层协议选择不可靠传输（UDP）时，以下参数可不设置。

① Max Cwnd：最大窗口，当窗口增长到此值后缓慢增长。

② SACK：Enabled 为启用 SACK，Disabled 为普通重传方式。

③ Window Control：是否启用 Window Control，一般设置为 Enabled，即启用。

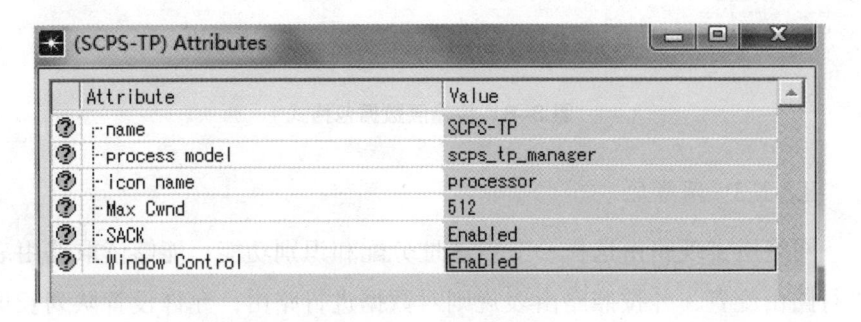

图 8-6　传输层参数配置

（3）传输层数据包格式如图 8-7 所示。

图 8-7　传输层数据包格式

（4）统计量设置如图 8-8 所示。

① rtt: 客户到服务器往返所花时间（round-trip time）。

② cwnd：拥塞窗口。

③ delay：传输时延。

④ receive seq：接收数据包序列号。

⑤ send seq：发送数据包序列号。

⑥ send to app num：发送到应用层的数据包个数。

⑦ send to ip num：发送到 IP 层的数据包个数。

Stat Name	Mode	Count	Description	Group	Capture Mode	Draw Style	Low Bound	High Bound
rtt	Dimensioned	32		TCP			0.0	disabled
cwnd	Dimensioned	32		TCP	normal	linear	0.0	disabled
delay	Dimensioned	32	receive time -send time	TCP			0.0	disabled
receive seq	Dimensioned	32		TCP			0.0	disabled
send seq	Dimensioned	32		TCP			0.0	disabled
send to app num	Dimensioned	32		TCP			0.0	disabled
send to ip num	Dimensioned	32		TCP			0.0	disabled

图 8-8　传输层数据包格式

8.3.1.3　网络层

网络层实现路由选择、节点地址分配和识别功能；能够读取路由表进行路由配置，并按照路由表规则对数据进行路由；允许设置队列长度和转发速度进行拥塞处理；实现加权队列；根据等待时间和优先级，进行权重计算，对队列中存储的数据包进行重新排序发送。

（1）根据网络层要求设计的进程模型，结果如图 8-9 所示。

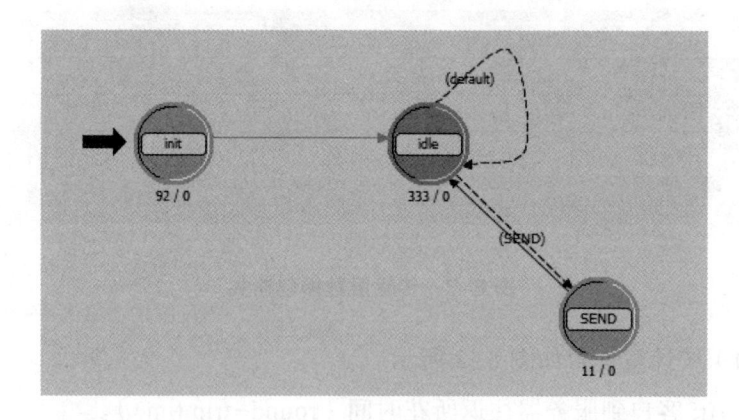

图 8-9　网络层进程模型

①网络层进程：程序开始后进入 init 状态，读取协议参数配置及路

由信息，初始化后进入 idle 状态等待命令；当收到来自上下层的数据包时进入 send 状态，完成数据包的路由功能，并发送数据包后，返回 idle 状态等待命令。

②网络层路由功能如下：

a.当收到传输层发来的数据包时，根据接口控制信息（interface control information, ICI）中的 src、dest 信息，与路由表中路由信息进行匹配，逐条查找，确定下一跳节点之后发送。

b.当收到链路层发来的数据包时，如果本节点为下一跳节点，则查看是否为目的节点。如果为目的节点，则直接发送给传输层；如不为目的节点，说明本节点为中间节点，需要与路由表中路由信息进行匹配，逐条查找，确定下一跳节点之后发送。如果本节点不是下一跳节点，则删除数据包。

③加权队列功能如下：根据等待时间（wait time W）和优先级（priority P）进行权重计算，对队列中存储的数据包按权重大小进行重新排序发送（权重大的优先发送）。权重=Wait Time Weight*wait time+Priority Weight*Priority。其中，权重系数分别为 Wait Time Weight 和 Priority Weight，从节点设置中获得，等待时间通过计算获得，优先级通过数据包内容和层间接口 ICI 中获得。

④网络拥塞处理方式：一旦星上缓存数据超出队列长度，会引起拥塞，发生拥塞后可能会产生两种处理机制：

a.为每个数据包在缓存中设定一个生存时间（节点配置参数 Life Time）。若数据包超时后仍未发送，则予以删除。

b.数据包到达后检查队列长度，如果超出队列长度，则直接删除数据包。

（2）网络层协议参数配置如图 8-10 所示，主要包括以下内容：

① Congestion Handle：拥塞处理方式，分为直接删除数据包和按生存时间删除两种方式。

② Forward Speed：转发速度（s/packet）。

③ Life Time：数据包生存时间。

④ Priority Weight：优先级权重系数。

⑤ Queue Size：队列大小。

⑥ Wait Time Weight：等待时间权重系数。

图 8-10　网络层参数配置

（3）网络层数据包格式如图 8-11 所示。

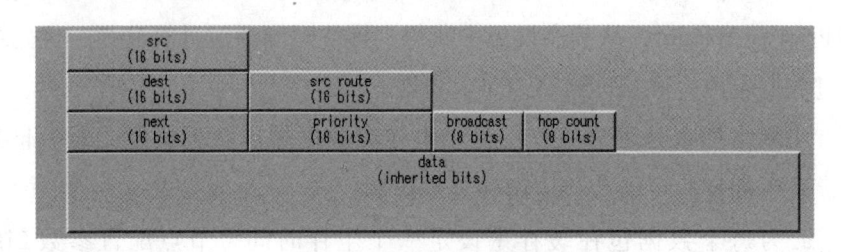

图 8-11　网络层数据包格式

（4）统计量设置如图 8-12 所示。在图中，ip receive 表示网络层接收到的数据包个数；ip send 表示网络层发送的数据包个数。

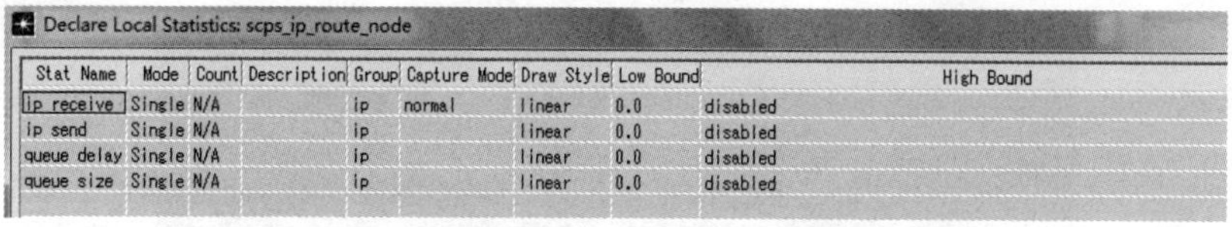
Declare Local Statistics: scps_ip_route_node

Stat Name	Mode	Count	Description	Group	Capture Mode	Draw Style	Low Bound	High Bound
ip receive	Single	N/A		ip	normal	linear	0.0	disabled
ip send	Single	N/A		ip		linear	0.0	disabled
queue delay	Single	N/A		ip		linear	0.0	disabled
queue size	Single	N/A		ip		linear	0.0	disabled

图 8-12　网络层统计量

8.3.1.4　链路层

采用 AOS 帧结构，能够对上层数据进行固定格式的封装和解封；具备时分型数据传输功能。实现基于 CRC 的差错检验（设置信息字段和校验字段的长度，添加校验时延影响参数）。

（1）链路层的进程模型分为时分型和非时分型两个模型，如图 8-13 所示。

时分进程模型：程序开始后进入 init 状态，读取协议参数配置，初始化后进入 idle 状态等待命令；当收到来自上层的数据包时进入 send 状态，判断时隙状态完成数据包的发送后返回 idle 状态；当收到自中断时，进入 send_0 状态更新时隙状态，完成数据包的发送，并设置时隙更新自中断后，返回 idle 状态；当收到来自下层的数据包时，进入 receive 状态接收数据包并发送到网络层后，返回 idle 状态。

①时分模式下的数据传输：数据包存储到队列中，当更换时隙时，从队列中找出属于当前时隙的数据包，并进行发送。

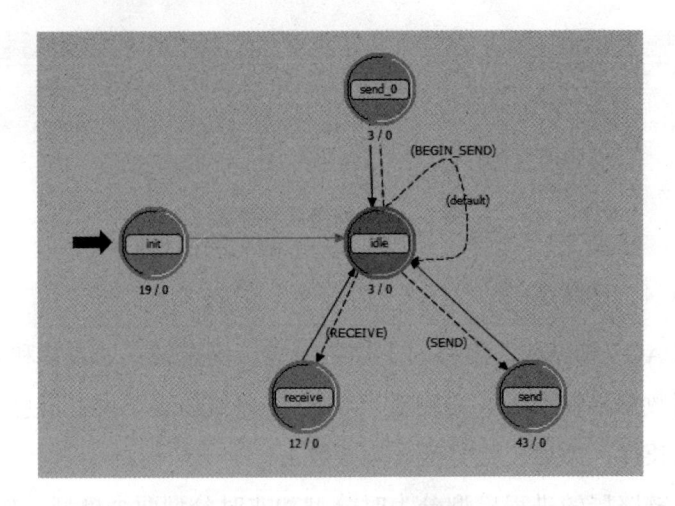

（a）链路层时分进程模型

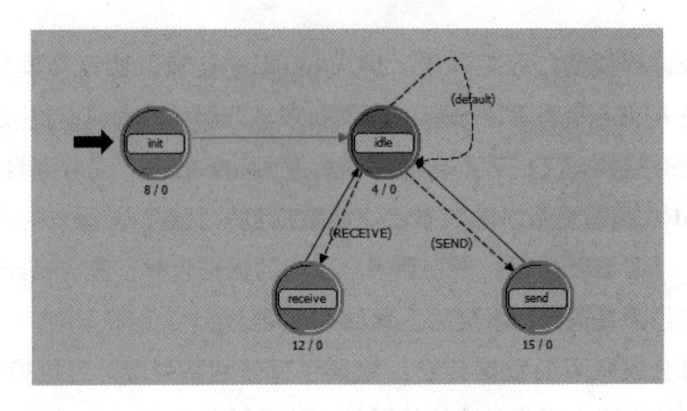

（b）链路层非时分进程模型

图 8-13　链路层进程模型

②非时分进程模型：程序开始后进入 init 状态，读取协议参数配置，初始化后进入 idle 状态等待命令；当收到来自上层的数据包时进入 send 状态进行数据包封装，完成数据包的发送后，返回 idle 状态；当收到来自下层的数据包时进入 receive 状态，接收数据包、解封数据包并发送到网络层后，返回 idle 状态。

（2）链路层协议参数配置如图 8-14 所示，主要包括以下内容：

在非时分进程中只需要设置前 3 个参数。

① Checkout Size：校验字段的长度。

② Delay Time：校验时延影响参数。

③ Information Size：信息字段的长度。

④ Period：周期时长。

⑤ Prepare Time：天线准备时间。

⑥ Time Division：时隙时长。

图 8-14　链路层参数配置

（3）链路层数据包格式如图 8-15 所示。

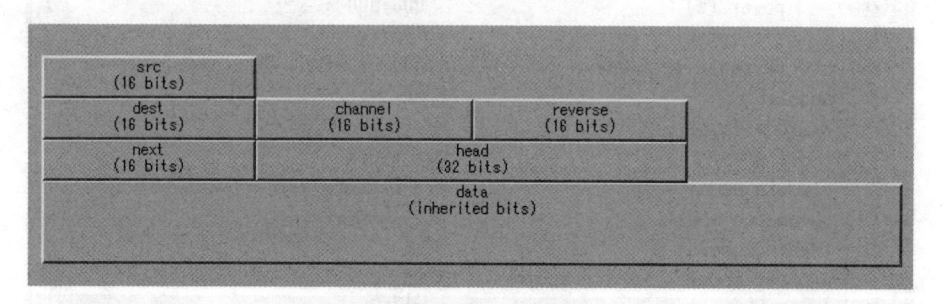

图 8-15　链路层数据包格式

（4）统计量设置如图 8-16 所示。receive packet num 表示链路层接收到的数据包个数；send packet num 表示链路层发送的数据包个数。

图 8-16　链路层统计量

物理层模型使用 opnet 自带的发射机信道模型、接收机信道模型，分别如图 8-17、图 8-18 所示。

仅对发射机信道模型 rxgroup model 做简单修改，使其不接收节点自己发送的数据。

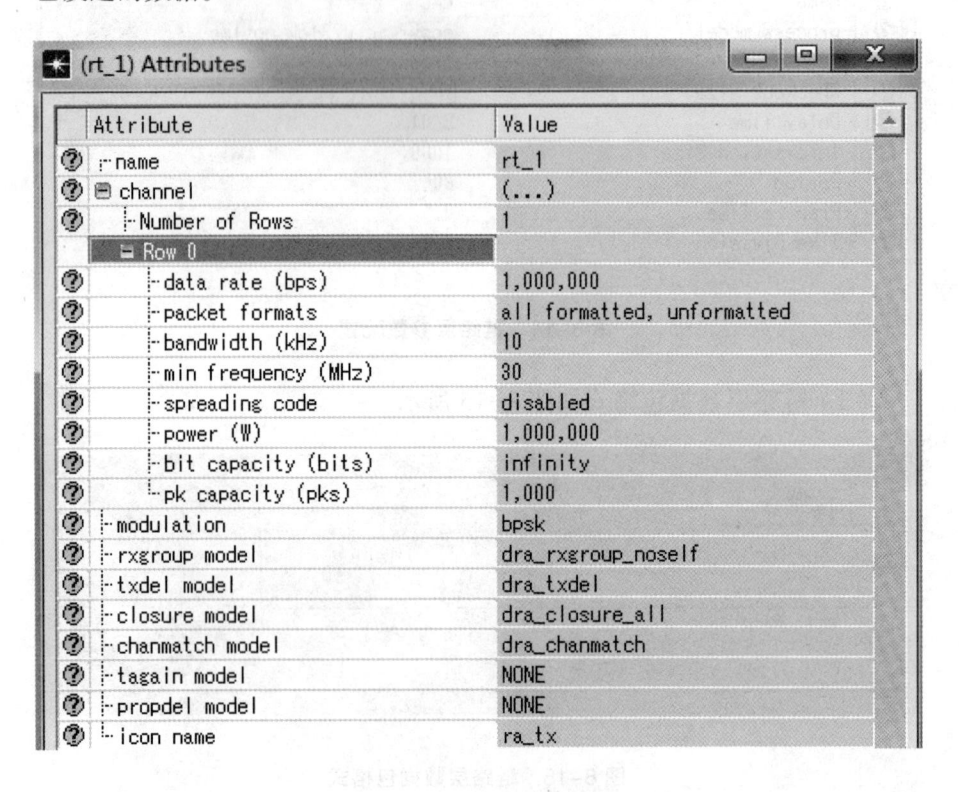

图 8-17　发射机信道模型

图 8-18 接收机信道模型

层间接口通过 ICI 及数据包携带信息实现。其中，ICI 接口如图 8-19 所示。

Attribute Name	Type	Default Value	Description
src	integer		
dest	integer		
next	integer		
node	integer		
priority	integer		
protocol	integer		
app id	integer		
broadcast	integer		

图 8-19 层间 ICI 接口

8.3.2 设备模型库设计

设备模型库主要包括卫星节点和地面节点,均使用同一节点模型,如图 8-20 所示。

节点模型中包括应用层、传输层、网络层、链路层及无线收发机。通过对节点模型进行参数配置来进行业务传输,主要配置参数如图 8-21 所示,其中 orbit 为卫星轨道模型,user id 为节点地址(每个节点需有不同的 user id)。

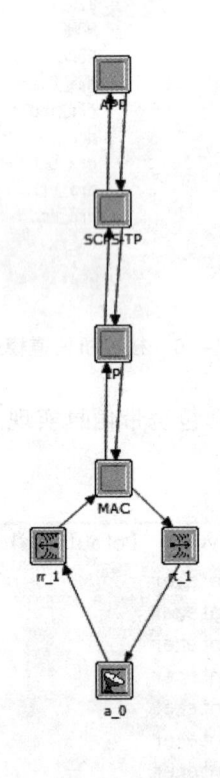

图 8-20 节点模型

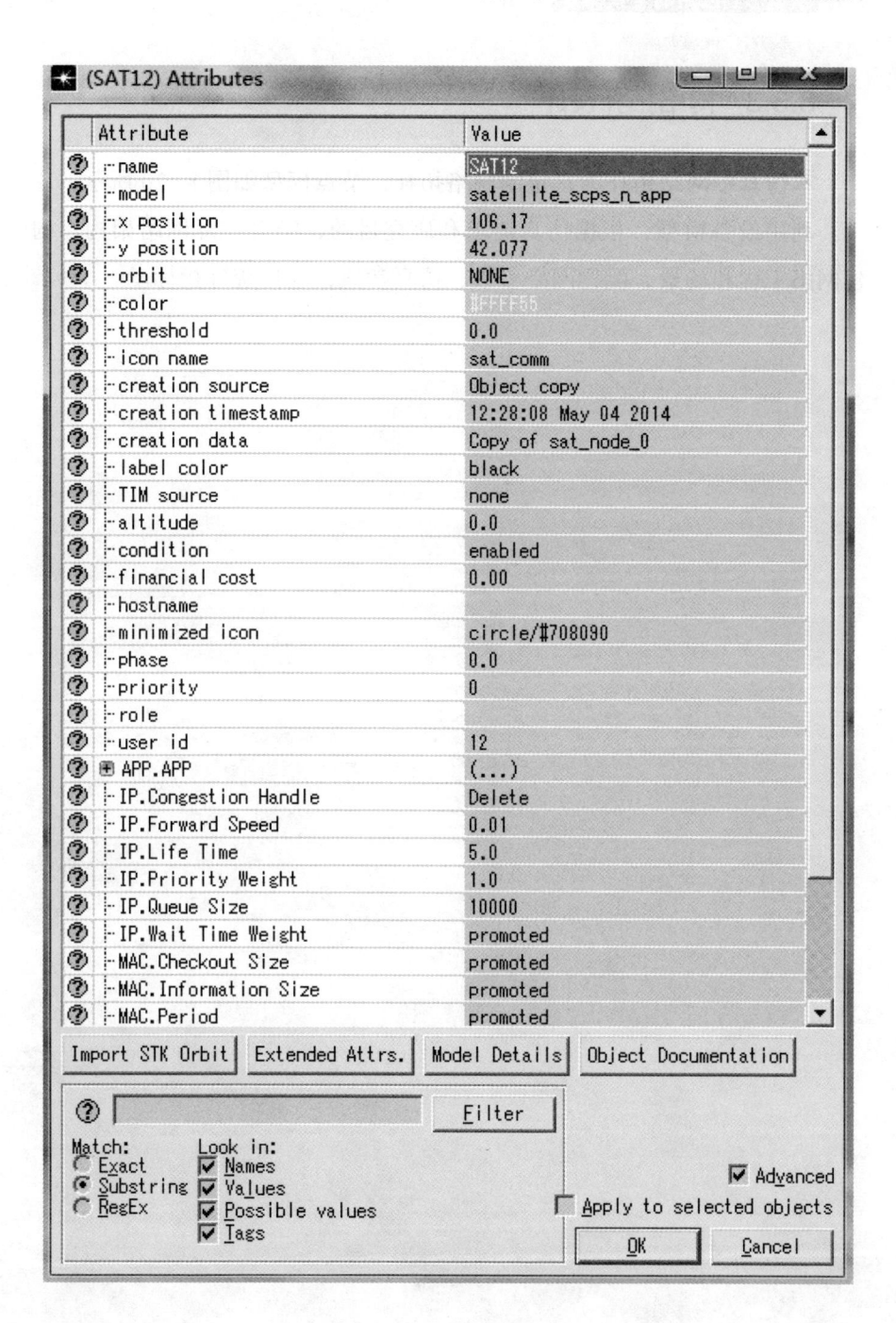

图 8-21 节点参数配置

8.3.3　网络拓扑设计

本仿真中网络拓扑为自定制网络拓扑，节点模型如图 8-20 所示。

利用设备模型，根据仿真需求和研究目的，结合实际网络架构，构建网络工程和场景，配置网络参数、仿真参数，选择统计指标。

第 9 章 天地一体化网络演示系统设计

9.1 3D 建模

图像的定义有很多种，其中人们普遍认同的定义是图像是各种图形和影像的总称。最早人们见过的图像是 2D 图像，也就是平面图像，但是自 21 世纪以来，2D 图像无法满足人们的视觉需求，3D 图像开始出现。3D 图就是在一张特制平面图中，通过眼睛的视觉成像系统的重合和分离来显示立体视觉。3D 图形系统能够较形象地模拟和表示客观物体，易于通过模拟光线照射物体时的效果表现物体的质感。

OpenGL 是优秀的开放的 2D/3D 图形标准，由架构评审委员会（architecture review board, ARB）所掌管。OpenGL 图形系统是图形硬件的一个软件接口，它拥有强大的渲染管线，能够绘制出逼真的虚拟场景，使图像看起来更加真实，就像每一个人平时所看到的那样或至少接近人眼所看到的内容。

9.1.1 OpenGL 简介

开放式图形库（open graphics library, OpenGL）是一种广泛使用的

图形硬件软件接口，由美国SGI公司开发。它是一个功能强大的图形软件程序接口，允许程序员直接使用这些函数来编写交互式三维图形应用程序。在三维数据可视化过程中，OpenGL也被广泛用于实现三维数据的显示。OpenGL能够方便地显示三维效果及其变换过程。它实现了建模、变换、颜色模式设置、光照设置、材质设置、纹理设置等功能，极大地简化了常规的三维编程流程。对于消隐、光照处理等一般操作，只需要直接调用OpenGL的应用程序编程接口（application programming interface, API）函数即可。使用OpenGL实现三维显示具有简单、直观、高效的特点，是三维重构的极好工具。作为与DirectX类似的语言，OpenGL最初是为SGI图形工作站开发的图形开发接口IRIX GL。它可以独立于操作系统和硬件环境使用。程序员只需进行布景、建模、设置光照参数与渲染，然后调用相应的OpenGL API指令即可，无须与图形硬件直接打交道，OpenGL负责与操作系统和底层硬件交互，为程序员提供了极大的便利。

OpenGL与C语言紧密结合，其语法遵循C语言的规范，这使得熟悉C语言的程序员能够轻松掌握OpenGL指令集。由于C语言应用的广泛性，OpenGL也具有很高的可移植性。它的设计目标是作为一种流线型、独立于硬件的接口使用，因此在当今大部分主流操作系统上，如Unix/Linux、Windows 98/NT/2000/XP/Vista和Mac OS等，都可以实现。然而，OpenGL并未包含用于执行窗口任务或者获取用户输入之类的函数，而必须通过窗口系统控制所使用的特定硬件。

同样，OpenGL没有提供用于描述三维物体模型的高层函数，例如允许指定复杂形状（如汽车、身体部位、分机或分子等）的函数。在OpenGL中，任何图形都可以分解为点、线和面等基本图元，并将这些图元信息传递给计算机，以绘制图形的几何形状。需要注意的是，OpenGL中的点、线和多边形与数学中的概念有所不同。在计算机中，点通常被绘制成单个像素，而不是无穷小的点；直线具有宽度和有限长度，类似于数学中的线段；多边形必须是凸多边形，由多条线段首尾相连，形成闭合区域。通过组合点、线和多边形，可以创建各种几何图形。

为了让 OpenGL 按照设计绘制物体，需要传递顶点信息以及顶点的组合方式。这可以通过将一组顶点放在 glBegin() 和 glEnd() 之间来实现，其中传递给 glBegin() 的参数决定了由这些顶点构建的几何图元的类型。例如，即使指定了相同的四个点，如果传递给 glBegin() 的图元类型参数不同，也会绘制不同的图元，如图 9-1 所示。

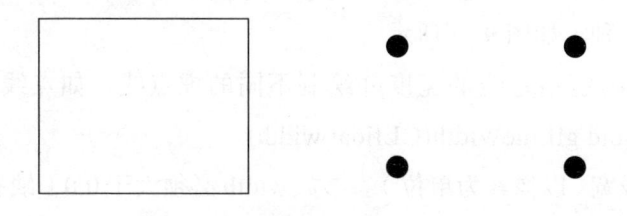

图 9-1　图元

9.1.1.1　点

概括地说，图形系统中的点由一个正方形构成，这个正方形由一个或多个像素组成。在电视或 CRT 显示器中，每个像素由 3 个独立的点构成，每个点都有自己的颜色和亮度。当点比较小而且人离点比较远时，人眼不能识别出组成像素的 3 个点，在视网膜里最终会形成一个有颜色的像素。像素的构成如图 9-2 所示。

图 9-2　图形像素构成

点可以用一组称为顶点的浮点数来表示。所有的内部计算都是建立在把顶点看成三维的基础之上的。用户可以把顶点指定为二维的形式（只有 x 和 y 坐标），并由 OpenGL 为它赋一个值为 0 的 z 坐标。可以使用 glVertex *() 函数来指定顶点。

9.1.1.2 线

在 OpenGL 中，线代表线段（line segment），它由一系列顶点顺次连结而成而不是数学意义上两边无限延伸的直线。线有独立线段、条带、封闭条带三种，如图 9-3 所示。

OpenGL 能指定线的宽度并绘制不同的虚点线，如点线、虚线等。其函数为 void glLineWidth(GLfloat width)。

设置线宽（以像素为单位）。参数 width 必须大于 0.0，缺省时为 1.0。其函数为 void glLineStipple(GLint factor, GLushort pattern)。

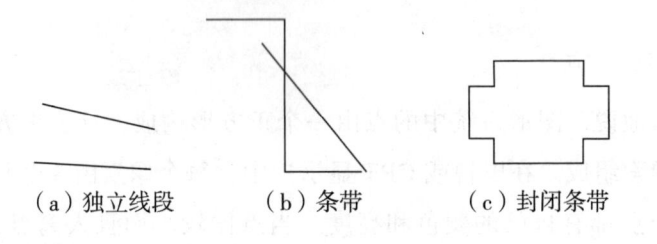

（a）独立线段　　（b）条带　　（c）封闭条带

图 9-3　直线图形

在 OpenGL 中，可以通过特定的函数来设置线条的宽度和样式，包括实线、点线、虚线等。

首先，可以使用 glLineWidth(GLfloat width) 函数来指定线的宽度，其中 width 是以像素为单位的值，必须大于 0.0，默认为 1.0。

其次，可以使用 glLineStipple(GLint factor, GLushort pattern) 函数设置当前线为虚点模式。参数 pattern 是一个 16 位的二进制数序列，它重复地赋给指定的线，从低位开始，每一位代表一个像素，1 表示用当前颜色绘制像素，0 表示跳过像素。参数 factor 是一个比例因子，用于拉伸 pattern 中的元素，即重复绘制 1 或跳过 0 的像素数。factor 的范围为 1 到 255。

9.1.1.3 多边形

多边形是由一系列顶点按顺序连接而成的闭合区域。在 OpenGL 中，多边形通常是通过填充其内部的像素来绘制的。但是，也可以只绘制多边形的外框，或者将其画成一系列点。

OpenGL 对基本多边形的构成有一定的限制。首先，多边形的边不能相交，即必须是简单多边形。其次，OpenGL 的多边形必须是凸多边形，不存在内陷部分。具体来说，在一个多边形的内部任意取两个点，如果连接这两点的线段都在多边形的内部，则该多边形是凸多边形。OpenGL 不限制构成凸多边形的边数。

此外，OpenGL 无法描绘中间有洞的多边形，因为它们是非凸的，并且无法由一个闭合的线段循环构成边界来绘制。如果用 OpenGL 描绘一个非凸多边形，其结果是未定义的。例如，在某些系统中，可能只填充不大于多边形凸包的部分。

总的来说，OpenGL 定义的多边形是由一系列线段依次连接而成的封闭区域，可以是平面多边形或空间多边形。OpenGL 规定多边形中的线段不能交叉，区域内不能有空洞，即多边形必须是凸多边形，不能是凹多边形，否则无法被 OpenGL 函数接受。凸多边形和凹多边形如图 9-4 所示。

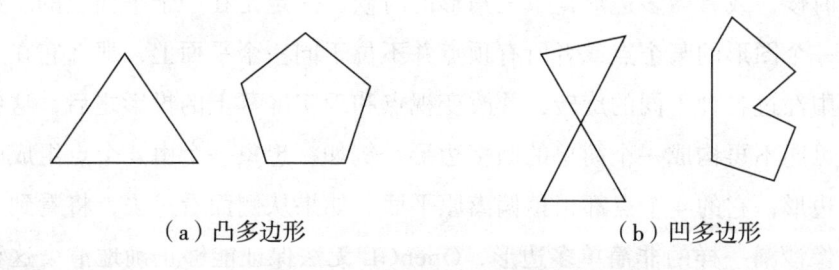

（a）凸多边形　　　　　　　　　（b）凹多边形

图 9-4　凸多边形和凹多边形

在实际应用中，人们经常需要绘制一些凹多边形。为了解决这个问题，一种常见的做法是将凹多边形分割成多个三角形。显然，在绘制这些三角形时，有些边不应该被绘制，否则会在多边形内部出现多余的线框。OpenGL 提供了一个解决方案，即通过设置边标志命令 glEdgeFlag() 来控制哪些边应该被绘制，哪些边不应该被绘制。

对于矩形，由于其在图形应用程序中的常见性，OpenGL 提供了一个填充矩形图元的函数 glRect()。绘制矩形的方法与绘制多边形类似，但是，使用的特定 OpenGL 实现，可能会对用于绘制矩形的 glRect() 函数进行优化。

另外，尽管矩形在三维空间中有一个初始的特定方向（在 xy 平面上，并且与坐标轴平行），但是可以通过旋转或其他变换对矩形的方向进行更改。

尽管曲线并不是几何图元，但 OpenGL 还是提供了一些直接的支持，对它们进行细分和绘制。对于曲线和表面，可以通过组合大量的短直线或小多边形来模拟，并且可以达到任意高的精度。简单来说，曲线和表面就是由大量的极短或极小的多边形组成的。因此，只要对曲线或表面进行足够细的划分，并用直线段和平面多边形来近似地模拟它们，它们看上去就像是真的弯曲一样。

由于 OpenGL 的顶点总是三维的，形成特定多边形边界的点不必位于空间中的同一个平面上。但是，当多边形的所有顶点的 z 坐标都是 0 的时候，或者当多边形是个三角形的时候，一定是在一个平面上的。如果一个图形的某个点或者所有顶点并不位于同一个平面上，那么它在空间中经过各种不同的旋转，并改变视点和现实屏幕上的投影之后，这些点可能不再构成一个简单的凸多边形。例如，想象一个由 4 个点组成的四边形，它的 4 个点都稍稍偏离原平面。如果从侧面看过去，将看到一个像沙漏一样的非简单多边形，OpenGL 无法保证能够正确地渲染这种多边形。当利用真实表面上的点所组成的四边形来模拟弯曲表面时，这种情况常常出现。为了避免这个问题，可以使用三角形来模拟表面，因为任何三角形都保证位于一个平面上。曲线和曲面的构成如图 9-5 所示。

图 9-5　曲线和曲面的形成

OpenGL 可以进行高性能的图形渲染。作为一个工业标准，OpenGL 的技术紧跟时代步伐，如今各个显卡厂家的产品都为 OpenGL 提供了强力支持。在激烈的竞争中，OpenGL 的性能在业内一直处于领先地位。

9.1.2　三维图形学发展

三维图形学的发展主要涵盖了硬件、软件和算法三个方面的进步。

9.1.2.1　三维图形学硬件的发展

（1）被动式三维图形学：20 世纪 50 年代，美国麻省理工学院的旋风 1 号计算机配备了世界上第一台图形显示器，使用类似于示波器的 CRT 显示简单图形。随后，Calcomp 公司和 GerBer 公司分别推出了滚筒式绘图仪和平板式绘图仪。20 世纪 50 年代末，MIT 的林肯实验室在旋风计算机上开发的 SAGE 空中防御系统，首次使用了具有交互功能的 CRT 显示器。

（2）交互式三维图形学：20 世纪 60 年代中期，随机扫描显示器开始使用，20 世纪 60 年代后期发展到存储管式显示器，20 世纪 70 年代中期出现了基于电视技术的光栅图形显示器。20 世纪 80 年代，光栅图形显示器的 PC 和图形工作站出现。同时，图形输入设备，如光笔、鼠标、操纵杆、键盘等，也在不断更新和发展。

（3）沉浸式三维图形学：包括虚拟现实系统（virtual reality system）

和增强现实系统（augmented reality system），这些系统能够将真实世界信息和虚拟世界信息无缝集成。相应的图形硬件，如数据衣、数据手套、数据鞋以及头盔、立体眼镜、运动捕获设备等，迅速发展。

9.1.2.2 三维图形学软件的发展

1974年，美国国家标准化局（American national standard institute, ANSI）提出了制订图形软件功能标准化的基本规则。此后，美国计算机协会（association for computing machinery, ACM）成立了图形标准化委员会。1977年，ACM提出了"核心图形系统"（core graphics system, CGS）的规范。ISO发布了计算机图形接口标准（computer graphics interface, CGI）、计算机图形元文件标准（computer graphics metafile, CGM）、计算机图形核心系统（graphics kernel system, GKS）、面向程序员的层次交互图形标准（programmer's hierarchical interactive graphics standard, PHIGS）。

基于各种三维图形标准之上，人们开发了各种应用图形软件，如3ds Max、Maya、CorelDRAW、Lightscape等，广泛应用于制造、地质、农业、科研、商务、教育、影视媒体等各个领域。

9.1.2.3 三维图形学算法的研究范畴

三维图形学算法的研究范畴如下：一种基于3D图形硬件的3D图形设备基本图形元素生成算法；3D基本图形元素的几何变换、投影变换和窗口裁剪；自由曲线和曲面插值、拟合、组装、分解、过渡、平滑、全局修改、局部修改等；3D图形元素（点、线、曲面、实体）的交集、分类和集合运算；去除隐藏的线条和曲面，以显示具有光照效果的逼真图形；不同字体的点阵表示、向量中文和西文字符的生成和转换；实时显示3D图形以及进行图形的并行处理；3D图形用户界面和交互技术；虚拟现实环境的生成和控制算法。

计算机三维图形学的应用领域如下：科学数据可视化、人机交互技术、影视制作、游戏、医学手术导航、CAD/CAM 等。

9.1.3 基于 VC++ 的 OpenGL 实现三维图像显示的基本原理

人在观察物体的时候会有一定的位置感，三维图像也要有位置，所以本部分将从坐标系开始。

9.1.3.1 坐标系

（1）场景坐标系。在计算机图形学中，生成的图形存在于仿射空间内。从基本数学概念来看，一个坐标系对应一个仿射空间。当矢量从一个坐标系变换到另一个坐标系时，需要进行线性变换；对于点来说，则需要进行仿射变换。使用同源坐标可以在对矢量进行线性变换的同时对点进行仿射变换。坐标变换的基本操作包括将变换矩阵乘以矢量或点。

仿射空间中没有原点的概念，也不包含任何定义长度和角度的机制，但在计算机图形学中，模型（如虚拟世界）通常只考虑相对坐标，因此没有任何点被真正地区分开来。

（2）OpenGL 坐标系的类型和方向。

① OpenGL 坐标系的类型。OpenGL 坐标系可分为四种：建模坐标系（modeling coordinate system, MC）、规范化设备坐标系（normalized device coordinate system, NDC）、设备坐标系（device coordinate system, DC）和世界坐标系（world coordinate system, WC）。

建模坐标系，又称为局部坐标系（local coordinate system）或主坐标系（master coordinate system），是对象建模时每个对象自身所拥有的与其绑定的坐标系。在计算机图形学中，建模坐标系用于构造单个对象的数字模型，方便将其置于一个特定的坐标系下。

规格化设备坐标系坐标值范围是从 0 到 1，通常用于表示该设备的显示空间。规格化设备坐标系以屏幕中心为原点，x 轴朝右，y 轴朝上，所以左下角的坐标为 (−1, −1)，右上角的坐标为 (1, 1)。当然这是 z 轴为

0 时的显示，实际上规格化设备坐标系要考虑 z 轴，所以由平面转换成一个正方体，原点坐标为 (0, 0, 0)，也就是这个立方体的中心，而它左上角离得最近的那个顶点的坐标就是 (1, 1, 1)，右下角离得最远的那个顶点的坐标就是 (−1, −1, −1)。

设备坐标系是图形输出时使用的坐标系，如屏幕坐标系，用于将图形数据转换为输出设备可以理解的格式。

世界坐标系以屏幕中心为原点 (0, 0, 0)。面对屏幕，右边是 x 正轴，上面是 y 正轴，屏幕面向方向为 z 正轴。长度单位可以根据窗口范围规定，按此单位恰好是 (−1,−1) 到 (1,1) 为一个单位长度。

当前绘图坐标系是绘制物体时的坐标系。程序刚初始化时，世界坐标系和当前绘图坐标系是重合的。用 glTranslatef()、glScalef()、glRotatef() 对当前绘图坐标系进行平移、伸缩、旋转变换之后，世界坐标系和当前绘图坐标系不再重合。改变以后，用 glVertex3f() 等绘图函数绘图时，都是在当前绘图坐标系进行绘图，所有的函数参数也都是相对于当前绘图坐标系来讲的。坐标系变换图如图 9-6 所示。

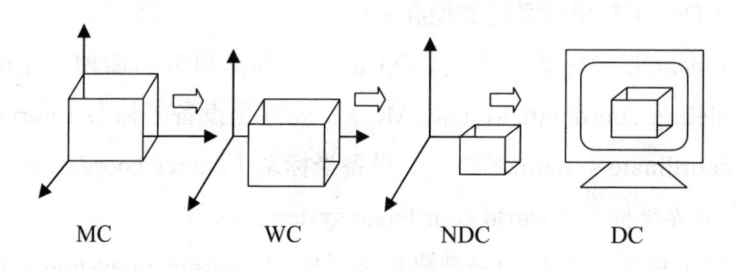

MC　　　WC　　　NDC　　　DC

图 9-6　坐标系变换

② OpenGL 坐标系方向。OpenGL 采用右手坐标系，即把右手放在原点的位置，使大拇指、食指和中指互成直角，大拇指指向 x 轴的正方向，食指指向 y 轴的正方向，中指指向 z 轴的正方向，如图 9-7 所示。

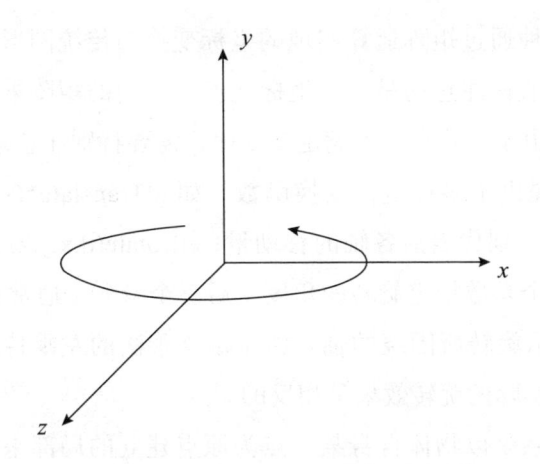

图 9-7　右手法则

在 OpenGL 中存在 6 种坐标系，即模型坐标系（object coordinate system）、世界坐标系（world coordinate system）、相机坐标系（camera coordinate system）、剪裁坐标系（clip coordinate system）、归一化设备坐标系（normalized device coordinate system）、屏幕坐标系（window coordinate system）。从模型坐标系到世界坐标系，再到相机坐标系的变换，在 OpenGL 中统一称为 model-view 转换，初始化的时候，这 3 种坐标重合在原点，变换矩阵都为 Identity。

在 OpenGL 编程中，存在一个问题，就是那个坐标系是不动的，那仅仅是参考坐标系是不动的。比如，建立了一个 object，放到 camera 坐标系中，这时以 camera 的原点为参考点。当想看这个物体的时候，就以 object 的原点为参考点，移动 camera 坐标系的原点，就可以做到 object 了。

9.1.3.2　坐标变换矩阵栈

在 OpenGL 中，坐标变换矩阵栈扮演着至关重要的角色，其中栈顶矩阵代表了当前的坐标变换状态。每个进入 OpenGL 渲染管道的坐标（用齐次坐标表示）都会先与该矩阵相乘，从而得到该点在世界坐标系中的实际位置。这种通过矩阵运算实现的坐标变换与传统图形学教材中的描述是一致的。值得注意的是，在坐标变换中使用的矩阵乘法遵循的是左乘原则，并且由于矩阵乘法不满足交换律，需要特别注意乘法的顺序。

OpenGL 提供了多种坐标变换函数，如 glTranslate*(x,y,z) 用于平移操作，其参数分别代表沿各轴的移动量；glRotate(d,x,y,z) 则用于旋转操作，其中第一个参数指定旋转的角度，后三个参数（通常其中一个为1，其余为0）表示旋转所围绕的轴。由于矩阵乘法的左乘特性，执行旋转操作的顺序与实际的旋转效果是相反的。

物体坐标系是以物体自身某一点为原点建立的局部坐标系，仅对该物体有效，用于简化对该物体各部分坐标的描述。当物体被放置到场景中时，其各部分经历的坐标变换是相同的，因此它们的相对位置保持不变，从而可以将整个物体视为一个整体。

眼坐标系是以观察点为原点，以观察方向为 z 轴正方向建立的坐标系。在 OpenGL 中，世界坐标会首先被转换为眼坐标，其次进行裁剪操作，只有位于视线范围内的场景部分才会进入后续的处理阶段。

投影变换矩阵栈同样重要，其栈顶矩阵负责将场景中的坐标变换为眼坐标。这一过程涉及视见体的设定，实际上就是在构建该投影变换矩阵。

设备坐标是 OpenGL 将三维世界坐标经过一系列变换和投影计算后，最终映射到显示设备上的位置。这些坐标在屏幕、打印机等设备上通常以二维形式呈现。值得一提的是，OpenGL 允许仅使用设备的一部分进行绘制，这个可绘制区域被称为视区或视口（viewport）。投影变换后的坐标（投影坐标）将通过设备变换映射到设备坐标系中。

在进行矩阵栈操作时，可以使用 glMatrixMode（GL_MODELVIEWING 或 GL_PROJECTION）；命令来指定当前操作的矩阵栈是模型视图矩阵栈还是投影矩阵栈。执行此命令后，后续的矩阵操作将应用于指定的矩阵栈。

主要操作命令如下：

（1）glPushMatrix(); 当前矩阵入栈，这时矩阵栈将栈顶值压入栈。

（2）glPopMatrix(); 栈顶出栈，通常与上一条命令配合使用。

（3）glLoadIdentity(); 将栈顶设为不变矩阵（就是对角线全为 1，其他为 0 的那个）。

（4）glMultMatrix(M); 将栈顶 T 设为 M·T。

9.1.3.3 视口和窗口的变换

视口（viewport）指窗口映射到显示器上的区域。窗口定义了显示内容，而视口定义了显示位置和大小。在规范化设备坐标系下定义视口范围，变换到规范化的设备坐标系中。窗口（window）指世界坐标系中要显示的区域（注意：不是指屏幕窗口）。

这里窗口指的是世界窗口，视口就是在 OpenGL 程序中，图像在屏幕上显示的位置。由于世界窗口的范围可能不适合直接在视口上显示，需要做一下变换。采用线性的变换，可以简单做一下伸缩和平移，换算如图 9-8 所示。

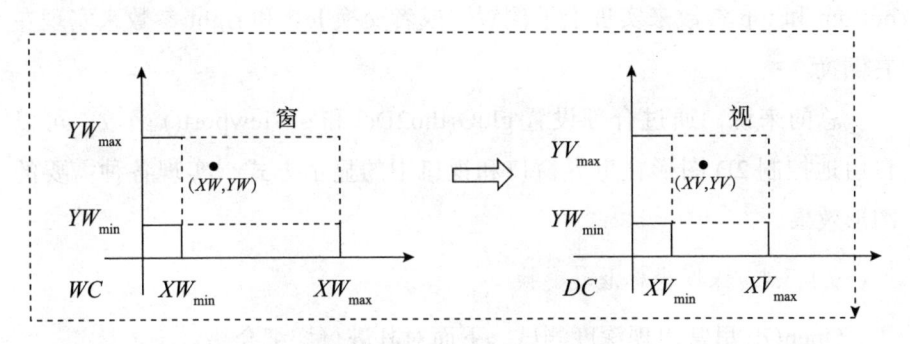

图 9-8　窗口—视口变换关系

在 OpenGL 中处理 2D 图形时，设定世界窗口和视口是两个重要的步骤。世界窗口由函数 gluOrtho2D() 定义，而视口则由函数 glViewport() 设定。

gluOrtho2D 函数用于设定 2D 正投影矩阵，其原型为 void gluOrtho2D (Gldouble left, Gldouble right, Gldouble bottom, Gldouble top)。

这个函数的参数含义很明显：(left, bottom) 是窗口的左下角坐标，(right, top) 是窗口的右上角坐标。通过这四个参数，OpenGL 可以确定 2D 图形的世界窗口范围。

另一个关键函数是 glViewport()，其原型为 void glViewport(Glint x, Glint y, Glint width, Glint height)；

glViewport() 函数定义了输出窗口的尺寸和位置，其中 (x, y) 是视口的左下角坐标，而 (width, height) 则是视口的大小。如果没有设置视口，OpenGL 会默认使用整个窗口作为视口，左下角为 (0,0)，右上角为 (W,H)，其中 W 和 H 分别是窗口的宽度和高度。

需要注意的是，调用 gluOrtho2D() 函数前必须先调用 glMatrixModel (GL_PROJECTION) 和 glLoadIdentity()，以确保矩阵模式正确并且矩阵被重置。此外，glViewport() 函数中的 width 和 height 参数不能为负数。

如果想要实现窗口的倒置，可以通过交换 gluOrtho2D() 函数中的 bottom 和 top 参数来实现上下倒置，或者交换 left 和 right 参数来实现左右倒置。

总的来说，通过合理设置 gluOrtho2D() 和 glViewport() 函数，可以自由地控制 2D 图形在世界窗口和视口中的显示方式，实现各种需要的图形效果。

9.1.3.4 深度坐标及其变换

OpenGL 里常出现深度测试，下面对其进行详细介绍。

（1）什么是深度。深度其实就是该像素点在 3D 世界中距离摄像机的距离（绘制坐标），深度值（z 值）越大，则离摄像机越远。深度缓存中存储着每个像素点（绘制在屏幕上的像素点）的深度值。

人们用深度缓存的位数来衡量深度缓存的精度。深度缓存位数越高，则精确度越高，目前的显卡一般都支持 16 位的 z 值，一些高级的显卡已经可以支持 32 位的 z 值了，但一般用 24 位 z 值就已经足够了。

（2）为什么需要深度。在不使用深度测试的情况下，如果先画一个较近的物体，再画一个较远的物体，就会造成绘制的较远的物体遮挡较近物体的现象，这种效果不是人们想要的。使用深度缓冲区，绘制对象的顺序没有那么重要，可以按照距离（z 值）正常显示，这是非常重要的。

事实上，只要有一个深度缓冲区，OpenGL 就会在绘制像素时尝试向其写入深度数据，而不管是否启用了深度测试。

在缓冲区中，除非调用 glDepthMask(GL_FALSE) 来阻止写入。该深度数据除了可用于常规测试，还有一些有趣的用途，比如画阴影等。

（3）启用深度测试。在 OpenGL 中，启用深度测试是实现物体遮挡效果的关键步骤。默认情况下，当绘制新像素时，系统会将其 z 值与深度缓冲区中相应位置的 z 值进行比较。如果新像素的 z 值小于深度缓冲区中的值，则会用新像素的颜色更新帧缓冲区中对应像素的颜色。

然而，可以使用 glDepthFunc(func) 函数来调整这种默认的深度测试行为。此函数允许人们指定不同的比较函数，包括 GL_NEVER（从不处理）、GL_ALWAYS（总是处理）、GL_LESS（小于）、GL_LEQUAL（小于等于）、GL_EQUAL（等于）、GL_GEQUAL（大于等于）、GL_GREATER（大于）和 GL_NOTEQUAL（不等于）。其中，默认的比较函数是 GL_LESS。

通常，为了表达物体间的遮挡关系，人们会使用 glDepthFunc(GL_LEQUAL)。这意味着只有当新像素的 z 值小于或等于深度缓冲区中的值时，才会更新帧缓冲区中的颜色值。

需要注意的是，一旦启用了深度测试，它将不适用于同时绘制半透明物体。此外，深度值的范围可以通过视口变换的深度坐标进行透视除法，这可能会导致远离近侧平面的深度坐标的精度降低。

9.1.3.5 投影变换的类型和投影矩阵

（1）投影变换的类型。在三维图形的渲染过程中，投影是一个重要的步骤，负责将三维场景转换为二维图像，以便在屏幕上显示。投影操作定义了一个视景体（viewing volume），只有视景体内的物体部分会被渲染到屏幕上，视景体外的部分则会被裁剪掉。视景体的选择和定义会影响最终显示的图像效果，设置不同的视景体，会产生不同的裁剪效果和透视效果，从而影响场景的视觉表现。在 OpenGL 中，正射投影和透视投影是两种常用的投影方式。

①正射投影，也称为平行投影。在正射投影下，可视空间是一个平行的长方体。无论物体距离相机多远，投影后的物体尺寸和角度不变。这种投影方式常用于建筑蓝图绘制和计算机辅助设计等领域，因为这些领域要求投影后的物体尺寸及相互间的角度不变。

OpenGL 提供了两个函数来创建正射投影：

gluOrtho2D()：一个特殊的正射投影函数，主要用于二维图像到二维屏幕上的投影，缺省值定义了 near 和 far 的值以及二维物体的 z 坐标。

glOrtho()：用于创建一个平行视景体，需要指定到近侧裁剪平面的位置和到远侧裁剪平面的距离。如果没有其他变换，投影的方向就与 z 轴平行，观察点的方向直接朝向 z 轴的负方向。

通过这些投影函数，人们可以根据需要选择合适的投影方式，将三维场景渲染到二维屏幕上。需要注意的是，以上两个投影函数缺省的情况下，视点都在原点，视线沿 z 轴指向负方向。

例如，在正射投影中，一个四面体的投影是一个三角形，一个六面体的投影是一个正方形，如图 9-9 所示。

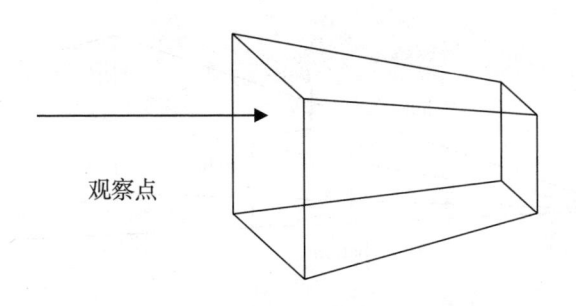

图 9-9　glOrtho() 创建正交投影

②透视投影。透视投影最显著的特点是透视缩放（foreshortening）：物体距离观察点越远，它在屏幕上看起来就越小。例如，当你在草原上向远处看时，会感觉天地似乎在远处相交。这是因为透视投影的可视空间是一个金字塔的平截头体，位于可视空间内的物体被投影到金字塔的顶点，即观察点的位置。靠近观察点的物体看起来更大，因为与远处的物体相比，在平截头体的较大部分里，它们占据了相对较大的可视空间。这种投影方法常用于动画、视觉模拟以及其他需要现实感的应用领域，因为它与日常生活中用眼睛观察事物的方式相同。

glFrustum() 函数用于定义一个平截头体，它计算一个用于实现透视投影的矩阵，并将其与当前的投影矩阵（一般为单位矩阵）相乘。需要注意的是，可视空间用于裁剪那些位于它之外的物体。平截头体的 4 个侧面、顶面和底面对应于可视空间的 6 个裁剪平面，位于这些平面之外的物体或物体的部分将被裁剪掉，不会出现在最终的图像中。glFrustum() 函数并不需要定义一个对称的可视空间，如图 9-10 所示。

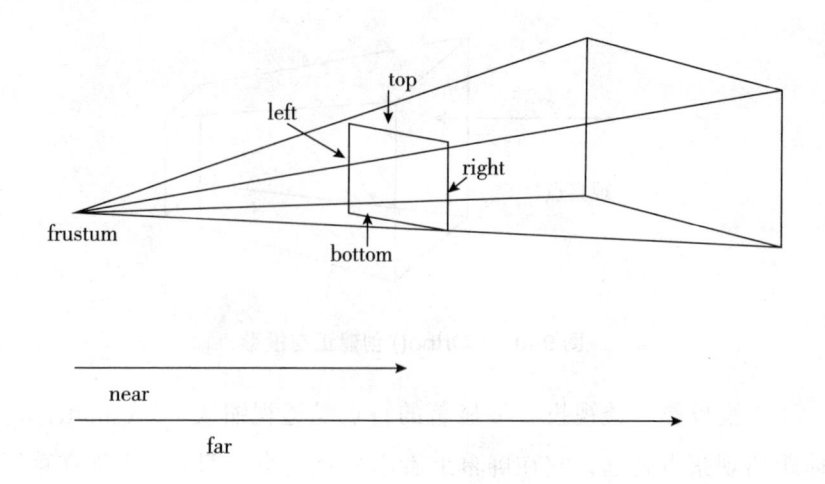

图 9-10 glFrustum() 创建透视投影

平截头体在三维空间中有一个默认的方向，可以在投影矩阵上执行旋转或移动来改变方向。但是，这种方法难度较大。

gluPerspective() 函数是 OpenGL 工具库函数，用于创建一个可视空间，它与调用 glFrustum() 所产生的可视空间相同，但可以用一种不同的方式来指定它。这个函数并不是指定近侧裁剪平面的角，而是指定 y 方向上的视野角度（θ）和纵横比（x/y）。对于正方形的屏幕，纵横比为 1.0。这两个参数足以确定沿视线方向的未平截头体金字塔，还需要指定观察点和近侧及远侧裁剪平面的距离，即对这个金字塔进行截除。此外，gluPerspective() 仅限于创建沿视线方向，同时在 x 轴和 y 轴上对称的平截头体。

和 glFrustum() 函数一样，可以执行旋转或移动，改变由 gluPerspective() 所创建的可视空间的默认方向。如果没有这样的变换，观察点就位于原点，视线的方向沿 z 轴的负方向。

使用 gluPerspective() 时，需要挑选适当的视野值，否则图像看起来会变形。为了获得完美的视野，可以推测自己的眼睛在正常情况下距离屏幕有多远以及窗口有多大，并根据距离和大小计算视野的角度，如图

9-11 所示。计算结果可能比想象的要小。

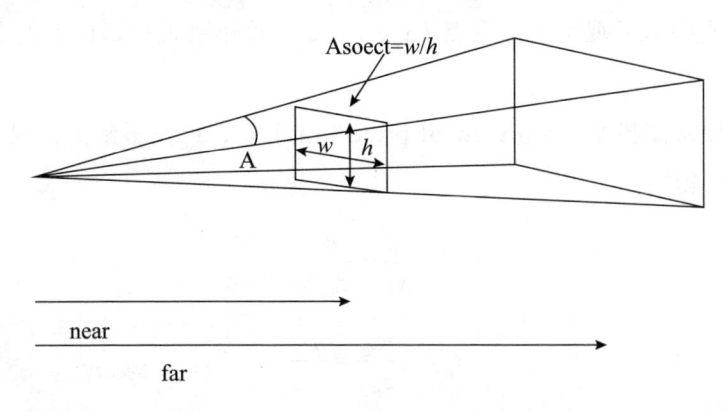

图 9-11 gluPerspective() 创建透视投影

（2）OpenGL 投影矩阵。显示器是 2D 的，3D 场景需要转换为 2D 图像才能显示在屏幕上，投影矩阵（GL_PROJECTION）用于完成这个工作。投影矩阵将眼坐标系（eye coordinate system）转换成裁剪坐标系（clip coordinate system），然后裁剪坐标被除以 w，转换为规范化的设备坐标。

需要明白的一点是，裁剪操作和规范化都由投影矩阵完成。下面介绍如何用 6 个参数（left、right、bottom、top、near、far）构建投影矩阵。

裁剪（clipping）操作是在裁剪坐标上进行的，安排在透视除法执行之前。裁剪坐标 x_c、y_c、z_c 同 w_c 比较，若每个分量都落在（$-w_c$, w_c）外，那么此坐标将被裁剪掉。

在透视投影中，3D 场景中的点（观察坐标）从平截头体中映射到正方体（NDC）中；x 坐标从 $[l, r]$ 映射到 $[-1, 1]$，y 坐标从 $[b, t]$ 映射到 $[-1, 1]$，z 坐标从 $[n, f]$ 映射到 $[-1, 1]$。

注意，观察坐标系是右手系，规范化设备坐标系是左手系，所以在观察坐标系中，摄像机朝向沿着 $-z$，而在 NDC 中，方向沿着 z。由于 glFrustum() 只接受正参数，构造投影矩阵的时候要变号。

在 OpenGL 中，在 3D 场景中，观察坐标系中的点被投影到近投影面。下式展示了观察坐标系点（x_e, y_e, z_e）投影到近投影面上的点（x_p, y_p, z_p）。

从顶视图投影（top view of projection）看，x_e 投影到 x_p，根据等比性质，可得：

$$\frac{x_p}{x_z} = \frac{-n}{z_e} \tag{9-1}$$

$$x_p = \frac{-nx_e}{z_e} = \frac{n \cdot x_e}{-z_e} \tag{9-2}$$

9.1.4　OpenGL 工作方式及工作流程

OpenGL 采用 C/S（客户/服务器）模型，用户程序（客户）发出命令，内核程序（服务器）对命令进行解释和初步处理，然后交给操作系统和硬件执行。

OpenGL 中三维图形的渲染主要包括以下步骤（图 9-12）：

（1）根据基本图形单元（点、线、多边形、图像和位图）建立景物模型，并进行数学描述。

（2）将景物模型放置在三维空间中的合适位置，并设置视点，以观察感兴趣的景观。

（3）计算模型中所有物体的颜色，并确定光照条件、纹理粘贴方式等。

（4）将景物模型的数学描述和颜色信息转换为计算机屏幕上的像素，即光栅化。

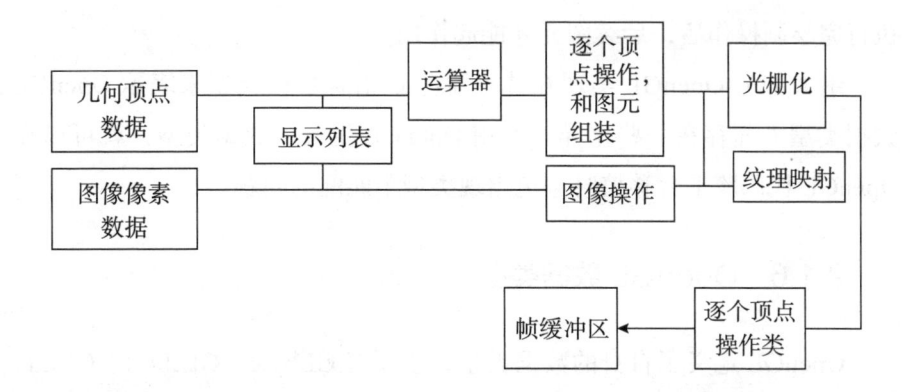

图 9-12　三维仿真流程

OpenGL 指令集封装在库或共享程序集中，应用程序发出 OpenGL 命令后，这些库处理命令，然后交给内核程序处理，内核程序再交给操作系统。操作系统根据具体硬件（如不同的显卡）进行处理，如调用厂家的服务驱动程序或公共驱动程序，最后将处理结果传递给视频显示驱动程序，驱动程序驱动显卡向显示屏幕提供显示。

整个处理过程在计算机后台完成，程序员只需要开发应用程序部分，管理硬件的工作由计算机完成。

9.1.5　OpenGL 渲染管线

OpenGL 具有强大的图形绘制能力，包括绘制物体、启动光照、管理位图、纹理映射、动画、图像增强以及交互技术等功能。作为图形硬件的软件接口，OpenGL 主要负责将三维物体投影到一个二维平面上，然后通过处理得到像素，进行显示。

OpenGL 首先将物体转化为可以描述物体集合性质的顶点（vertex）与描述图像的像素（pixel），在执行一系列操作后，最终将这些数据转化成像素数据。也就是说，OpenGL 是基于点的。在 OpenGL 中，无论何种情况，指令总是被顺序处理，由一组顶点定义的图元（primitive）

执行完绘制操作后,后续图元才能起作用。

绝大部分 OpenGL 实现在选择哪些 C 语言数据类型来表示 OpenGL 数据类型方面存在一些差异。使用 OpenGL 定义的数据类型,就可以在 OpenGL 代码跨平台移植时避免出现类型不匹配的问题。

9.1.6 OpenGL 数据类型

OpenGL 定义了自身的数据类型,主要有 GLbyte、GLshort、GLint、GLfloat、GLdouble、GLubyte、GLushort 和 GLuint。不同的 OpenGL 实现在选择哪些 C 语言数据类型来表示 OpenGL 数据类型方面存在一些差异。使用 OpenGL 定义的数据类型,就可以在 OpenGL 代码跨平台移植时避免出现类型不匹配的问题。具体数据类型如表 9-1 所示。

表 9-1 数据类型

penGL数据类型	数据类型	相应的C数据类型	后缀
GLbyte	8-bit integer	Signed char	b
GLshort	16-bit integer	Short	s
Glint、GLsizei	32-bit integer	long	l
GLfloat、GLclampf	32-bit floating point	Float	f
GLdouble、GLclampd	64-bit floating point	Double	d
GLubyte、GLboolean	8-bit unsigned integer	Unsigned char	ub
GLushort	16-bit unsigned integer	Unsigned short	us
GLuint、GLenum、GLbitfield	32-bit unsigned integer	Unsigned long	ui

上一章对 OpenGL 的基本理论做了详细的介绍，接下来以雷达飞行器系统的实时仿真技术为例，具体介绍一下 OpenGL 在实现三维图像的生成及显示的原理和实现过程。

9.1.7 设计基础概要

因为 OpenGL 与 VC++ 是通过接口程序相连的，所以在实现三维图形的生成及显示时，需要一个应用程序入口。程序的具体实现框架如图 9-13 所示。

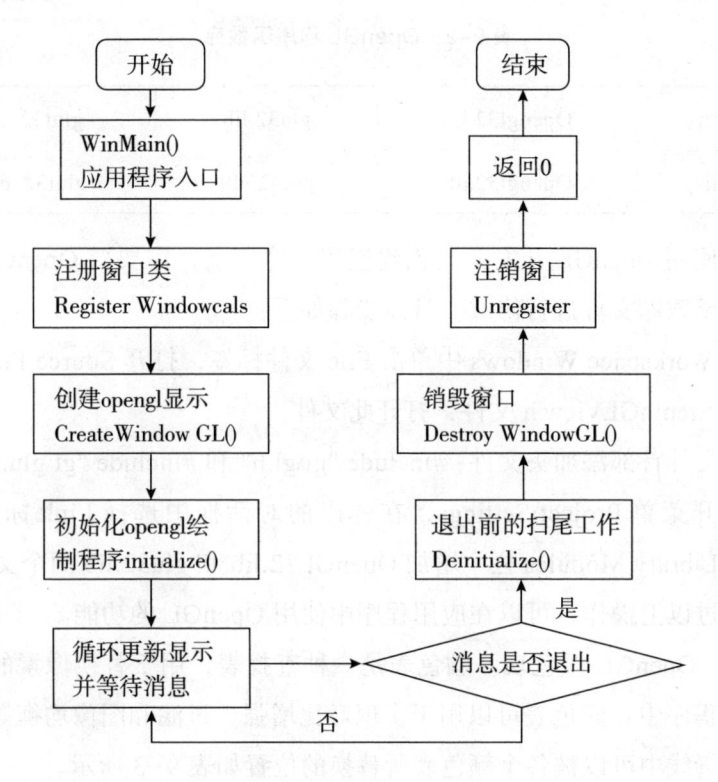

图 9-13 程序流程图

在利用以 C++ 为基础的 OpenGL 库构建模型时，包括四个步骤：程序初始化、形体建模、渲染颜色、动画应用。

9.1.7.1 OpenGL 的框架建立

（1）OpenGL 函数库。在 Windows 操作系统下，OpenGL 应用程序所调用的指令集被封装在 OpenGL32.dll 和 Glu32.dll 这两个动态链接库中。这两个函数库也是 OpenGL 标准的组成部分，其中 OpenGL32.dll 提供了 OpenGL 的核心功能，而 Glu32.dll 是实用函数库，提供了一些较高级的建模特性，如二次曲面和 NURBS 曲线和平面。此外，OpenGL 还包含一个名为 Glut 的实用工具包，它是独立于子窗口系统的工具包，目的是隐藏不同窗口系统 API 的复杂性。OpenGL 函数库如表 9-2 所示。

表 9-2　OpenGL 程序函数库

Library	Opengl32.lib	glu32.lib	glut32.lib
Dll	Opengl32.dll	glu32.dll	glut32.dll

在使用 OpenGL 开发工具创建应用程序之前，需要对 OpenGL 的头文件和函数库文件进行修改。具体步骤如下：

在 Workspace Windows 中单击 File 文件标签，打开 Source Files，然后双击 StepinGLView.h 文件，打开此文件。

在文件首部添加头文件：#include "gl\gl.h" 和 #include "gl\glu.h"。

打开菜单 Project\Settings，在弹出的对话框中选择 Link 标签，在 Object\Library Modules 栏中增加 OpenGL32.lib 和 glu32.lib 两个文件。

通过以上操作，可以在应用程序中使用 OpenGL 的功能。

（2）OpenGL 颜色表。颜色表是一种查找表，用于替换像素的颜色。在应用程序中，颜色表可以用于实现对比增强、过滤和图像均衡等效果。像素在管线中可以被各个颜色表所替换的位置如表 9-3 所示。

表 9-3 OpenGL 颜色表

颜色表参数	在像素上的操作
GL_COLOR_TABLE	当它们进入图像处理管线时
GL_POST_CONVOLUTION_COLOR_TABLE	在卷积操作之后
GL_POST_COLOR_MATRIX_COLOR_TABLE	在颜色矩阵变换之后

（3）像素格式。在 Windows 操作系统中，应用程序要实现三维图形的渲染输出，通常会使用设备描述表（device context）。然而，OpenGL 并不依赖于设备描述表，而是通过渲染描述表（rendering context）完成图形图像的映射。渲染描述表的核心在于像素格式的设置。

在 OpenGL 进行图形绘制时，实际上是在操作设备像素。OpenGL 将数据转化为像素操作，并写入帧缓存中，因此需要与 Windows 的像素格式保持一致。在初始化 OpenGL 时，需要使用一种名为 PIXELFORMATDESCRIPTOR 的结构来设置像素属性，包括缓存设置、颜色模式、颜色位数、深度缓存位数等。

一般情况下，OpenGL 通过 PIXELFORMATDESCRIPTOR 结构指定像素格式，并通过成员函数 bSetupPixelFormat() 实现像素格式的设置。

（4）渲染描述表。渲染描述表类似于 Windows 程序的设备描述表，保存了在窗口中渲染一个场景所需的信息。一个 OpenGL 应用程序必须有一个渲染描述表，并且在进行 OpenGL 绘制之前，它应该是当前的。渲染描述表是 OpenGL 输出与 Windows 设备描述表联系的机制，一旦存入信息，OpenGL 就可以更新 Windows 系统中一个窗口的图形状态。

渲染描述表是线程安全的，这意味着多个线程可以同时使用一个渲染描述表。但在某一时刻，一个线程只能使用一个渲染描述表，并且每个 OpenGL 线程必须有一个当前的渲染描述表支持工作。

渲染描述表的管理主要依赖于以下 OpenGL 函数：

wglCreateContext(HDC hDC)：创建一个与给定 DC 兼容的渲染描述

表，成功返回渲染描述表句柄，失败返回 NULL。

wglMakeCurrent(HDC hDC, HGLRC hRC)：使渲染描述表当前化，成功返回 GL_TRUE，否则返回 GL_FALSE。若第二个参数为 NULL，则使当前渲染描述表非当前化。

wglDeleteContext(HGLRC hRC)：删除渲染描述表，成功返回 GL_TRUE，否则返回 GL_FALSE。

wglGetCurrentContext()：获取当前渲染描述表句柄。

wglGetCurrentDC()：获取绑定当前渲染描述表的设备描述表句柄。

9.1.7.2 OpenGL 建模技术

在数字空间中，信息主要表现为一维、二维和三维形式。一维信息通常指的是文字，依赖于键盘、输入法等软硬件技术进行处理；二维信息主要指平面图像，通过照相机、扫描仪、PhotoShop 等工具进行采集和编辑；三维信息指包含长度、宽度、高度的信息。根据不同的使用方式，现有的建模技术可以分为基于图像和几何造型的方法等。

（1）基于图像的方法。图像类建模技术分为以下几种：

① 使用纹理信息。这种技术通过在多幅图像中搜索相似的纹理特征区域，重构物体的三维特征点云。虽然它能生成较高精度的模型，但对于规则物体（如建筑物）效果较好，对不规则物体的建模效果则不太理想。

② 使用轮廓信息。该方法通过分析图像中物体的轮廓信息，自动生成物体的三维模型。这种方法具有较高的鲁棒性，但由于从轮廓恢复物体的完整表面几何信息是一个病态问题，因此精度方面可能有所欠缺，尤其是对于物体表面的凹陷细节。

③ 使用颜色信息。基于 Lambertian 漫反射模型理论，假设物体表面在不同视角下颜色基本一致，通过分析多张图像颜色的一致性信息，重构物体的三维模型。这种方法精度较高，但对采集环境的光照要求比较严格。

④使用阴影信息。通过分析物体在光照下产生的阴影，进行三维建模。这种方法能够生成较高精度的三维模型，但对光照的要求更为严格，这一点限制了其应用范围。

⑤使用光照信息。通过对物体施加近距离的强光，分析物体表面光反射的强度分布，运用特定的模型分析得到物体的表面法向，从而获取物体表面的三维信息。这种方法建模精度较高，特别适用于处理缺少纹理、颜色信息的物体，但采集过程较为复杂。

（2）几何造型方法。在三维建模领域，主要有三种造型方式：线框模型、表面模型和实体模型。

① 线框模型。这种模型仅包含"线"的概念，通过一系列顶点和棱来表示物体。线框模型在显示效果方面相对简单，但在房屋设计、零件设计等更注重结构信息的计算机辅助设计（CAD）应用中得到了广泛应用。AutoCAD 软件是这类模型的一个很好的造型工具。由于线框模型难以准确表示物体的外观，其应用范围受到一定限制。

② 表面模型。与线框模型相比，表面模型引入了"面"的概念。在大多数应用中，用户主要关注物体的外观，而对于物体内部则不太关心。表面模型通过使用参数化的面片来逼近真实物体的表面，从而能够很好地展示物体的外观。这种模型因其出色的视觉效果，被广泛应用于电影、游戏等行业，也是人们日常生活中接触最多的模型类型。3ds Max、Maya 等工具在表面模型方面表现优秀。

③ 实体模型。实体模型在表面模型的基础上，进一步引入了"体"的概念。它不仅构建了物体的表面，还深入物体内部，形成了物体的"体模型"。这种建模方法主要应用于医学影像、科学数据可视化等专业领域。

每种造型方式都有其独特的优势和应用场景，选择哪种方式主要取决于具体的应用需求和目标。

9.1.7.3 OpenGL 色彩渲染

(1) 颜色。OpenGL 维护着一种当前颜色（在 RGBA 模式下）和一个当前颜色索引（在颜色索引模式下）。通常情况下，物体会使用当前颜色（或当前颜色索引）进行绘制，除非使用了更复杂的着色模型，如光照和纹理贴图。可以使用 glColor*() 函数来指定颜色。

①设置颜色模式。OpenGL 支持两种颜色模式：RGBA 模式和颜色索引模式。无论哪种模式，计算机都必须为每个像素存储一些数据。不同之处在于，在 RGBA 模式中，数据直接代表颜色；而在颜色索引模式中，数据代表的是一个索引，要获取真正的颜色，需要查询索引表。

②清屏。在计算机屏幕上绘图与在纸上绘图不同。在计算机中，保存图像的内存通常被计算机所绘制的前一幅图像填满，因此在绘制新场景之前需要将其清除为某种背景颜色。至于应该使用哪种背景颜色，则取决于应用程序本身。

③物体表面法线。根据光的反射定律，由光的入射方向和入射点的法线可以得到光的出射方向。在 OpenGL 中，法线的方向用一个向量来表示。然而，OpenGL 并不会根据所指定的多边形各个顶点来计算出这些多边形所构成的物体表面的每个点的法线。通常，为了实现光照效果，需要在代码中为每一个顶点指定其法线向量。

(2) 指定法线向量的方式与指定颜色的方式类似。在指定颜色时，只需要指定每个顶点的颜色，OpenGL 就可以自动计算顶点之间的其他点的颜色。同样地，在指定法线向量时，只需要指定每个顶点的法线向量，OpenGL 就会计算顶点之间的其他点的法线向量。使用 glColor*() 函数可以指定颜色，而使用 glNormal*() 函数可以指定法线向量。

此外，使用 glTranslate*() 或 glRotate*() 函数可以改变物体的外观，但法线向量不会随之改变。然而，如果使用 glScale*() 函数对每个坐标轴进行不同程度的缩放，可能会导致法线向量不正确。虽然 OpenGL 提供了一些措施来修正这个问题，但这也会带来额外的开销。因此，在使用法线向量的场合，应尽量避免使用 glScale*() 函数。即使使用，也最好保证各坐标轴是等比例缩放的。

9.1.7.4 纹理

纹理本质上是一个矩形数组，其中包含了颜色数据、亮度数据等信息。纹理数组中的单个值被称为纹理单元（texel）。由于纹理贴图计算成本较高，许多专用的图像系统（包括硬件）都支持纹理贴图。

在动画绘制中，每秒需要绘制数十次画面，如果每次都重新加载纹理，将对计算机造成巨大负担，导致动画无法流畅运行。因此，需要一种机制能够快速在不同的纹理之间进行切换，纹理对象就是这样一种机制。通过将每幅纹理（包括像素数据、纹理大小等信息以及纹理参数）放入一个纹理对象，可以创建多个纹理对象来保存多幅纹理。在首次使用纹理前，将所有纹理载入，绘制时只需指明使用哪一个纹理对象即可。

应用程序可以创建纹理对象，每个纹理对象代表一个独立的纹理。某些 OpenGL 实现可能支持一种特别的纹理工作集，处于工作集内的纹理对象比工作集外的纹理单元性能更高。可以使用 OpenGL 创建和删除纹理对象，并确定由哪些纹理对象组成工作集。这种机制大大提高了纹理处理的效率，使动画绘制更加流畅。

9.1.8 OpenGL 的纹理图像

9.1.8.1 创建纹理图像

OpenGL 要求纹理的高度和宽度都必须是 2 的 n 次方，只有满足这个条件，这个纹理图片才是有效的。一旦获取了像素值，人们就可以将这些数据传给 OpenGL，让 OpenGL 生成一个纹理贴图：

glGenTextures(1,@Texture)；

glBindTexture(GL_TEXTURE_2D,Texture)；

glGenTextures 和 glBindTexture 函数用于创建和绑定纹理对象，

glTexImage2D 函数将像素数组中的像素值传给当前绑定的纹理对象，于是便创建了纹理。glTexImage 函数的参数分别是纹理的类型、纹理的等级、每个像素的字节数、纹理图像的宽度和高度、边框大小、像素数据的格式、像素值的数据类型、像素数据。

9.1.8.2 OpenGL 中的贴图方式

OpenGL 提供了三种纹理——GL_TEXTURE_1D、GL_TEXTURE_2D 和 GL_TEXTURE_3D。它们分别表示 1 维纹理、2 维纹理和 3 维纹理。无论哪一种纹理，使用方法都是相同的，即先创建一个纹理对象和一个存储纹理数据的 n 维数组，在调用 glTexImageN D 函数来传入相应的纹理数据。除此之外，可以用一些函数来设置纹理的其他特性。

（1）设置贴图模式。OpenGL 提供了 3 种不同的贴图模式：GL_MODULATE、GL_DECAL 和 GL_BLEND。默认情况下，贴图模式是 GL_MODULATE，在这种模式下，OpenGL 会根据当前的光照系统调整物体的色彩和明暗。第二种模式是 GL_DECAL，在这种模式下所有的光照效果都是无效的，OpenGL 将仅依据纹理贴图来绘制物体的表面。最后是 GL_BLEND，这种模式允许人们使用混合纹理。在这种模式下，人们可以把多个纹理混合后得到一个新的纹理。可以调用 glTexEnvi 函数来设置当前贴图模式：glTexEnvi(GL_TEXTURE_ENV,GL_TEXTURE_ENV_MODE, TextureMode) ;

其中，TextureMode 表示想要设置的纹理模式，可以为 GL_MODULATE、GL_DECAL 和 GL_BLEND 中的任何一种。

另外，对于 GL_BLEND 模式，可以调用以下函数：glTexEnvfv(GL_TEXTURE_ENV,GL_TEXTURE_ENV_COLOR,@ColorRGBA)。

其中，ColorRGBA 为一个表示 RGBA 颜色的 4 维数组。

（2）纹理滤镜。在纹理映射的过程中，如果图元的大小不等于纹理的大小，OpenGL 会对纹理进行缩放，以适应图元的尺寸。可以通过设置纹理滤镜来决定 OpenGL 对某个纹理采用的放大、缩小的算法。

调用 glTexParameter 来设置纹理滤镜,如:

glTexParameteri(GL_TEXTURE_2D,GL_TEXTURE_MAG_FILETER, MagFilter);// 设置放大滤镜。

glTexParameteri(GL_TEXTURE_2D,GL_TEXTURE_MIN_FILTER, MinFilter); // 设置缩小滤镜。

上述调用中,第一个参数表明针对何种纹理进行设置,第二个参数表示要设置放大滤镜还是缩小滤镜,第三个参数表示使用的滤镜。可用的滤镜如表 9-4 所示。

表 9-4 滤镜描述

滤镜	描述
GL_NEAREST	取最邻近像素
GL_LINEAR	线性内部插值
GL_NEAREST_MIPMAP_NEAREST	最近多贴图等级的最邻近像素
GL_NEAREST_MIPMAP_LINEAR	在最近多贴图等级的内部线性插值
GL_LINEAR_MIPMAP_NEAREST	在最近多贴图等级的外部线性插值
GL_LINEAR_MIPMAP_LINEAR	在最近多贴图等级的外部和内部线性

(3)纹理映射。要使用当前的纹理绘制图元,必须在绘制每个顶点之前为该顶点指定纹理坐标。只需调用 glTexCoord2d(s:Double;t:Double);函数即可。其中,s、t 是对于 2D 纹理而言的 s、t 坐标。对于任何纹理,它的纹理坐标都如图 9-14 所示。对于任何纹理,无论纹理的真正大小如何,其顶端(左上角)的纹理坐标恒为 (0,0)。右下角的纹理坐标恒为 (1,1)。也就是说,纹理坐标应是一个介于 0 到 1 之间的一个小数。

(0, 0)   (1, 0)

(0, 1)

图 9-14　纹理贴图

9.1.9　位图及其读取

计算机中的图像主要有两种：矢量图和像素图。

矢量图：这种类型的图像存储了图像中每个几何对象的位置、形状和大小等信息。在显示图像时，根据这些信息计算得到完整的图像。矢量图的优点是进行放大、缩小时非常方便，不会失真。但如果图像很复杂，就需要用非常多的几何体来表示，这会导致数据量和运算量都非常庞大。

像素图：像素图将完整的图像分割为若干行和列，这些行列将图像分割成很小的分块，每个分块称为像素。保存每个像素的颜色也就相当于保存了整个图像。像素图的优点是不论图像多么复杂，数据量和运算量都不会增加。但在进行放大、缩小等操作时，图像会失真。

BMP 文件是一种像素文件，它存储了一幅图像中所有的像素，可以用来为纹理提供纹理数据。BMP 文件格式可以存储单色位图、16 色或 256 色索引模式像素图、24 位真彩色图像。每种模式下，单个像素的大小分别为 1/8 字节、1/2 字节、1 字节和 3 字节。目前最常见的是 256 色

BMP 和 24 色 BMP。这种文件格式还定义了像素存储的几种方法，包括不压缩、RLE 压缩等。常见的 BMP 文件大多是不压缩的。例如，雷达飞行器系统仿真中使用的位图如图 9–15 所示。

图 9–15　山地形图

9.1.10　用户交互与动画

图形应用程序通常具有交互性，允许用户选择屏幕上的物体。由于在屏幕上绘制的物体通常会经过多次旋转、移动和投影变换，在三维场景中判断用户选择的是哪个物体是比较困难的。为此，OpenGL 提供了选择机制，可以告知用户哪个物体位于窗口中特定区域的内部。

选择机制的操作步骤如下：

使用 glSelectBuffer() 指定用于返回点击记录的数组。

使用 glInitNames() 和 glPushName() 对名字堆栈进行初始化。

用户输入触发挑选。

使用 glRenderMode() 指定 GL_SELECT，进入选择模式。

使用 gluPickMatrix() 将当前的投影矩阵与一个特殊的挑选矩阵相乘，这样就把绘图限制在视口中的一个小区域内。挑选区域的中心一般就是光标的位置。

交替调用绘制图元的函数和操纵名字堆栈的函数，为每个相关的图元分配一个适当的名字。

退出选择模式，并处理返回的选择数据（点击记录）。根据返回的名字堆栈（与图元关联），应用程序判断是哪些图元被选中，并作出选中的提示。

在场景漫游中，可以使用键盘控制视角的变换。例如，使用上、下、左、右箭头控制视角的变换，使用 float x=g_eye[0], y=g_eye[1], z=g_eye[2]，来实现功能。

设绘制动画的代码如下：

for(i=0; i<n; ++i){

DrawScene(i);

glSwapBuffers();

Wait();

}

9.1.11 雷达机飞行器系统模拟过程

场景合成绘制的步骤如下：

（1）根据输入的参数进行雷达、飞行器建模，轨道计算。

（2）将位图"bb"坐标系下雷达、飞行器各点及雷达投影到屏幕坐标系，再依次绘制。

（3）雷达飞行器系统模拟结构建立，并且进行图像渲染。

9.1.12 雷达机飞行器系统模拟分析

9.1.12.1 雷达模拟图形和流程

雷达模拟设计过程中首先需要进行原点坐标确定，本次设计原点坐

第9章 天地一体化网络演示系统设计

标定于电脑的屏幕正中,原点坐标为(0,0,0)。其次,设计雷达底座绿色正方体边长为2,正方体下表面中点位于原点所在位置(0,0,0)。正方体上表面中点是雷达立柱所在位置。也就是说,底座与立柱的连接点位于 z 轴,其坐标为(0,0,2),立柱正好和 z 轴重合,立柱与雷达网面连接点也在 z 轴上。最后,绘制两个网状图形,作为雷达的反射面及接收支架,半径使用1个单位长度,将红色的圆灯作为雷达的接收顶点,然后设置旋转。

设计流程图如图9-16所示,雷达模拟图如图9-17所示。

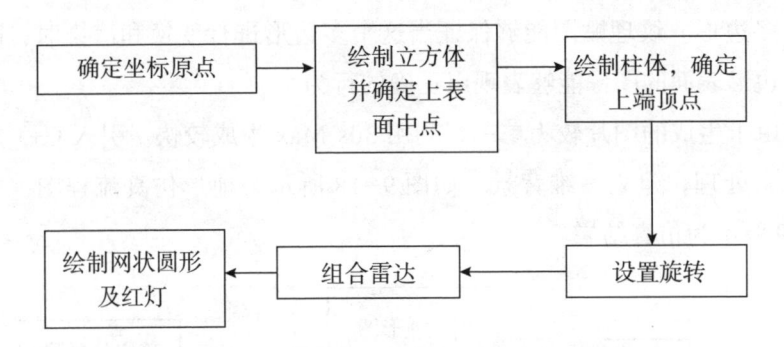

图9-16 雷达模拟流程

图9-17 雷达模拟图

9.1.12.2 雷达地形图模拟图及流程

本次仿真模拟为山地雷达监听仿真模拟，所以要仿真山地图形，引入位图 bb.BMP，位图 bb 为山地二维图形。

位图效果获得方法：首先找一幅山地高空俯拍图，然后利用 3ds Max 的阴影和灯光设置调整光亮度，并且引入视角方位，生成图片。在 3ds Max 中提供了位图的生成方法，可以较好地解决过于平滑和规则的问题，使其更像现实生活中的物体。位图贴图允许将一幅图像（如通过对真实照片进行扫描而获得）粘贴到一个多边形上，并把整面砖墙画成单个多边形。纹理贴图能够保证当这个多边形进行变换和渲染时，映射到多边形表面的图像能够表现出正确的行为。

由于生成的图片较为单一，利用 3ds Max 生成较快。引入 C++ 后进行像素处理，建立三维背景。如图 9-18 所示为地形仿真流程图，如图 9-19 所示为仿真结果。

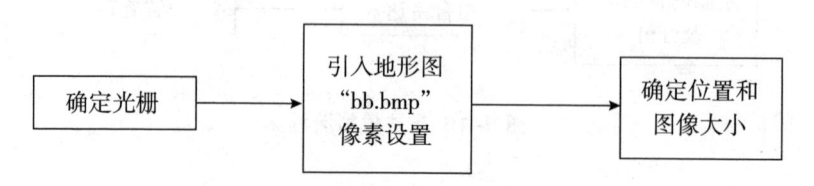

确定光栅 → 引入地形图"bb.bmp"像素设置 → 确定位置和图像大小

图 9-18 地形仿真流程图

图 9-19　雷达地形图模拟

9.1.12.3　组合模拟图形和流程图

在模拟系统中绘制一个目标物，监听目标物飞行轨迹，以圆心为坐标原点。利用移动原点函数 glTranslatef(*x*, *y*, *z*) 与绘制原点与屏幕远点距离为 10 个单位长度的距离绘制目标物，目标物绕雷达飞行角速度与雷达一样，然后使用旋转函数 glRotatef（Angle, Xvector, Yvector, Zvector）设置旋转，旋转中点是地图中点（0，0，0），也便是绕地图原点飞行。图元组合流程图如图 9-20 所示，仿真结果图如图 9-21 所示。

确定坐标点 → 绘制飞行器 → 确定飞行器旋转中心点 → 设置飞行器飞行角速度

图 9-20　图元组合流程

图 9-21　组合模拟

9.1.13.4　视角变换模拟

在设计时为达到仿真人眼视角，实现通过键盘的上下左右控制视角方向，PageUp 和 PageDown 控制视角的远近。OpenGL 的键盘响应回调函数用 glutKeyboardFunc() 来实现，利用 camera 函数类来实现场景漫游，即仿真视角变换。其中，ViewByKeyDown 函数用于实现对键盘的控制，Speed 函数用于实现对漫游速度的设置。

视角变换模拟结果图如图 9-22 所示。

图 9-22　模拟视角变换

本次设计通过上述理论实现了雷达飞行器系统三维场景的实时仿真。通过实时仿真，人们可以以人的视觉角度观察飞行器和雷达的运行情况，在通信过程中更形象、更直观地观察飞行器与雷达的实时通信状况，分析传输数据的速率以及影响通信的因素等。

9.2　基于 STK 的网络通信演示系统设计

9.2.1　数据通信网络的研究

9.2.1.1　卫星通信网络简介

（1）卫星通信概述。卫星通信指的是利用卫星作为中继，在地球上

（包括地面和低层大气中）的无线电通信站间进行的通信。卫星通信系统由卫星和地球站两部分组成，具有通信范围大、不易受陆地灾害影响、开通电路迅速、多址通信、电路设置灵活等特点。

根据通信范围，卫星通信系统可分为国际通信卫星、区域性通信卫星和国内通信卫星；根据用途，卫星通信系统可分为综合业务通信卫星、海事通信卫星和电视直播卫星等；根据转发能力，卫星通信系统可分为无星上处理能力卫星和有星上处理能力卫星；根据工作轨道，卫星通信系统可分为低轨道卫星通信系统（LEO）、中轨道卫星通信系统（MEO）和高轨道卫星通信系统（GEO）。

①低轨道卫星通信系统（LEO）：500～2 000 km，具有传输时延和功耗小、覆盖范围小等特点。典型系统有摩托罗拉公司的铱星系统。低轨道卫星通信系统信号传播时延短，可支持多跳通信；链路损耗小，可以降低对卫星和用户终端的要求，可以采用微型/小型卫星和手持用户终端。然而，由于轨道低，每颗卫星覆盖范围小，需要数十颗卫星构成全球系统，如铱星系统有66颗卫星，全球星系统（Globalstar）有48颗卫星，Teledisc有288颗卫星。同时，由于低轨道卫星运动速度快，对于单一用户来说，卫星从地平线升起到再次落到地平线以下的时间较短，卫星间或载波间切换频繁。因此，低轨系统的系统构成和控制复杂，技术风险大，建设成本也相对较高。

②中轨道卫星通信系统（MEO）：2 000～20 000 km，传输时延要大于低轨道卫星，但覆盖范围更大，典型系统是国际海事卫星系统。中轨道卫星通信系统可以说兼有这两种系统的优点，同时又在一定程度上克服了这两种系统的不足之处。中轨道卫星的链路损耗和传播时延都比较小，仍然可采用简单的小型卫星。如果中轨道和低轨道卫星系统均采用星际链路，当用户进行远距离通信时，中轨道系统信息通过卫星星际链路子网的时延将比低轨道系统低。而且由于其轨道比低轨道卫星系统高许多，每颗卫星所能覆盖的范围比低轨道系统大得多。当轨道高度为

10 000 km 时，每颗卫星可以覆盖地球表面的 23.5%，因而只要几颗卫星就可以覆盖全球。若有十几颗卫星，就可以提供对全球大部分地区的双重覆盖，这样可以利用分集接收来提高系统的可靠性，同时系统投资要低于低轨道系统。因此，从一定意义上说，中轨道系统可能是建立全球或区域性卫星移动通信系统较为优越的方案。当然，如果需要为地面终端提供宽带业务，中轨道系统将存在一定困难，低轨道卫星系统作为高速的多媒体卫星通信系统，性能要优于中轨道卫星系统。

③高轨道卫星通信系统（GEO）：距离地面 35 800 km，即同步静止轨道。理论上，用三颗高轨道卫星即可实现全球覆盖。传统的同步轨道卫星通信系统的技术最为成熟，自从同步卫星被用于通信业务以来，用同步卫星来建立全球卫星通信系统已经成了建立卫星通信系统的传统模式。但是，同步卫星有一个不可克服的障碍，就是较长的传播时延和较大的链路损耗，这严重影响到它在某些通信领域的应用，特别是在卫星移动通信方面的应用。首先，同步卫星轨道高，链路损耗大，对用户终端接收机性能要求较高。这种系统难以支持手持机直接通过卫星进行通信，或者需要采用 12 m 以上的星载天线（L 波段），这就对卫星星载通信有效载荷提出了较高的要求，不利于小卫星技术在移动通信中的使用。其次，由于链路距离长，传播时延大，单跳的传播时延达到数百毫秒，加上语音编码器等的处理时间，单跳时延将进一步增加。当移动用户通过卫星进行双跳通信时，时延甚至将达到秒级，这是用户，特别是话音通信用户所难以忍受的。为了避免这种双跳通信，就必须采用星上处理，使卫星具有交换功能，但这必将增加卫星的复杂度，不仅增加系统成本，还有一定的技术风险。

目前，同步轨道卫星通信系统主要用于甚小口径卫星终端站（very small aperture terminal, VSAT）系统、电视信号转发等，较少用于个人通信。

多址联接的意思是同一个卫星转发器可以联接多个地球站，多址技术根据信号的特征来分割信号和识别信号，信号通常具有频率、时间、空间等特征。卫星通信常用的多址联接方式有频分多址联接（FDMA）、时分多址联接（TDMA）、码分多址联接（CDMA）和空分多址联接（SDMA）。另外，频率再用技术亦是一种多址方式。

在微波频带，整个通信卫星的工作频带约有 500 MHz 宽度。为了便于放大和发射及减少变调干扰，一般在卫星上设置若干个转发器。每个转发器的工作频带宽度为 36 MHz 或 72 MHz。目前的卫星通信多采用频分多址技术，不同的地球站占用不同的频率，即采用不同的载波。它比较适合点对点大容量的通信。现在已逐渐采用时分多址技术，即各地球站占用同一频带，但占用不同的时隙。它与频分多址相比，有一系列优点，如不会产生互调干扰，不需用上下变频把各地球站信号分开，适用于数字通信，可根据业务量的变化按需分配，可采用数字话音插空等新技术，使容量增加 5 倍。另一种多址技术是码分多址（CDMA），即不同的地球站占用同一频率和同一时间，但有不同的随机码来区分不同的地址。它采用了扩展频谱通信技术，其优点是抗干扰能力强，有较好的保密通信能力，可灵活调度话路等；其缺点是频谱利用率较低。它比较适合在容量小、分布广、有一定保密要求的系统中使用。

（2）卫星通信网络系统的特点。卫星通信技术在数字技术的推动下得到了迅速发展，尽管受到陆地光缆通信的冲击，但它在因特网、宽带多媒体通信和卫星电视广播等方面得到了广泛应用。卫星通信技术与其他通信技术相比，其优缺点如下：

①优点

a. 场发展潜力大：卫星通信作为重要通信手段，已在我国得到广泛应用。近年来，利用卫星通信技术组织因特网在我国快速发展。例如，我国国际互联网的总带宽已达 700 MHz，其中利用卫星传送的带宽已达 208 MHz。目前在国内已经上网的因特网用户中，大约有 10% 的用户通过卫星接入网接入因特网，显示出其巨大的市场潜力。随着用户数量的不断增加，卫星通信技术将在解决农村及边远地区通信和扩大因特网覆盖区等方面继续发挥重要作用，其发展仍极具潜力。

b. 通信范围大：卫星通信可以覆盖卫星波束范围内的任何地区，不受地形限制，因此非常适合在业务量较低的地区提供大范围覆盖。

c. 通信质量好：由于电磁波主要在大气层以外传播，卫星通信不易受到陆地灾害的影响，保证了通信的稳定性。同时，现代卫星通信技术使用了 KU 波段和高功率卫星，大大提高了抵抗天气和日凌干扰的能力。

d. 使用数据包分发技术来提高传输速度：卫星通信的数据包分发服务能够让内容提供商以高达 3 Mbps 的速度，向任意的远端接收站发送各种类型的文件。这种服务利用卫星信道天然的广播优势，实现多址联接，组网方式灵活，能够以低廉的价格实现大区域内大量数据的传输。

e. 建设速度快、成本低廉：卫星通信系统的建设除了需要建立地面站外，不需要进行地面施工，因此建设和运行维护费用相对较低。随着技术的发展，卫星通信在因特网业务方面得到了迅速发展，成为全球超过 15% 的因特网服务商选择的骨干网。

f. 能提供 IP 视频流多点传送：卫星通信技术已在直播卫星电视市场得到应用，未来还将提供高清晰度电视业务。通过卫星传输互联网电视，用户可以点播视频、定制丰富的电视内容等。此外，企业用户的视频广播和桌面电视会议也将依赖于宽带卫星网络。IP 视频流多点传送是卫星通信技术的一个新应用，它利用卫星广播和覆盖范围广的特点，为众多用户提供视频服务。

g. 高速接入：卫星通信技术提高了互联网接入速度，将用户的上行数据和下行数据分离。上行数据（如对网站的信息请求）可以通过现有的 Modem 和 ISDN 等任何方式传输，而下行数据（如图片、动态图像）则通过宽带卫星转发器直接发送到用户端。用户可以享受高达 400 kbps 的浏览和下载速度，这一速度是标准 ISDN 的 3 倍多，是 28.8k Modem 的 14 倍。它支持标准的 TCP/IP 网络协议、WWW 服务、电子邮件（E-mail）、新闻组（news group）、远程登录（telnet）等。

h. 其他特点：卫星通信技术除了上述特点外，还有许多显著的特点。例如，它可以用低成本提供较宽的带宽，可用频段150～30 GHz。目前已经开始开发O、V波段（40～50 GHz），Ka波段甚至可以支持155 Mb/s的数据业务；可实现同时传播；通信业务多样化、综合化；同一信通可用于不同方向和不同区域；能对终端用户实现地址化管理，从而可以实现即时提供所需信息；具有全球／区域覆盖能力，以适应未来的个人化业务连接需要。

②缺点

a. 信号传输时延大：由于两地球站向电磁波传播距离有72 000 km，信号有延迟，高轨道卫星的双向传输时延达到秒级，用于话音业务时会有非常明显的中断。

b. 受天气影响：10 GHz以上频带受降雨雪的影响，可能导致信号中断。

c. 太阳噪声干扰：在春分和秋分前后数日内，因天线受太阳噪声的干扰过强，每天有几分钟的中断。

d. 控制复杂：因为卫星通信系统中所有链路均是无线链路，而且卫星的位置还可能处于不断变化中，所以控制系统也较为复杂。同步卫星通信在南北极地区为盲区，在高纬度地区通信效果不好。控制方式有星间协商和地面集中控制两种。

e. 保密性差：卫星通信的信号容易被截获和窃听，保密性较差。

（3）STK中的通信术语

① Power（功率）：W（瓦特，基本功率单位）、mW（毫瓦，千分之一瓦特）、dB（分贝）、dBW（瓦分贝，100 W=20 dBW）、dBm（毫瓦分贝，100 W = 50 dBm）。

② Gain（信号增益），例如天线的增益是10，则从天线发出的信号强度是进入天线强度的10倍。

③ EIRP（有效各向同性辐射功率）：它是一种用来比较发射机的性能指数，相当于功率增益的输出倍数。例如，一个功率10瓦特的发射机

天线增益为 10，则 EIRP 值为 100 W。EIRP 常用的单位是瓦分贝。

④ RIP（各向同性辐射功率）：它是 EIRP 减去从发射机到接收机的所有损耗的值。

⑤ Flux Density（流量密度）：它是每单位面积的功率，单位是 dB(W/m²)。

⑥ G/T（接收增益/噪声温度）：用接收增益除以等量的噪声温度可得，是一种通用的比较接收机性能的参数。

⑦ C/No（载波/噪声密度）：它的好处是与带宽独立，用接收的载波功率除以背景噪声功率密度可得。所有的系统都有一些背景噪声，C/No 越大，接收的信号越好。

⑧ 载波/噪声（C/N）：也可缩写为 CNR。与 C/No 相似，但它包含了接收机的带宽。

⑨ 比特能量/噪声（E_b/N_o）：用于数字通信系统，相当于通信系统的信噪比，E_b/N_o 越大，信号越好。

⑩ BER（误码率）：错误码与总码数之比。典型的通信链路误码率需要 10^{-6} 或更高。

⑪ 链路预算（link budget）：给出一条已知链路的所有增益和损耗的详细数据，可输出为电子表格。输出电子表格时不考虑时间或几何变化参数。

⑫ 等值线图（contour plots）：最常用的是 EIRP 图，给用户提供即时的概念显示哪些区域被覆盖，哪些区域没有被覆盖。

9.2.2.2 数据通信网络性能

（1）数据通信系统的功能。

① 传输系统的充分利用。为了有效利用传输设施，通常多个设备共享同一传输系统。通过信道复用技术，可以将传输系统的总传输能力分配给多个用户。同时，为了防止系统因过多的传输服务请求而超载，还需要引入拥塞控制技术。

② 接口。为了进行通信，必须在设备和传输系统之间建立接口，并产生能够在传输系统上传输的信号。信号的格式和强度应适合传输，并

> 天地一体化网络：
> 从概念到应用的全景探索

且能够被接收器转换为数据。

③同步。为了确保通信的准确性，发送器和接收器之间需要建立同步。接收器必须能够判断信号的开始到达时间、结束时间以及每个信号单元的持续时间。

④交换的管理。如果数据的交换是双向的，那么收发双方必须合作，系统需要收集其他信息来实现这一目标。

⑤差错控制。任何通信系统都可能出现差错，如传送的信号在到达终点前失真过度，所以在不允许出现差错的环节中，如在数据处理系统中，就需要有差错检测和纠正机制。为了保证目的站设备不至于超载，还需进行流量控制，以防源站设备将数据发送得过快。

⑥寻址和路由选择。寻址指传输系统必须保证只有目的站系统才能收到数据。路由选择指在多路径网络的传输系统中选择某条特定的路径。

⑦恢复。当信息正在交换时，若因系统某处故障而导致传输中断，则需使用恢复技术，其任务是从中断处开始继续工作，或恢复到数据交换前的状态。

⑧报文的格式化。在数据交换或传输的格式上，收发双方需达成一致的协议（如使用相同的编码格式）。

⑨安全措施。数据通信系统中必须采取若干安全措施，以保证数据准确无误地从发送方传送到接收方。

⑩网络管理。数据通信系统需要各种网络管理功能来设置系统参数、监视系统状态，在发生故障和过载时进行处理。

（2）数据通信系统的性能。

①带宽。带宽有信道带宽和信号带宽之分。一个信道能够传送电磁波的有效频率范围称为该信道的带宽；对信号而言，信号所占据的频率范围就是信号的带宽。

②信号传播速度。信号传播速度指信号在信道上每秒传送的距离。通信信号通常是以电磁波的形式出现，因此信号传播速度一般为常量，

约为 300 000 km/s，略低于光在真空中的速度。

③数据传输速率（比特率）。数据传输速率即信息传输速率，指每秒能传输多少位数据，单位为 bit/s。

④最大传输速率。每个信道传输数据的速率有一个上限，该速率上限称为信道的最大传输速率，即信道容量。

⑤码元传输速率（波特率）。波特率（baud）为单位时间内传输的码元个数。

⑥吞吐量。吞吐量是信道在单位时间内成功传输的信息量，单位一般为 bit/s。

⑦利用率。利用率是吞吐量和最大数据传输速率之比。

⑧延迟。延迟指从发送者发送第一位数据到接收者成功地接收到最后一位数据所经历的时间，可分为传输延迟和传播延迟。

⑨抖动。抖动指延迟的实时变化，与设备处理能力和信道拥挤程度等有关。

⑩差错率。差错率是衡量通信信道可靠性的性能指标，包括比特差错率、码元差错率和分组差错率。比特差错率是二进制比特位在传输过程中被误传的概率。在样本足够多的情况下，错传的位数与传输总位数之比近似地等于比特差错率的理论值。码元差错率对应于波特率，指码元被误传的概率。分组差错率指数据分组被误传的概率。

9.2.1.3 信息传输流程

卫星通信系统是利用通信卫星作为中继站，接收地球上一个地面站发送的无线电信号，然后转发给另一个地面站，实现远距离地域之间的通信的。根据通信卫星与地面站的位置关系，可以分为静止通信卫星（也称为同步通信卫星）和移动通信卫星。该系统主要包括通信卫星、地面站、上行线路和下行线路四个部分。上行线路和下行线路分别指地面站到通信卫星和通信卫星到地面站的无线电传播路径。通信设备的主要部分设置在地面站和通信卫星中。

9.2.2 STK 软件概述

9.2.2.1 STK 软件介绍

卫星仿真工具包（satellite tool kit, STK），由美国 AGI 公司研发。它是航天工业中领先的产品化分析软件。使用 STK 能够方便地分析和处理复杂的陆地、海洋、空中和天空任务，提供易于理解的图表和文本形式的分析结果，帮助决策者选择最佳的方案。该软件覆盖了航天任务周期的各个阶段，包括初始的概念设计、需求分析、工程设计、生产制造、测试验证、发射实施、运行监控以及最终的应用等环节。

9.2.2.2 STK 软件功能

STK 是一种高级商用现货（commercial off-the-shelf, COTS）分析和可视化工具，专为支持航天、防御和情报任务而设计。它提供了一个强大的分析引擎，用于计算数据，并支持多种二维地图显示，能够展示卫星、运载火箭、飞机、地面车辆、目标等对象。此外，STK 还拥有先进的三维可视化模块，为软件本身及其他附加模块提供领先的三维显示环境。STK 的基本模块核心能力包括生成位置和姿态数据、可见性及遥控器覆盖分析。

在分析能力方面，STK 使用户能够快速准确地计算卫星的位置和姿态，评估航天器与太空、陆地、海洋和天空中的目标之间的相互关系，并计算卫星传感器的覆盖区域。它支持多种轨道和弹道计算方法和模型，能够在不同坐标系和系统中分析卫星位置数据。STK 还能进行可见性分析，计算场景中任意类型的车辆、设施、目标和传感器相对于其他对象的访问时间，并可以应用各种几何约束条件来简化可视线的计算。

在传感器分析方面，STK 允许将传感器的视场加入地基和空基对象，以提高可视条件计算的真实度。它还能进行姿态分析，生成标准的姿态剖面并分析姿态运动和对不同参数的影响。

对于结果的可视化，STK 支持在多种二维地图显示中查看所有与时间相关的信息，并能同时显示多种不同类型的地图。此外，STK 提供详尽的数据报告，包括一组标准的包含关键信息的报告和图表，这些报告可以导入当下流行的电子表格工具中。

9.2.2.3 STK 的 GIS 拓展

为拓展 STK 的分析能力，STK 提供了与 ArcGIS 软件间的接口。STK 可以导入 ArcGIS 的 shape 类型文件，同时可以充分利用 ArcGIS 的空间查询功能。STK 还可将自己的地面站、区域及目标对象、传感器、各种轮廓线和等高线以及投影效果，输出为 shape 类型文件，供 ArcGIS 使用。

在实际应用中，STK 的 GIS 拓展主要有以下作用：

（1）帮助 ArcGIS 用户使用 STK 的计算功能。例如：ArcGIS 用户可以利用 STK 来计算飞机或卫星的地面可视区。

（2）帮助 STK 用户使用 ArcGIS 的高级分析功能，包括 ArcSDE 和 ArcIMS 等。例如，STK 用户可以利用 ArcGIS 来分析卫星覆盖区域包含哪些城市。

（3）帮助用户将 STK 的一些目标对象转换成 GIS 数据，供其他应用程序使用。

（4）帮助用户建立构架于 STK 与 ArcGIS 平台之上的应用程序，使用户可以充分利用两个平台的优势。

STK 的 GIS 拓展功能最主要的作用是为 STK 提供服务，其中最常用的就是利用它直接向 STK 场景添加数据，这样可以极大地简化场景建立工作。

9.2.2.4 STK 仿真分析

（1）STK 的航天应用及场景设计。STK 是航天工业领域中非常领先的卫星系统分析软件。对于航天分析人员来说，STK 为他们提供了非常便利的分析工具。利用 STK，航天分析人员可以完成航天器的轨道分析或姿态分析等多项分析研究工作。太空操作涉及航天器的整个生命周期，从卫星任务前设计到发射、轨道插入、轨道确定、在轨任务规划、变轨、脱轨等。通过将各种不同的模块集成，STK给用户提供了完整的航天器飞行仿真的手段。

用户可以利用STK做详细的任务前预演，使飞行员增强对关键任务时间和任务序列以及地面态势的理解；可以将飞机的实时位置数据传递给STK，使指挥中心获得飞行编队的逼真的三维场景，便于协调指挥。

（2）STK在通信领域的应用。STK/Comm是一个与STK配合使用的模块，它提供了定义和分析通信系统的能力。它能够对飞行器与地面站之间、飞行器与飞行器之间的通信链路品质进行详细分析，并将分析结果在二维地图上显示，或者利用STK/VO展示三维图像。STK/Comm在通信链路分析中还模拟了通信干扰及环境因素对通信质量的影响。

STK/Comm模块能够精确地对各种类型的接收机和发射机进行建模，并将它们附加到多种STK对象上，例如卫星、地面站、遥感器等。它支持对普通的天线类型（如抛物面、螺旋、ITU、多波束天线）进行建模，还可以输入SATSOFT（原名CPLAN）或ITU GIMROC天线方向图。通过将STK的卫星轨道几何信息与定义的接收机和发射机属性结合，STK/Comm提供了完整的链路分析功能。

（3）STK的仿真分析。随着信息时代的到来，仿真技术日新月异，仿真技术的应用在深度、广度以及集成化方面迅猛发展。

STK软件为雷达系统提供了强大的分析能力和图形显示能力。雷达可以附属于任何一个STK的运动对象以及地面站、区域目标和遥感器上。用户可以模拟雷达目标的雷达散射截面积（radar cross section, RCS），计算和显示访问情况，生成有关雷达系统性能的报告或图表。STK雷达系统可以对各种雷达系统进行建模，应用完美的天线传播和无线电频率环境模型，给任务元素分配单独的RCS文件，使用计算后的信噪比和探测可能性来分析探测性能。

STK为空间任务的规划、分析和设计提供了一个全面的解决方案。

它通过提供一系列工具来创建交互式场景，无论是在设计地面车辆的行进路线时，还是在观察通信卫星的姿态时，用户都可以详细观察任务的每一个方面，并作出修改。当结合气象和情报信息时，任务分析人员可以利用STK来制订可视化单元交互和不同的任务参数，使用多个分析模块进行地面应用分析，并创建报告和图表。

STK还适用于实时三维可视化仿真分析。通过STK/Connect模块，可以实现实时更新，支持的数据包括经TADIL处理器处理的航空任务命令和近实时空中任务数据、NIMA地理空间数据、实时消息数据等。

9.2.3 数据通信可视化的设计与实现

数据通信可视化的设计总体模块如图9-23所示。

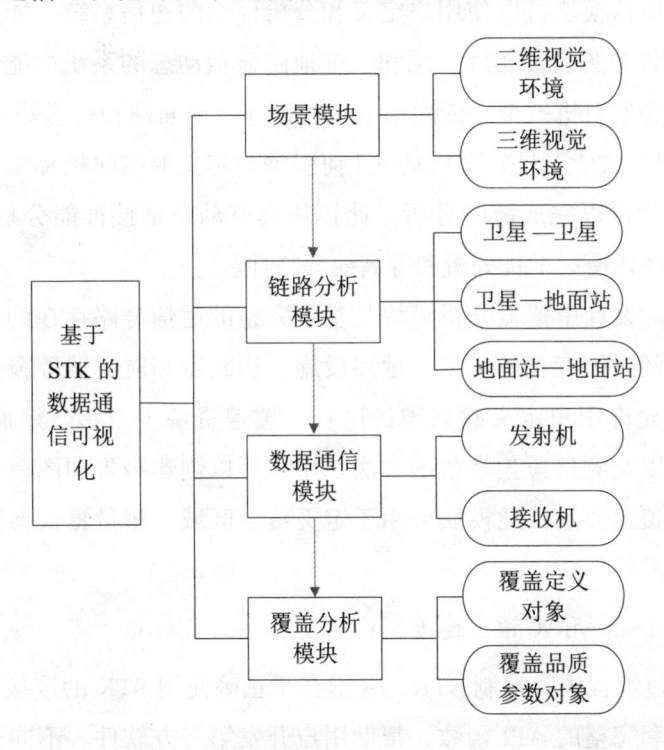

图9-23 总体模块

从图 9-23 可以看出，本设计主模块由场景模块、链路分析模块、数据通信模块和覆盖分析模块组成。

场景模块包括动态的二维视觉环境窗口和三维视觉环境窗口，它可以显示来自 STK 的所有场景信息。该模块通过显示逼真的航天、航空、陆地景象，提供复杂空间任务的模拟视图，应用于所有的航天分析和视觉任务中。此模块具有姿态可视化、轨道可视化、动态数据显示等特性。

链路分析模块基于场景模块，允许用户开发目标网络用于视觉相关分析。此链路指 STK 对象（如卫星、设施、地面站等）按照一定的次序建立通信或者数据传输路径，使用户可以以可视化形式展示空间中众多对象的复杂关系。此模块具有多级分析、复杂关系可视化和数据报告全面等特性。

数据通信模块可以使用户定义和分析详细的通信系统，能产生详细的链路报告和图表，使用二维和三维地图显示动态的系统性能。模块中的接收机和发射机模型需依附在卫星、设施、地面站和行星等 STK 对象中，而使用 STK 卫星轨道机动／几何引擎与定义的接收机和发射机属性相结合，就可以完成链路分析。此模块具有动态链接性能分析和建模、多波束天线建模、干扰分析和等高线等特性。

在本次设计中覆盖分析模块是基于完整的通信链路存在的。它能提供完整的随时间变化的卫星、地面设施、运载器和航空器等覆盖分析的能力。它允许用户定义感兴趣的区域、覆盖资源（卫星、地面站等）、时间段，以及测量覆盖参数的方法。用户可以创建报告和图表，用于反映动态的覆盖质量。此模块可用于定义覆盖区域、测量覆盖参数和计算满意度等。

9.2.3.1 使用 VC 语言连接 STK

要通过编程语言控制 STK，关键在于正确使用 STK 的连接库。STK 提供了一套完整的 API 函数，帮助用户开发第三方软件。不同开发环境下，API 函数的使用方法有所不同。以 C 语言为例，需要通过配置头文件和库文件，调用 STK 的连接 API 函数。

（1）初始环境配置。本设计以 VC6.0 为开发环境，开发 STK 连接应用程序，需要对 STK 连接支持的头文件和库文件进行配置。头文件共有 3 个，均位于"STK 安装目录\Connect\Includes"文件夹中，文件名分别为 AgConnect.h、AgConSendData.h 和 AgUtMsgCommon.h；库文件则分为调试库文件和运行库文件，分别位于"STK 安装目录\Connect\lib\Debug"和"STK 安装目录\Connect\lib\Release"文件夹中，文件名均为"AgConnect.lib"。正确配置这些头文件和库文件是关键。

（2）STK 控制程序流程图。流程图如图 9-24 所示。

具体流程如下：

① 利用 VC 语言启动 STK 软件。

② 利用 VC 进行初始化连接。

③ 点击"新建场景"，输入场景名称，创建场景，设置场景开始、结束时间。

④ 点击"新建卫星"，输入卫星名称，创建卫星，然后创建其对应子对象，并设置相应的属性信息。

⑤ 点击"新建地面站"，输入地面站名称和相应的经纬度，创建地面站，创建其子对象，并设置相应的属性信息。

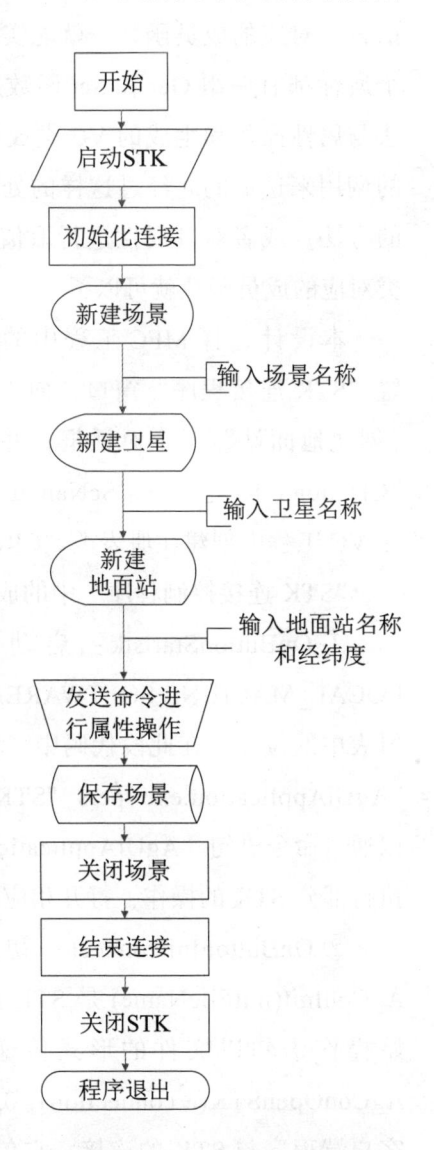

图 9-24　STK 控制程序流程图

311

⑥对 STK 软件发送相应命令，以实现链路传输。

⑦保存场景，关闭场景，结束连接，关闭 STK 软件，退出程序。

（3）STK 控制程序所涉及的类及相关函数。

通常情况下，这里的函数都会调用 API 函数，通过调用生成的 VC 语言类对应的成员函数，就能实现 STK 中的命令。ActiveX 控件的每一个属性都有一组 Get 和 Set 函数来对其进行操作，而 ActiveX 控件的方法与属性操作和生成的 VC 类成员函数之间的关联，都是借助 API 函数的调用来达成的。经过这样的处理之后，当人们需要调用 ActiveX 控件的方法，或者对其属性进行取值和设置操作时，只需要调用生成的 VC 类对应的成员函数就可以了。

本设计选择 MFC 工程中的"Dialog based"应用程序类型，并配置"STK 连接程序"窗口，向工程中添加"创建场景""创建卫星"和"创建地面站"三个对话框，并为这三个对话框依次创建基于公共类"CDialog"的类对象"ScNameDia""SatNameDia""FacNameDia"，并在 VC 工程中创建注册表类"CRegistry"，以方便对 STK 功能的控制。

"STK 连接控制程序"中的成员函数和具体代码功能：

① OnButtonStartstk：启动 STK。此函数 Registry.Open（HKEY_LOCAL_MACHINE,SOFTWARE\\AGI\\STK\\8.0）代码说明了 STK 在注册表中的位置。在此段代码中，使用的是命令运行方式，通过程序中的"AgUiApplication.exe /pers \"STK\""命令语句，启动 STK 环境。也可以通过命令语句"AgUiApplication.exe /pers STK/open "D:\\Scenario.sc""执行部分 STK 的操作，打开相应的场景。

② OnButtonInitconnect：初始化连接。在这个函数的代码中，AgConInit(initFileName) 是 STK 的初始化设定语句，允许将一些初始操作语句以文件的形式传递给 STK，文件名为 initFileName。而 AgConOpenSTK(&connection1, 0, connectName) 这条语句则实际完成了客户端程序与 STK 的连接。它包含三个参数，"connection1"代表初始

化变量，必须设定为"NULL"，一旦客户端程序与 STK 之间建立了连接关系，这种连接关系就会被记录在参数"connection1"中；"0"代表连接类型参数，其中 0 代表利用 TCP/IP 形式进行连接；"connectName"代表连接对象的名称，这里是通过本地计算机的 5001 端口与 STK 进行连接。

③ OnButtonNewsc：新建场景。STK 在建立场景时并不知道待建场景的名称，这里是通过类 CScNameDia 来实现获取名称的工作的。在此段函数代码中，通过创建"CString"类变量 mainName 来实现对场景名称的记录。tmpStr.Format() 表示的是格式化命令语句，是程序控制 STK 的关键。格式化完成后，调用语句 SendSTKCmd(tmpStr) 向 STK 发送命令。

④ OnButtonNewsat：新建卫星。本设计中获取卫星名称的工作是通过类 CSatNameDia 来实现的。

⑤ OnButtonNewfac：新建地面站。在此段函数中设置地面站名称和地面站经纬度都是通过类 CFacNameDia 来实现的。在此段函数代码中，STK 中地面站的建立应该分为两步，第一步是创建默认地面站，第二步是重新设置地面站的位置，语法与新建场景的语法基本相同。

⑥ OnButtonCommand：发送命令。"发送命令"主要负责客户端程序向 STK 发送控制命令，为了使客户端更高效地向 STK 发送控制命令，本设计向对话框添加一个专门负责向 STK 发送命令的函数 void CStkVCDlg::SendSTKcmd(CString sendStr)，并将返回值存储在 returnInfo 中。然后，编写 OnButtonCommand 函数代码，通过发送命令来驱动 STK 运行。

⑦ OnButtonSaveas：保存场景。在此段函数代码中，先通过 tmpStr.Format() 和 tmpStr.Replace() 进行格式化后，再正确地使用保存场景语句。

⑧ OnButtonClosesc：关闭场景。

⑨ OnButtonClosestk：结束连接。在此段函数代码中，AgCon

CloseSTK(&connection1) 这条语句代表将中止向 STK 传送命令，同时关闭通过 AgConOpenSTK 语句打开的 STK 连接。而代码中 AgCon ShutdownConnect() 语句将彻底清除由 STK 连接库建立的内存缓冲区。

⑩ OnButtonClosestk：关闭 STK。这段函数中的代码其实相当于一个 Windows 的系统进程检测程序，它负责发现 STK 的运行实例，然后将其关闭。

⑪ OnOK：程序退出。

9.2.3.2 可视化显示设计

（1）STK/Comm 通信及发射接收。STK/Comm 模块使用户能够定义和分析通信系统，并生成详细的报告和图表，通过二维和三维地图显示动态的系统性能。用户可以利用 STK 内建的组件快速建立高真实度的系统模型。接收机和发射机模型可以附加在其他 STK 对象上，如卫星、飞机、船只、设施和行星等。STK/Comm 支持多种天线类型，包括抛物线型、ITU 和多波束等。通过将 STK 的卫星轨道机动几何引擎与定义的接收机和发射机属性结合，用户可以完成链路分析。

在 STK 中增加了新的对象类，即接收机和发射机，其可附属于任何现有的交通工具、地面站、点目标、飞行器或传感器上，并定义其特征。接收机和发射机有三种不同级别的建模方式：Simple、Medium、Complex。

①源发射机定义：源发射机参数分为 Frequency（传输频率）、EIRP（有效等方性辐射功率）、Gain、Power（发射机射频输出功率作为标准天线输入）、Data Rate（发射机数据速率）。源发射机的 Modulation（调制类型）分为 BPSK、QPSK、MSK、FSK、DPSK、NFSK、External，E_b/N_o 为比特能量与噪声功率谱密度之比，BER 为误码率，每种类型的带宽效能，常用于支持接收机带宽的自动定标，使用理论误码率曲线。如使用外部调制类型可模拟其他的调制类型，外部文件可提供 E_s/N_o 对符号错误比、每符号误码数、带宽效能。Contours 为等值线，用来定义

显示的数值级别和数量，并且每个等值线数值都可修改图形属性。原理图如图 9-25 所示。

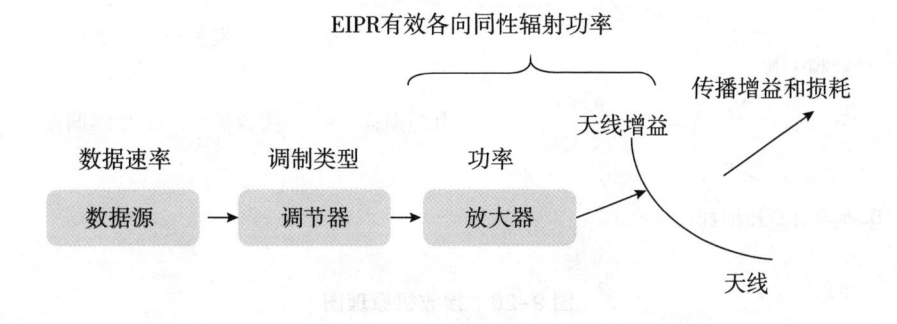

图 9-25　源发射机原理图

②接收机定义：接收机的参数分为 G/T（接收机增益 / 系统噪声温度）、Gain（接收机天线增益，单位为分贝）、Noise Figure（噪声系数，根据接收天线输出测算）、Bandwidth（带宽）、Polarization（极化方式，通过两种因素来减少背景噪声）。任何物体温度高于 0 K 时都会因为热而产生噪声，即噪声源可由与之相等的噪声温度（noise temp）来表示，即物体有多热就会产生相同数量的噪声。external sources 即为外部噪声源，它主要是来自于太阳和地球的射频干扰。太阳射频干扰是结合天线类型确定总的噪声温度；地基接收机的天线噪声温度（antenna noise temperature）主要是基于大气噪声模型和地球射频干扰，其插值（external）基于噪声温度对应的仰角数据；而天基接收机则主要是基于地球射频干扰，通过结合天线类型来确定总的噪声温度。原理图如图 9-26 所示。

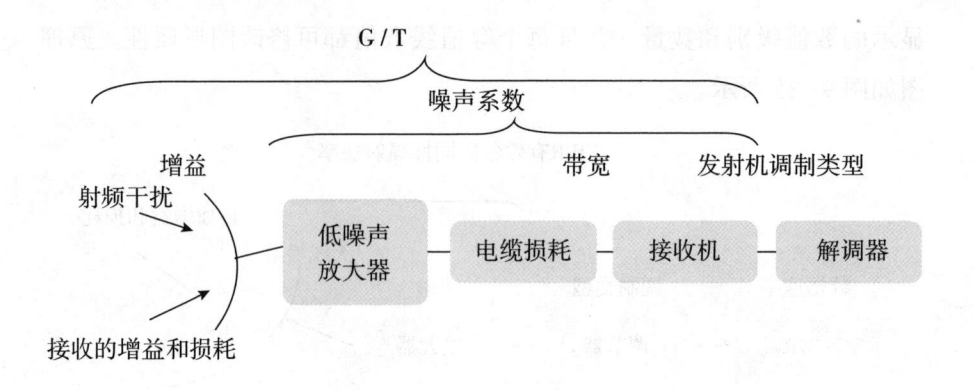

图 9-26 接收机原理图

③ STK 通信的约束：发射机取决于 Basic、Sun 和 Temporal；接收机则取决于 Comm、Basic、Sun 和 Temporal。传播影响来自自由空间的损耗和大气的吸收，距离越远，信号的衰减越大。大气中的分子和微粒具有固有的震动方式，会吸收信号，包括影响某些频率的信号，造成传播损耗，而损耗程度取决于水蒸气的浓度和温度，所以通常用低仰角的天线（会穿过更多的大气）。通信链路如图 9-27 所示。

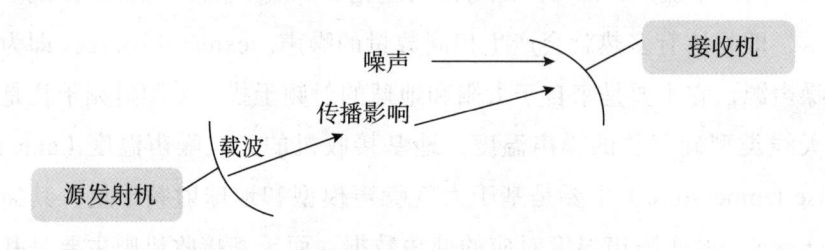

图 9-27 通信链路

④ 转发器：用于对多级传递通信链路进行建模，通常应用于通信链路，需要链路模块。它的基本性能有指定放大器输出饱和状态时的输入功率，传递函数 – 为 n 次多项式，频率为 AFSCN，SGLS 上下行频率转发比为 256/205，功率通常为非线性（non-linear）。通信链路的分析为计算发射机与接收机的可见性，按照想要的链路性能来定义接收机和

发射机链路性能约束条件（如 BER 误码率、C/N 等），并生成链路预算报告 / 图表，获得时间曲线。链路的性能参数有 Flux Density（流量密度，接收机单位面积内接收的功率）、C/N_0（载波与噪声密度比、与带宽无关）、E_b/N_0（信噪比）、BER（误码率，典型值为 10^{-9} 到 10^{-6}）、IBO（输入补偿，放大器工作功率与饱和输入功率的差距）、OBO（输出补偿，放大器工作功率与饱和输入功率的差距）。原理图如图 9-28 所示。

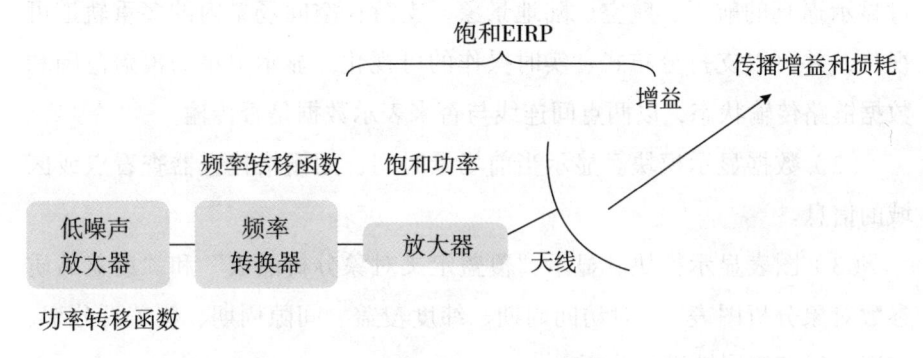

图 9-28 转发器原理图

（2）STK/Coverage 覆盖分析。STK/Coverage 提供完整的随时间变化的卫星、地面设施、运载器、航空器和船只的覆盖分析的功能。这个灵活的工具允许用户定义感兴趣的区域、覆盖资源（卫星、地面站等）、时间段以及测量覆盖质量的方法。STK/Coverage 可以分析单个或星座对象的全局和区域覆盖问题，诸如分析星座中一个卫星失效将如何影响整体覆盖情况，哪些区域由于当地地形阻隔了卫星通信，覆盖缺口在哪里、在何时出现，以及确定多个卫星同时进行数据采集的时机。用户还能够创建详尽分析报告和图表，对覆盖情况的变化进行同步仿真，用于反映动态或静态的覆盖质量。同时，STK 会充分考虑所有对象的访问约束，避免出现计算误差。

为了实现上述覆盖分析功能，ATK 提供有 2 个专门对象：覆盖定义、覆盖品质参数。覆盖定义对象允许定义或设置覆盖区域、可进行覆盖计算的对象以及时间周期。同时，覆盖定义对象可以直接进行区域访问计算。在STK进行覆盖分析时，覆盖品质参数对象通常作为覆盖定义的子对象存在，其能提供更多的分析计算功能，同时能更加形象地展示覆盖活动。

9.2.3.3 模块的选择

（1）场景显示模块。场景显示模块有一个动态的三维视觉环境，通过显示逼真的航天、航空、陆地景象，支持在空间场景内的多重轨道可视化，并可以支持分布式、实时操作的可视化。显示卫星的覆盖范围和数据链路传输状态，以两点间连线与否来表示数据是否传输。

（2）数据显示模块。显示当前场景时间，用栅格检查器查看点或区域的信息。

（3）图表显示模块。显示"覆盖定义对象分析图表"和"覆盖品质参数对象分析图表"，对访问周期、纬度覆盖、间隙周期、覆盖百分率、纬度、经度等属性进行分析。

9.2.3.4 具体实现方法

（1）建立模型。要建立一个基本的分析场景，可以按照以下步骤进行：

①创建一个空白的场景对象"Scenario"，并将其重命名为"YH13"，然后在场景的Basic类中设置Time Period属性页的参数。

②向场景中添加两个对地静止轨道卫星对象GEO和GEO1。在对象的Basic类Orbit属性页中设置参数。

③向每个卫星对象添加一个发射机对象Transmitter1和Transmitter2。在对象的Basic类Definition属性中选择"复杂源发射机模型"，并设置频率、功率和调制方式等参数。天线模型选择"单波束天线"，并设置相关参数。向每个卫星对象添加一个接收机对象"WReceiver"和"Receiver"，选择"媒体接收机模型"，并设置系统温度、噪声等参数。

④向每个地面站对象添加一个接收机对象"Receiver1"和"Receiver2"，

设置对象的 Basic 类 Definition 属性,选择"媒体接收机模型",并设置系统温度、噪声等参数。同时,向地面站对象"Washington"添加一个发射机对象"GEOTrans",并设置对象的 Basic 类 Definition 属性。这样,一个完整的通信卫星链路模型就建立起来了。STK/Comm 模块中还提供了许多诸如大气损耗、传播效应和噪声影响等影响通信链路性能的参数设计。

(2)初期分析。当基本场景建立完成后,右击"发射机对象",在弹出菜单中选择"Transmitter Tools"中的"Access"命令,打开"对象访问设置"对话框,用"Computer"命令分别建立各自发射机和接受机之间的访问联系,所建立的链路关系用三维图形显示。随后利用报告或图表产生工具,进行初期的分析。采用图表分析工具,分析结果。

(3)覆盖分析。覆盖分析是通信应用中十分常见的工作,通过进行覆盖分析,可以更好地了解通信卫星的性能,同时分析结果可为链路的进一步修正提供参考。其具体步骤如下:

首先,向场景中添加覆盖对象"USCov",设置其 Basic 类的 Grid 属性,选择区域和点定义属性,并与发射机对象"Transmitter1"关联起来。

其次,向覆盖对象里添加覆盖品质参数对象"USFOM",先设置其 Basic 类 Definition 属性,再设置其 2D Graphics 类的 Attributes 属性和 Contours 属性。

最后,在浏览器中右击覆盖定义对象 USCov,在弹出菜单中选择"CoverageDefinition"中的"Computer Access"命令,进行覆盖分析计算。

9.2.4 系统性能测试

9.2.4.1 VC 实现控制程序界面

VC 实现 STK 连接控制程序，配置后窗口如图 9-29 所示。

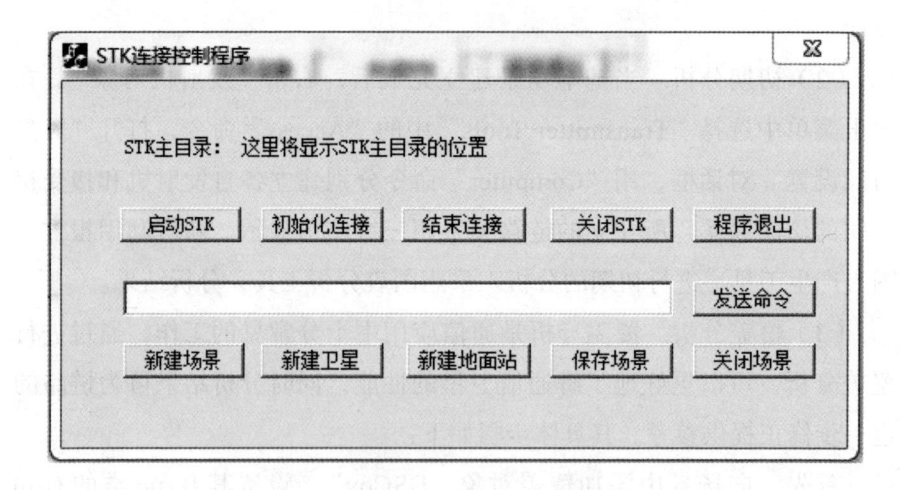

图 9-29 配置后的 STK 连接控制程序界面

配置后的输入场景名称对话框窗口如图 9-30 所示。

图 9-30 输入场景名称对话框

配置后的输入卫星名称对话框窗口如图 9-31 所示。

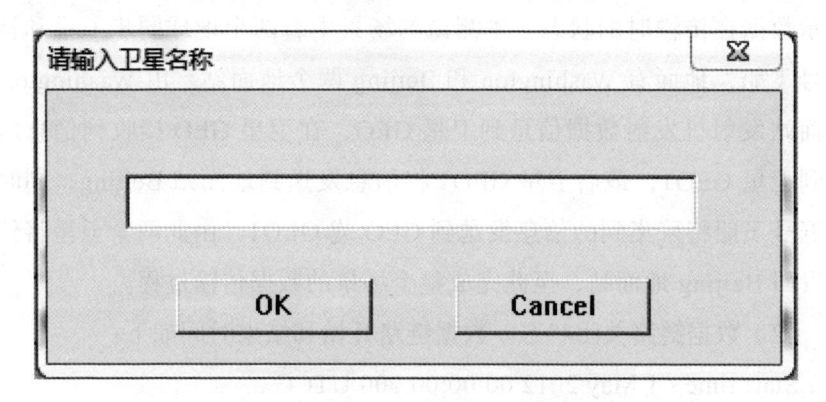

图 9-31 输入卫星名称对话框

配置后的输入地面站名称和经纬度对话框窗口如图 9-32 所示。

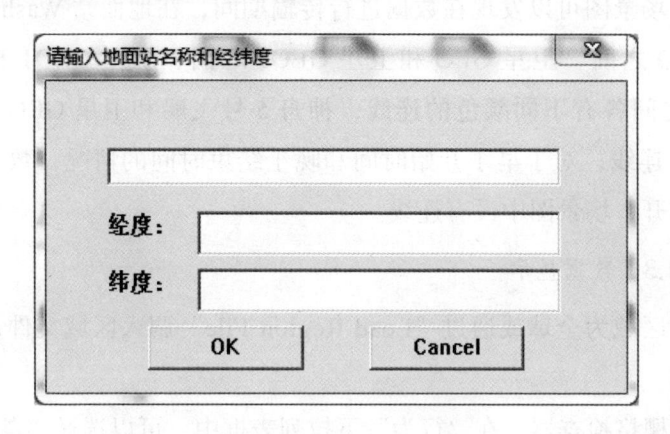

图 9-32 输入地面站名称和经纬度对话框

9.2.4.2 场景模块显示

（1）数据链路传输状态。数据链路开始和结束时间如下：

Start time：1 May 2012 00:00:00.000 UTCG。

Stop time：2 May 2012 23:00:00.000 UTCG。

数据传输状态图包含二维图、三维图。将某一时刻数据传输状态的二维图像与同一时刻数据传输状态的三维图像相结合，可以更加直观地显示数据在传输时的状态。本测试的场景中有两个地球同步卫星和神舟五号飞船，地面有 Washington 和 Beijing 两个地面站。由 Washington 的地面站发射机发射数据信息到卫星 GEO，在卫星 GEO 接收到信息后转发到卫星 GEO1，最后卫星 GEO1 将信息发送到地面站 Beiijng，同时神舟五号飞船将采集到的信息发送到 GEO 或 GEO1，由此两个卫星将信息转发回 Beijing 地面站，至此完成整个场景的数据传输过程。

（2）数据链路关闭状态。数据链路开始和结束时间如下：

Start time：1 May 2012 00:00:00.000 UTCG。

Stop time：2 May 2012 23:00:00.000 UTCG。

数据链路未传输状态图包含二维图、三维图。

分析场景图可以发现在数据进行传输期间，在地面站 Washington 和卫星 GEO 之间、卫星 GEO 和卫星 GEO1 之间、卫星 GEO1 和地面站 Beijing 之间各有不同颜色的连线，神舟 5 号飞船和卫星 GEO 与 GEO1 之间也有连线；对于早于开始时间和晚于结束时间的情况，数据链路传输状态断开，场景图中没有连线。

9.2.4.3 数据显示

分析区域为全球或通过"Load Region File"调入区域文件，本书以全球为例。

打开栅格检查器，在"行为"下拉列表框中，可以选择"点"或"区域"，结果分别如图 9-33 和图 9-34 所示。

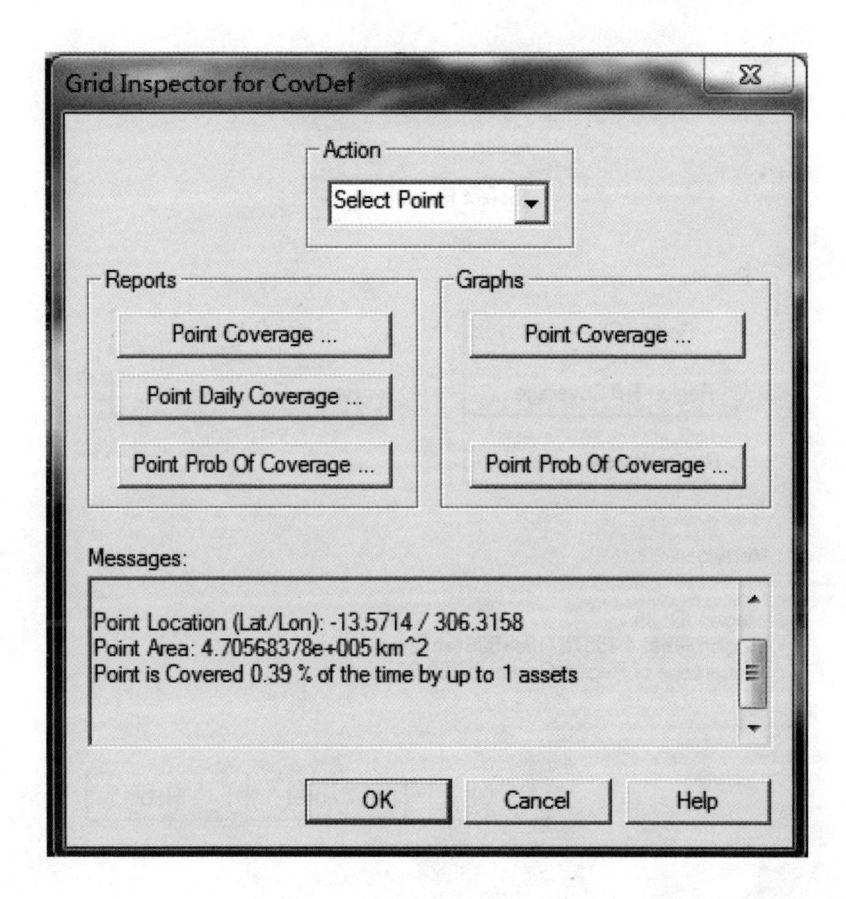

图 9-33 对点进行分析

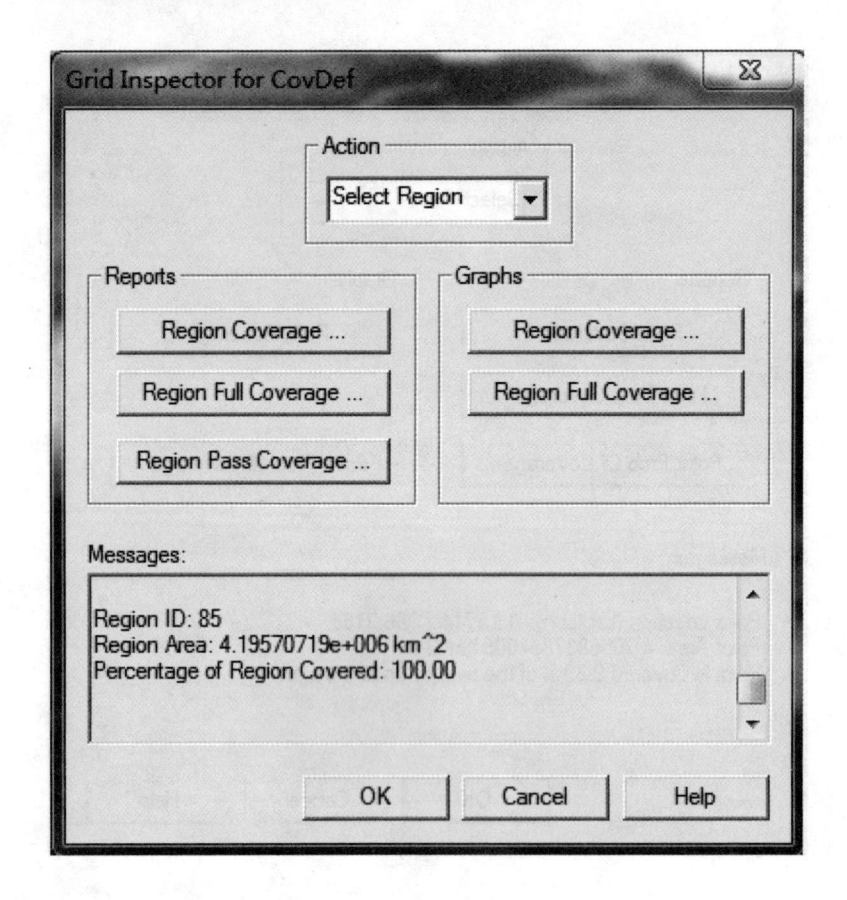

图 9-34 对区域进行分析

在打开栅格检查器的情况下，单击选择 STK 二维窗口中的"区域"，并将鼠标在此区域悬停一会儿。这时，STK 二维窗口中将会自动显示含有 Region ID（区域标识号）、Region Area（区域面积）和 Percentage of Region Covered（区域覆盖率）的提示信息。

9.2.4.4 图表显示

（1）覆盖定义对象分析。访问周期表（access duration）：以图表的形式展示单个访问周期中对于整体覆盖区域中各点的访问时间，以及各访问周期与平均访问时间，如图 9-35 所示。

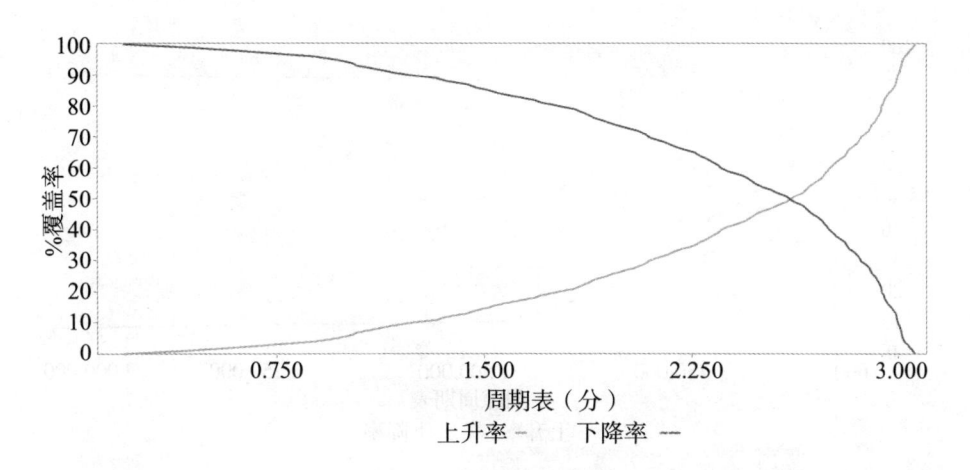

图 9-35 访问周期表

纬度覆盖图表（coverage by Latitude）：以图表的形式展示覆盖定义对象对指定纬度的覆盖时间比例，如图 9-36 所示。

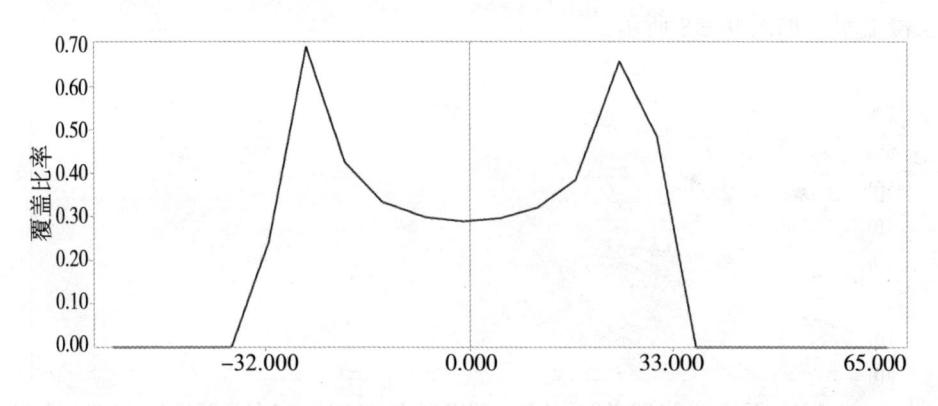

图 9-36 纬度覆盖图表

间隙周期表（gap duration）：能够以图表的形式展示整体覆盖区域中各点的覆盖间隙周期，以及各间隙周期与平均间隙周期的比率，如图 9-37 所示。

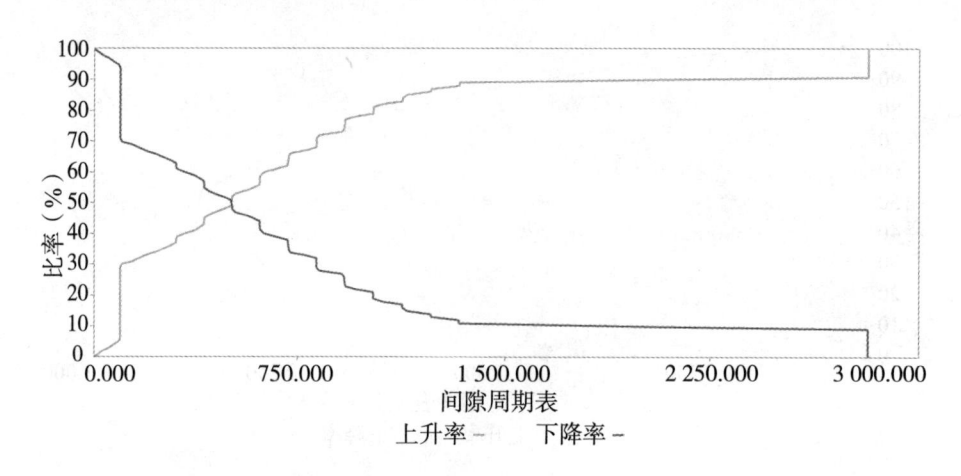

[图表：间隙周期表，横轴 0.000 至 3 000.000，纵轴比率（%）0–100，图例：上升率 — 下降率 —]

图 9-37 间隙周期表

覆盖百分率图表（Percent Coverage）：能够以动态图表的形式，展示覆盖定义对象在场景时间内每一时刻对整体覆盖区域的覆盖率和累计覆盖率，如图 9-38 所示。

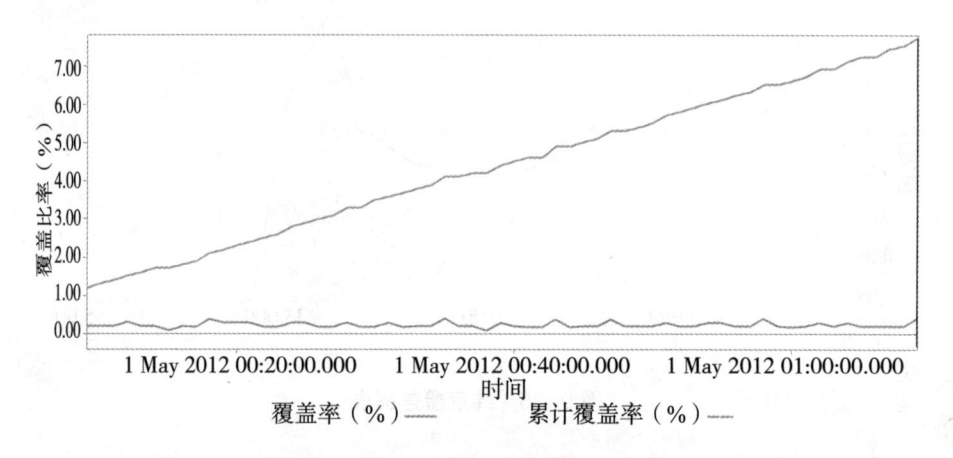

[图表：覆盖百分率动态图，横轴时间 1 May 2012 00:20:00.000 至 01:00:00.000，纵轴覆盖比率（%）0.00–7.00，图例：覆盖率（%）— 累计覆盖率（%）—]

图 9-38 覆盖百分率动态图表

（2）覆盖品质参数对象分析图表。纬度图表（value by latitude）：能够以图表的形式，展示当各条纬度线被覆盖时，对它进行覆盖的对象个数的最小值、最大值、平均值。

经度图表（value by longitude）：能够以图表的形式，展示当各条经度线被覆盖时，对它进行覆盖的对象个数的最小值和平均值，如图 9-39 所示。

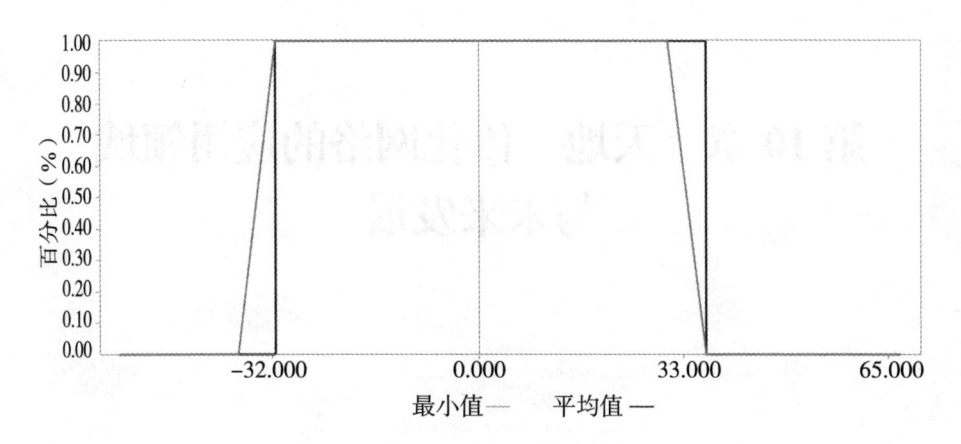

图 9-39 经度图表

时间满足图表（satisfied by time）：能够以动态图表的形式展示在当前场景时刻，实际满足覆盖品质参数对象限制并被覆盖的栅格面积，以及相对于整个覆盖区的百分率，如图 9-40 所示。

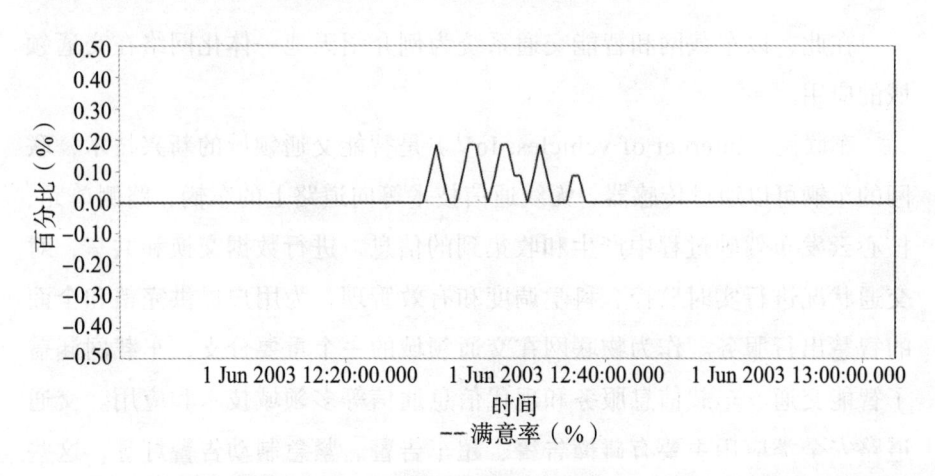

图 9-40 时间满足图表

第 10 章　天地一体化网络的应用领域与未来发展

10.1　天地一体化网络的应用

10.1.1　交通领域

在此，以车载网和智能交通系统为例介绍天地一体化网络在交通领域的应用。

车联网（internet of vehicles, IoV）是智能交通领域的新兴技术，联网的车辆可以通过传感器、无线通信技术等向道路上的车辆、路侧单元、核心云发布驾驶过程中产生和收集到的信息，进行数据交换和共享，对交通状况进行实时监控、科学调度和有效管理，为用户提供完整和全面的智慧出行服务。作为物联网在交通领域的一个重要分支，车载网涵盖了智能交通、车载信息服务和现代信息通信等多领域技术和应用。交通道路安全类应用主要有碰撞告警、超车告警、紧急制动告警灯等，这些应用对延时和可靠性有较高要求。交通管理和效率类应用主要有：路况信息、行驶速度、车流密度,这些应用对时延要求较低,对数据收集和分发方法要求较高。信息服务类应用主要有互联网接入和多媒体内容共享等,这些应用对时延要求低,对带宽要求较高。随着道路上车辆数量的日益增多,车辆用户对于各种服务的需求越来越高,并且数据传输的实时性以及信息共享等都给车载网带来了巨大的挑战。此时随着 5G 的发展,边缘计算和计算卸载的发展,为车载云环境中的高负载和高时延问题的解决提供了方案。2015 年,ETSI MEC ISG 在 MEC 移动边缘运算(mobile edge computing, MEC)技术的白皮书中定义了移动边缘计算应用平台的一个参考架构,即其由基础设施和应用平台组成。托管基础设施包括 MEC 硬件组件(如计算、内存和网络资源)和 MEC 虚拟化层(将详细的硬件实现细节抽象到 MEC 应用平台)。MEC 应用平台包括虚拟化管理器和基础设施即服务(infrastructure as a service, IaaS)控制器,并提供多种 MEC 应用平台服务。MEC 虚拟化管理器通过提供 IaaS 设备支持托管环境,而 IaaS 控制器为应用程序和 MEC 平台提供安全和资源沙箱(虚拟环境)。MEC 应用平台主要提供四种服务,即流量卸载功能、无线网信息服务、通信服务和服务注册。运营商通过 MEC 应用平台管理界面、配置 MEC 应用并控制其生命周期。

10.1.1.1 车载网

在国外的科技发展进程中,也存在利用近地轨道卫星来打造车联网的实例。随着现代科技的不断进步,各个国家都在积极探索新型的通信技术在不同领域的应用,车联网就是其中一个备受关注的领域。近地轨道卫星凭借其独特的优势,例如相对较低的轨道高度使得信号传输延迟较低、覆盖范围广等特点,吸引了国外一些科研机构或者企业的目光。这些机构或企业投入大量的资源进行研发和试验,试图构建一个以近地轨道卫星为重要组成部分的车联网系统。这样的车联网系统一旦建成,有望为车辆之间以及车辆与外界的信息交互提供更加稳定、高效、全面的保障,无论是在提升道路交通安全、优化交通流量管理方面,还是在提供更多智能交通服务等方面,都可能产生深远的变革性影响。

（1）天基平台。特斯拉公司提出了通过利用近地轨道卫星来提供面向车载用户的移动互联网接入与动态组网。目前,面向车联网应用的天基平台主要提供位置、导航信息,高精度时钟等单向管控服务,被广泛用在车联网相关技术中。天基平台能为车联网应用提供一个宏观、全局的信息网,但是由于造价、网络稳定性等,基于双向网络的交互应用还没有在车联网中出现,未能真正与地面网络协同起来。

（2）高空平流层平台。平流层通信平台具有覆盖面积广、驻留时间长的特点,比卫星通信平台机动性好、通信响应时间短、成本低廉等。在实践方面,谷歌公司从 2013 年开始建设 Loon 项目,使用平流层气球飞行器,为缺乏网络覆盖的区域提供互联网接入,致力于推动 HAPS 领域的研究和发展,进一步扩大互联网在全球的覆盖范围。

（3）低空无人机平台。随着四轴飞行器等低空无人机成本的降低和流行,低空无人机通信作为地面车联网的重要补充部分,近年来成为研究的热点。低空无人机通信平台因距离地面较近,具有高响应速度、高带宽、高可靠视距（line-of-sight）传输以及灵活机动等特点。相对于天基平台和高空平流层平台,无人机平台和车联网相关研究成为热点。无人机平台和车联网通信存在以下挑战:首先,高度变化的网络拓扑和链路信道需要设计有效的协同机制,保障网络服务的持续性和稳定性;其次,无人机受机体大小、载荷限制,其单次飞行时间以及通信、计算能力都有限,需要智能的部署和运营机制来提高可靠性;最后,无人机之间的相互通信干扰也是值得研究的一个问题。

（4）地面通信平台。地面通信平台是当前车联网研究的主要对象。车联网的现有技术如下:①基于车联网标准协议 IEEE 802.11p 的专用短程通信技术（dedicated short range communication, DSRC）,主要用于道路信息共享、安全警戒等车与车通信以及车与路边单元通信;②移动通信网络技术,主要用于车辆远程监控、情景信息的实时交互等,但是通信成本高；③基于无线局域网的 Drive-thru Internet 技术，主要为路过车辆提供短暂的互联网接入和实时性要求不高的车载内容分发服务；④利用空闲数字电视广播频段的 White-Fi 技术，主要为人烟稀少区域提供广域高质的车载接入应用。整合当前地面多种无线接入技术，实现跨平台的车载互联是目前地面车载互联网络的发展趋势和研究热点。软件定义网络（software defined network, SDN）作为一种新型网络架构，相比于传统网络，可以实现设备控制面和数据面分离，可以更灵活高效地实现网络资源的动态管理与适配，已经开始在车载网中应用。此外，融合空天地网络平台的优势并协作互补，能提供一个立体的、全面的高效互联网络方案，使支持沉浸式体验的各种车载应用变成现实。

10.1.1.2 智能交通系统

近 10 年来的实践证明，智能交通系统是解决目前经济发展所带来的交通问题的理想方案。它利用高科技使传统的交通模式变得更加智能、安全、节能和高效。迄今为止，在美国、欧洲、亚洲都已有成功应用的范例，并且成立了车辆间通信联盟（car 2 car communication consortium, C2C-CC）等。美国交通部在《智能交通系统战略研究计划：2010—2014》中首次提出了"车联网"构想，最大程度地保障交通运输的安全性、灵活性和对环境的友好性。我国在"十二五"和"十三五"规划中出台了一系列政策，促进智能交通系统成为交通现代化建设的重要内容，并将"综合运输与智能交通"列为交通科技领域"十三五"规划布局的重点专项之一，以加强交通科技领域的技术储备和研究，更多的工作需要和城市与交通规划相结合，形成一个高效统一的管理平台，完善技术体系和标准化体系。

10.1.2 应急救援领域

我国是一个自然灾害发生比较频繁的国家，各种自然灾害经常给国民经济和人民生活带来恶劣的影响，同时随着我国经济的持续高速发展和工业化、城市化进程的不断推进，生产事故、大型交通事故等逐渐增多，救灾工作意义重大。基于现有的通信技术装备，充分发挥无线通信技术手段的优势，研究满足突发紧急状态下使用需求的应急无线通信体系架构，是提高应急通信体系整体建设水平，提高应急通信效率的必然要求，因此有必要在我国开展应急通信体系的研究工作。

突发事件具有突发性和紧迫性、地点的不确定性、事态严重程度的不可预见性、现场与指挥中心信息不对称等特点，因此应急通信系统应具备小型化、可快速部署、节能、可移动、简单、易操作等特点。

近年来，卫星网络逐渐成为当前世界各航天大国研究的热点。卫星网络从传统的作为陆地网的重要补充，用来实现各种网络的互联，为家庭和商业提供互联网的接入服务网络，逐步转变为空间信息高速公路的主干网。从世界卫星通信发展来看，因特网接入和企业内部网的发展推动了宽带卫星业务迅速发展。卫星通信网络逐渐显现出其在各方面的重要地位。由于卫星通信网络不依靠地面设施进行信息的传递，在灾害发生时基本不会受到影响，因此是建立专用应急通信网络的首选技术。为了提高卫星网络传输效率，提高卫星网络资源的利用率，需要针对卫星网络链路特点进行卫星传输协议体系架构研究。

应急通信系统是在出现自然的或人为的突发性紧急情况时，综合利用各种通信资源保障救援、紧急救助和必要通信所需的通信方法，是为应对自然或人为紧急情况而提供的应急通信系统。目前我国已经具备了发展空间通信的研究基础，基于空间的应急通信能够保证我国在面对紧急事件时信息畅通，可以及时进行救援，具有巨大的经济和社会效益。

10.1.3 农业林业领域

遥感技术具有极为广泛的使用范围，在农业和林业领域更是发挥着不可忽视的重要作用。在当下的社会发展进程中，对土地开发利用的变化的数据进行收集、评估分析以及对土地资源进行监测是非常必要的。土地是赖以生存和发展的重要物质基础，通过这些工作的开展，人们能够全面掌握人类社会活动对土地的开发利用状况。具体而言，通过对同一地区不同时间的图像进行对比分析，人们可以清晰地知晓土地开发利用状况发生了何种变化，进而深入探究土地开发变化与人类社会活动之间存在的内在联系。这对于土地的合理开发、有效保护以及科学管理都有着至关重要的意义。

如今，人类的活动范围不断扩大，地表被开发利用和改造的速度以及规模都是前所未有的。在这个过程中，诸多土地不合理利用的问题长期存在。环境保护、合理开发利用土地资源已经成为全国乃至全球重点关注的问题。自改革开放以来，我国的经济迅速发展，但与此同时，土地的不合理开发利用现象逐渐增多，如乱砍滥伐现象等。为应对环境问题，党的十八届五中全会提出"创新、协调、绿色、开放、共享"的新发展理念，绿色发展成为推动高质量发展的题中之义；党的十九届五中全会也强调"推动绿色发展，促进人与自然和谐共生"。

近年来，遥感技术得到了飞速的发展。通过对遥感图像进行处理分析，能够高效地评估土地利用率，并且可以根据不同地区的实际情况改变土地开发利用策略，从而达到保护环境的目的。随着遥感技术的不断发展，遥感数据分辨率有了大幅提升，从数据中收集到的信息的可用性和准确性也在不断增强。例如，通过对同一地区不同时期的 ETM 遥感影像进行分析，将多个波段进行有机融合，得到大量的有效信息并对其进行研究，可以分析出该地区土地利用转变方向、转变的数量以及是如何转变的，再对分析结果进行深入研究，可为有关部门科学决策提供依据。

我国地域辽阔、物产丰富，如何合理地开发土地、利用土地并且有效地保护土地是亟待解决的问题。遥感技术的发展，有利于这些棘手的问题的解决。这主要体现在以下几个方面：

首先，遥感数据为人们提供了大量宝贵的信息。通过使用成熟的遥感技术手段，人们可以从海量的数据中提取需要的信息并进行分析，从而更高效地解决土地利用问题。

其次，把握土地利用规律与决策。在农业林业方面，通过分析高分辨率影像，人们能够深入了解土地利用的变化规律，有助于相关部门根据土地的实际情况，制订科学合理的土地利用规划，以提高土地的利用效率，实现土地资源的可持续利用。

再次，及时应对土地开发利用问题。通过对土地进行监测，相关部门能够及时发现土地开发利用问题并采取相应的措施，从而防止问题进一步恶化。这对于保护土地资源、维护土地的正常使用秩序具有重要意义。

最后，为决策提供依据。动态监测能够保证信息得到及时更新，这就为有关部门制订决策提供了重要依据。相关部门可以根据最新的土地信息调整土地管理政策、农业林业发展战略等。

10.2 基于技术前沿的天地一体化网络发展

10.2.1 边缘计算

边缘计算指在靠近数据源头的位置进行数据处理和分析。这种技术在天地一体化网络中的应用极大地提高了数据处理的效率和反应速度，对应急救援等领域都有重要影响。

10.2.1.1 提高实时性和响应速度

边缘计算可以将数据处理能力下放到离数据源更近的地方，例如传感器、无人机和地面站等设备上，减少数据传输的延迟，这在应急救援中尤为重要。例如，在地震或洪水等突发事件发生后，边缘计算可以实时处理来自现场传感器和无人机的监测数据，快速评估灾情并生成救援方案。通过减少数据传输到中心服务器的时间，可以显著提高响应速度，为灾区赢得宝贵的救援时间。

10.2.1.2　减轻网络带宽压力

随着天地一体化网络的普及，海量数据的传输对网络带宽造成了巨大压力。边缘计算通过在数据源附近进行预处理和筛选，仅将关键数据传输到中心服务器，极大地减轻了网络带宽的负担。

10.2.1.3　加强数据安全性和隐私保护

边缘计算还能有效提升数据的安全性，加强隐私保护。由于数据处理在本地完成，减少了数据传输的次数和范围，降低了数据在传输过程中被截获或篡改的风险。例如，在金融和医疗等对数据安全要求极高的领域，边缘计算能够确保敏感数据在本地设备上进行处理和存储，只传输经过加密和匿名化处理的非敏感数据，从而保护用户隐私和数据安全。

10.2.1.4　提高系统的鲁棒性和可靠性

边缘计算通过分布式架构提高了系统的鲁棒性和可靠性。在传统的中心化架构中，一旦中心服务器发生故障，整个系统都会受到影响。而在边缘计算的分布式架构中，即使部分边缘节点发生故障，其他节点仍然能够继续运行，确保系统的持续运转。例如，在灾害救援中，如果某个无人机或传感器节点失效，其他节点可以继续收集和处理数据，确保救援工作的连续性和有效性。

10.2.1.5　支持智能化和自动化决策

边缘计算与人工智能技术的结合，能够支持智能化和自动化决策。例如，在智慧城市管理中，边缘计算节点可以实时分析交通流量、环境监测和公共安全等数据，通过机器学习算法自动调整交通信号、预警环境污染或检测异常行为，从而提高城市管理的效率和智能化水平。

10.2.1.6 应对复杂多变的应用场景

在许多复杂多变的应用场景中,边缘计算表现出极大的灵活性和适应性。例如,在无人驾驶和工业自动化中,边缘计算可以实时处理来自传感器的数据,快速响应环境变化,进行本地决策和控制,确保系统的高效运行和安全性。

总的来说,边缘计算作为天地一体化网络的重要组成部分,凭借其高效的数据处理能力、延迟低、响应速度快、数据安全性强,正逐步成为广泛用于各领域的技术,为未来社会的智能化发展提供了强有力的技术支撑。

10.2.2 天地一体化和 5G 技术

天地一体化网络与 5G 技术的结合,不仅提升了信息传输速度,增加了网络容量,还为多个行业的创新应用提供了广泛的可能性。

10.2.2.1 提升数据传输速度和带宽

天地一体化网络与 5G 技术结合,显著提升了数据传输的速度和带宽。5G 作为第五代移动通信技术,具备超高速、超大容量和超低延迟的特点,为天地一体化网络中的数据传输提供了强大支持。例如,卫星通信与 5G 技术结合,可以实现高清视频、大规模数据传输和实时监控信息的快速传送,对于应急救援和环境监测等尤为重要。

10.2.2.2 增强网络覆盖面和增强连接性

5G 技术的高密度、高可靠性和广覆盖特性,与天地一体化网络的全球覆盖能力相结合,能够实现全球范围内的无缝连接。无论是在城市密集区域还是偏远地区,用户都能享受稳定、快速的通信服务。这种强大的网络连接性不仅改善了用户体验,还推动了跨国企业、国际组织以及各级政府部门的信息共享、协同工作。

10.2.2.3 支持大规模物联网应用

将天地一体化网络与 5G 技术结合，为大规模物联网应用提供了理想的基础设施。物联网设备可以通过 5G 网络与全球范围内的中心服务器和云平台实现高效的数据交换和处理。例如，在智慧城市中，数以亿计的传感器和智能设备可以实时收集环境数据，如空气质量、交通流量和能源消耗等方面的数据，通过天地一体化网络传输到数据中心，进行实时分析和响应，从而优化城市管理和资源分配。

10.2.2.4 增强安全性和隐私保护

将天地一体化网络与 5G 技术结合，不仅提高了数据传输速度，还增强了安全性和隐私保护。5G 网络采用了先进的加密和认证技术，确保数据在传输过程中的安全性。同时，天地一体化网络的全球覆盖和多路径传输设计，降低了网络单点故障出现的风险，增强了系统的鲁棒性和可靠性。

10.2.2.5 推动智能化和自动化应用发展

天地一体化网络与 5G 技术的融合，推动了智能化和自动化应用的发展。例如，在工业生产中，5G 网络支持高速数据传输和低延迟通信，使工厂能够实现实时监控和远程操作，提升生产效率和产品质量。同时，结合卫星通信的全球覆盖优势，可以实现跨国企业的生产链协同和全球市场的快速响应。

参考文献

[1] 闵士权，刘光明，陈兵，等. 天地一体化信息网络 [M]. 北京：电子工业出版社，2020.

[2] 吴巍，刘刚，赵宾华，等. 天地一体化信息网络通信服务技术 [M]. 北京：人民邮电出版社，2022.

[3] 邱绍峰. 通信技术 [M]. 重庆：重庆大学出版社，2013.

[4] 陈君华，梁颖，罗玉梅，等. 物联网通信技术应用与开发 [M]. 昆明：云南大学出版社，2023.

[5] 董晓春，魏书豪. 通信技术在 PLC 自动化控制系统中的应用分析 [J]. 通讯世界，2024，31（5）：37-39.

[6] 吴鸿，文武，罗棚. 信息通信安全技术的有效应用分析 [J]. 通讯世界，2024，31（5）：58-60.

[7] 孙凡清，肖贝利. 空天地海一体化网络在雨林场景的应用研究 [J]. 广东通信技术，2024，44（5）：65-69.

[8] 程琳琳. 普天科技孟新予：小基站走向定制化、国产化与空天地一体化 [J]. 通信世界，2024（8）：23.

[9] 杨一桐，张立立，信俊昌，等. 无人机应急通信虚拟仿真实验平台建设 [J]. 实验室研究与探索，2024，43（2）：75-79.

[10] 万军，李侠宇，刘硕，等. 基于通导遥的空天地一体化融合应用研究 [J].

广播电视网络，2024，31（3）：70-73.

[11] 吴健，贾敏，郭庆. 基于移动边缘计算的空天地一体化网络架构 [J]. 天地一体化信息网络，2024，5（1）：24-31.

[12] 仇超，王晨阳. 基于聚类算法内容流行度预测的空天地一体化网络缓存方法 [J]. 天地一体化信息网络，2024，5（1）：40-47.

[13] 李晨玮，周建山，田大新，等. 立体交通系统通感算一体化关键技术 [J]. 移动通信，2024，48（3）：14-20.

[14] 李新，李曦，彭雄根. 天地一体化网络应用及组网方案研究 [J]. 电信快报，2024（3）：1-4.

[15] 信侃. 空天地信息一体化网络移动骨干网构建 [J]. 信息记录材料，2024，25（3）：4-6.

[16] 姚为方，华雪莹，徐鹏，等. "天地一体化"技术在特高压直流输电工程环水保监督核查中的应用 [J]. 科技与创新，2024（3）：178-181.

[17] 杜胜兰. HIBS应用的频率划分为空天地一体化网络建设提供规则基础 [J]. 中国无线电，2024（1）：10.

[18] 梁伟，王侃，贾雯. 阿克苏地区"天地车人"一体化机动车排放监控系统建设研究 [J]. 低碳世界，2024，14（1）：13-15.

[19] 张雨曼，朱厦，梁国鑫，等. 面向天地一体化的确定性网络技术研究 [J]. 电信科学，2024，40（1）：24-34.

[20] 韩帅，郭航，孟维晓，等. 智能天地一体化网络的卫星跟踪测控技术综述 [J]. 遥测遥控，2024，45（1）：1-11.

[21] 于勇，郑鉴学，张瑞嵩，等. 适用于天地一体化网络的无证书密钥协商协议 [J]. 遥测遥控，2024，45（1）：31-37.

[22] 李媛，费泽松，晁子云，等. 面向空天地一体化网络的数字孪生技术架构及应用 [J]. 移动通信，2024，48（1）：95-102.

[23] 陈春叶，陈仲军，王乐. 空天地一体化森林防火云平台建设初探：以麦积风景区为例 [J]. 森林防火，2023，41（4）：49-54.

[24] 王易杰, 陈昕, 焦立博, 等. 无人机协同空天地一体化战场信息采集策略研究 [J]. 电光与控制, 2024, 31（3）：17-24.

[25] 李得天, 刘海波, 孙迎萍, 等. 空间站主动电位控制技术及其天地一体化验证 [J]. 宇航学报, 2023, 44（10）：1613-1620.

[26] 程佳敏, 李亚, 朱贵富. 无人机远程通信高密度集成电磁干扰抑制技术 [J]. 现代电子技术, 2024, 47（12）：96-100.

[27] 张钐. 基于空天地一体化网络的三接口 IDNC 传输方案 [D]. 南京：南京邮电大学, 2023.

[28] 王敏, 秘泽宇, 王晓祺, 等. 基于选择合并的空天地一体化网络中断性能分析 [J]. 电子质量, 2023（10）：120-125.

[29] 翟锐, 李壮志, 王建伟, 等. 基于空天地一体化的海洋算力网络研究与实践 [J]. 信息通信技术, 2023, 17（5）：8-14.

[30] 谢绒娜, 谭莉, 武佳卉, 等. 面向天地一体化网络的认证与密钥协商协议 [J]. 密码学报, 2023, 10（5）：1035-1051.

[31] 刘勋, 刘志腾, 燕小芬, 等. 输变电工程水土保持"天地一体化"监管实践 [J]. 中国水土保持, 2023（10）：72-74.

[32] 刘天皓, 李许增, 王凯嵩, 等. 空天地一体化智能铁路通信网络安全保障技术研究 [J]. 铁路计算机应用, 2023, 32（9）：23-28.

[33] 李航. 基于服务功能链编排的空天地网络切片资源管理研究 [D]. 北京：北京邮电大学, 2023.

[34] 孙向阳. 物联网智能终端设备接入与通信技术研究 [D]. 北京：北京邮电大学, 2023.

[35] 宫永康. 空天地一体化网络资源智能管理机制 [D]. 北京：北京邮电大学, 2023.

[36] 孙浩宇. 天地一体化网络分级业务拥塞检测和避免方法 [D]. 北京：北京邮电大学, 2023.

[37] 韦鑫. 基于信息年龄的空天地一体化物联网空基网络智能管控技术研

究[D]. 东莞：东莞理工学院，2023.

[38] 李敏. 面向星间激光通信的伺服转台控制技术研究[D]. 黄石：湖北师范大学，2023.

[39] 夏天. 面向电力物联网的低时延通信路由技术研究[D]. 南京：南京邮电大学，2022.

[40] 汪衍佳. 无人机通信系统高能效鲁棒安全传输技术研究[D]. 南京：南京邮电大学，2022.

[41] 潘跟. 基于电磁频谱特征的智能干扰与抗干扰通信技术及系统实现[D]. 南京：南京邮电大学，2022.

[42] 李菲菲. 智能反射面辅助无线通信系统的联合有源和无源波束成形技术研究[D]. 南京：南京邮电大学，2022.

[43] 宋一杭. 面向物联网弱终端的低功耗通信及接入理论和关键技术研究[D]. 成都：电子科技大学，2022.

[44] 雷依翰. 天地一体化网络安全切换关键技术研究[D]. 郑州：战略支援部队信息工程大学，2022.

[45] 王丰. 面向动态可持续的天地一体化融合通信关键技术研究[D]. 成都：电子科技大学，2022.

[46] 李明时. 工业物联网安全通信关键技术研究[D]. 沈阳：中国科学院大学（中国科学院沈阳计算技术研究所），2022.

[47] 王中豪. 空天地一体化网络路由和数据采集传输关键技术研究[D]. 南宁：广西大学，2022.

[48] 王晨. 天地一体化网络数据安全聚合关键技术研究[D]. 南京：南京信息工程大学，2022.

[49] 周家豪. 面向天地一体化网络的智能接入控制与资源分配机制研究[D]. 成都：电子科技大学，2022.

[50] 何强. 空天地一体化网络移动性管理关键技术研究[D]. 西安：西安电子科技大学，2021.

[51] 余雷. 天地一体化遥感技术在城市生产建设项目水土保持监管中的应用 [D]. 西安：西北大学，2021.

[52] 赵航. 天地一体化信息网络切换策略研究 [D]. 北京：北京邮电大学，2021.